智慧製造

射頻辨識系統設計及智慧製造應用

王春年，王景景，曾憲武 著

目　　錄

第1章

概述

　　物聯網（Internet of Things，IoT）應用的浪潮正在席捲整個人類社會，在多個領域產生巨大的影響，並且將會在未來幾年產生一個幾萬億的巨大市場[1]。無線射頻辨識技術是物聯網技術的核心，是能夠滿足萬物互聯要求的一項技術。其本質就是通過近距離無線通訊技術和辨識技術實現的一種用於物品辨識的新技術。智慧製造是正在發生的新工業革命，對生產力有巨大的提升作用。無線射頻辨識技術可為智慧製造領域提供先進的物料、倉儲管理，生產過程中的自動辨識和分類以及產品的品質追溯技術，因而在智慧製造中占有重要的地位[2]。

1.1　無線射頻辨識技術

　　射頻辨識（Radio Frequency Identification，RFID）利用無線射頻通訊技術自動辨識和追蹤附著在物體上的電子標籤。電子標籤包含儲存的資訊，可分為被動式標籤和主動式標籤。被動式標籤是從讀取器發出的無線電波中收集能量，啟動標籤內部的電路，並反射信號。主動式標籤有一個本機電源（如電池），可以在離射頻辨識讀取器幾百公尺的地方工作。與條碼不同的是標籤不需要在讀卡器的視線範圍內，因此它可以嵌入被追蹤的物件中。射頻辨識提供了一種優良的自動辨識和數據擷取方法[3]。

　　本書從 RFID 的工作原理出發，分別從標籤、天線、讀取器以及中介軟體四個構成 RFID 系統的部件展開描述，追蹤各個部件的功能、作用以及工程實現的基本方法。結合 RFID 的相關標準，重點介紹 EPC、ISO（Gen2）標準[4]。射頻辨識是當前支持 EPC 物聯網的最佳方案。圖 1-1 是一個簡單 RFID 系統的功能模組。

　　相比較於其他的物聯網辨識系統，電子標籤在辨識速度和價格上占有很大的優勢，因此為物聯網的辨識技術提供了最佳的選擇。但我們也必須認識到，電子標籤在安全性以及對環境的依賴性等方面存在缺陷。目前 RFID 已經成功應用到倉儲、分挑選、零售和生產等中，圖 1-2 是 RFID 在倉儲管理中的典型應用。

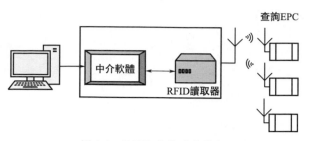

圖 1-1　RFID 系統功能模組

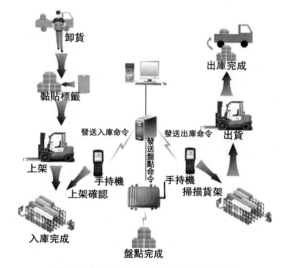

圖 1-2　RFID 在倉儲管理中的應用

　　射頻辨識系統是在 IC 卡內部電路基礎上發展起來的新型辨識系統，但 RFID 系統的讀取器和詢答機（射頻標籤）在能量供應以及通訊方式上不同。RFID 系統通過無線的磁場或電磁場進行能量供應和通訊，因而是一種非接觸式的辨識系統。

　　射頻辨識以電子標籤標識物體，利用電磁波實現電子標籤與讀取器之間的通訊（數據交換）。讀取器自動或從上層伺服器中接收指令完成對電子標籤的讀取操作，再把電子標籤內的數據傳送到伺服器，伺服器完成對物品資訊的儲存、管理和控制。由於標籤數量一般是十分巨大的，所以伺服器一般要維護一個大型的資料庫，而對於標籤較少的環境，讀取器內部也可以維護一個較小的本機資料庫。要依據實際系統的需要放置資料庫。

　　電子標籤（圖 1-3）由外部天線和內部電路組成，電子標籤的應用場合不

同，外部天線與內部電路也不同。根據電子標籤內部是否有電源，可將其分為無源（Passive）標籤、半無源（Semi-passive）標籤和有源（Active）標籤三種類型。由於無源標籤在價格和使用期限等方面有優勢，因此，多數應用場合使用的是無源標籤。

圖 1-3 電子標籤

　　無線射頻辨識技術近年來表現出了迅猛的發展態勢，在多個應用領域造成了不可替代的作用。例如，企業管理中的人員、物料、倉儲管理，產品的追蹤溯源，物流領域內的自動分挑選，農牧業中的自動辨識，銷售行業內的單品辨識和自動結算，以及圖書管理領域的圖書儲存和查找。又如，在工業生產過程中，附著在產品上的 RFID 標籤可用於在裝配線上追蹤進度；標籤也可以用在商店中，以加快結帳速度，並防止客戶和員工盜竊。無線射頻辨識技術促成了當前蓬勃發展的物聯網行業，RFID 標籤正應用於更多的領域中。

　　無線射頻辨識技術在各個行業內蓬勃發展，使萬物互聯、萬物感知逐漸成為現實，無線射頻辨識技術已經帶動了一個龐大的市場。據悉 2020 年全球物聯網連接數量已達到 200 億～500 億，RFID 作為物聯網感知外界的重要支援技術，近年來的發展有目共睹。預計到 2026 年，市場價值預計將上升至 186.8 億美元。相關市場調研的專業報告顯示，到 2025 年，中國 RFID 應用的市場價值將達到 43 億美元。

1.1.1　無線射頻辨識技術的發展

　　儘管 RFID 技術正經歷著前所未有的發展，但其基本原理，如調變後的後向

散射，起源於幾十年前。事實上，現代射頻辨識系統是基於第二次世界大戰的身分辨識系統的，身分辨識系統旨在辨識進入周邊環境的敵友戰機。1930 年代後期的系統，也是現代射頻辨識系統的第一個版本，在 1939 年測試並投入運行，安裝在響應特定頻率的雷達脈衝的飛機上，接收獨特的回波信號，其技術特徵是隨時間的推移回波資訊逐漸疊加，因而信號幅度逐漸增大，從而達到能夠準確辨識對方身分的目的。隨後，人們在最初的協定基礎上發展了更為複雜的系統，形成了像 Transponder Mark Ⅲ 的更加先進的戰機辨識方式。

第二次世界大戰結束後不久，無線射頻辨識技術的商業應用逐漸增多。1948 年，這一課題的第一項里程碑式的工作由哈里.斯托克曼完成。哈里.斯托克曼討論了後向散射通訊的基本理論，並提出了幾種技術實現的模式。

1950 年代和 60 年代，無線射頻辨識技術發展相對緩慢，但有關射頻辨識的想法和專利已發布，如哈里.斯托克曼的「可鎖定被動詢答機」，進一步的理論研究由哈林頓於 1964 年提出[5]。然而，真正實用化的發明和開發整合是在 1960 年代後期，無線射頻辨識技術大量地應用於日常生活中。整合電子技術的發展，指數級地降低了電子設備、微波接收器的價格和尺寸，最終滿足了實際應用對尺寸和價格的需要，為未來幾十年 RFID 爆炸式發展奠定了技術基礎。1975 年，阿爾弗雷德等人給出了後向散射信號調變的實際解決方案，從實用性方面來講，這是第一個可接受讀取範圍的實用被動標籤的實驗方案。在此期間，無線射頻辨識技術仍處於高速發展階段，許多公司，如 Raytag、RCA、Alfa Laval 和 NEDAP，政府實驗室和學術機構都參與了這項工作。最終，在 1980 年代後期，無線射頻辨識技術應用第一個全球商業案例——自動收費系統成功了。此系統採用低功耗 CMOS 數位電路和 EEPROM（非易失性儲存器），但此時電路的尺寸仍然是一個限制因素，占標籤大小的一半。在 1990 年代，RFID 技術應用開始遍布世界各地，中國、歐洲各國、日本、澳洲等多個國家已經開始將其應用在收費和鐵路票務方面。此階段最大的技術進展是：微波肖特基二極體可以整合在 CMOS 技術中，在 1990 年代末，這一突破使詢答機電路完全包含在單個積體電路（RFID ASIC）中，標示著現代的被動式射頻辨識標籤誕生了。目前天線尺寸是被動式射頻辨識標籤的主要限制因素之一[6]。

1.1.2 無線射頻辨識技術在物聯網中的應用

物聯網的基本構想是實現萬物互聯，是一種能夠將物理世界中的物品進行互聯互通的智慧網路，它綜合利用各種技術（如無線射頻辨識技術、通訊技術、實時定位技術、地理資訊技術、影片技術和感測器技術）與相關設備，通過網際網路實現智慧化物體之間的資訊交流或者資訊處理。它把物理實體與資訊進行了關

聯，實現了物理世界與資訊世界的完美統一。其目的就是要實現任意物品具有唯一的標記，從而方便地對物品實現讀取和管理。

物聯網是利用多種網路技術建立起來的。RFID 電子標籤技術是其中非常重要的技術之一。以 RFID 系統為基礎，結合已有的網路技術、感測技術、資料庫技術、中介軟體技術等，構建一個比網際網路更龐大的由大量聯網的讀取器和行動的標籤組成的巨大網路是物聯網發展的趨勢。在這個網路中，系統可以自動地、實時地對物體進行辨識、定位、追蹤、監控並觸發相應事件。可應用在交通、環保節能、工業監督、全球安防、家居安全和醫療保健等領域。物聯網不僅可使更多的業務流程取得更高的效率，而且在其他應用中也有提升作用，如材料處理和物流、倉儲、產品追蹤、數據管理、生產成本控制、資產流動速度控制、防偽、生產錯誤控制、瑕疵品即時召回、廢物回收利用和管理、藥物處方的安全性控制以及食品安全和品質控制等。此外，加入了物聯網的智慧科技，如機器人及穿戴式智慧終端，可以讓日常物品成為思考和溝通的裝備。下面介紹幾個RFID 技術應用實例。

（1）郵政/航空包裹分挑選

義大利郵局採用 ICODE 射頻辨識系統進行郵包分挑選，包括普通郵包和EMS 國際快捷業務，大大提高了分挑選速度和效率。郵包上封裝的電子標籤被各地的辨識裝置辨識，以確定該郵包是否被正確地投遞，並將資訊輸入聯網主機。該系統能夠實現 100％準確讀卡。防碰撞技術更是允許 30 張卡同時經過安置天線的貨物信道。Philips 公司還將 ICODE 射頻辨識系統成功應用在航空包裹的分挑選上。2001 年，英國航空公司在 Heathrow（英國倫敦希斯路機場）安裝了 ICODE 射頻辨識系統，在測試的兩個月中，對來自德國慕尼黑、英國曼徹斯特等地乘客的 75000 件行李進行辨識，效果令人滿意，而且射頻卡電路設計得非常薄，可以嵌在航空專用行李包裡[7]。

（2）圖書和音像製品管理

圖書館和音像製品收藏館面臨的巨大難題是要對數以萬計的圖書、音像數據進行目錄清單管理，而且要準確迅速地為讀者提供服務。ICODE 技術可以滿足這些需要，實現在書架上確定書的位置，並且借書登記處可以同時對多本書錄入的功能，且具有 EAS 功能（電子防盜），不經錄入而拿出書會啟動 EAS 報警。

（3）零售業

零售業中需要解決的三個問題是：產品商標、防偽標誌和商品防盜。這三個問題通過一個小小的電子標籤很容易得到解決。商品出廠時，廠家把固化有商品型號、商品相關資訊及防偽簽名等資訊的射頻卡與商品配售。在銷售點這些資訊可以通過讀卡器讀出，還可以啟動 EAS 功能為銷售商提供商品防盜功能，消費

者可以通過電子標籤資訊辨別商品真偽。

(4) 高速公路自動收費及交通管理

高速公路自動收費系統是 RFID 技術最成功的應用之一。目前中國的高速公路發展非常快,在地區經濟發展中占據的位置也越來越重要。人工收費系統常常造成交通堵塞。將 RFID 系統用於高速公路自動收費,能夠使攜帶射頻卡的車輛在高速通過收費站時自動完成收費,可以有效解決收費壅堵問題。1996 年,佛山安裝了 RFID 系統用於自動收取路橋費以提高車輛通過率,緩解交通壅堵。車輛可以在 250km/h 的速度下在 0.5ms 內被辨識,並且正確率達 100%。通過採用 RFID 系統,中國可以改善其公路基礎設施。

(5) RFID 金融卡

無紙交易是未來的發展方向之一,目前已經出現了 RFID 金融卡。香港非常普及的 Octopus (八達通卡) 自 1997 年發行至今已售出近 800 萬張,遍布於超市、公車系統、餐廳、酒店及其他消費場所。RFID 系統更適用於不同的環境,包括磁卡、IC 卡不能適用的惡劣環境,比如公共汽車的電子月票、食堂餐卡等。由於射頻卡上的儲存單位能夠分區,每個分區可以採用不同的加密體制,因此一張射頻卡可同時應用於不同的金融收費系統,甚至可同時作為醫療保險卡、通行證、駕照、護照等。一卡多用也是未來的發展潮流。

(6) 生產線自動化

RFID 技術應用在生產流水線上實現了自動控制,提高了生產率,改進了生產方式,節約了成本。例如,德國 BMW 汽車公司在裝配流水線上應用無線射頻辨識技術實現了用戶定製的生產方式,即可按用戶要求的樣式來生產。用戶可以從上萬個內部和外部選項中選定自己所需車的顏色、引擎型號和輪胎樣式等,這樣一來,汽車裝配流水線就得裝配上百種不同樣式的 BMW 汽車。沒有一個高度組織的、嚴密的控制系統是很難完成這樣複雜的任務的。BMW 公司就在其裝配流水線上安裝了 RFID 系統,他們使用可重複使用的射頻卡,該射頻卡上帶有詳細的汽車定製要求,在每個工作點處都有讀取器,這樣可以保證在各個流水線工作點處能正確地完成裝配任務。世界上最大的印表機製造商 Xerox 公司,每年從英國的生產基地向歐洲各國銷售 400 多萬臺設備,也得益於基於 RFID 的貨運管理系統,他們杜絕了任何運送環節出現漏洞,實現了 100% 準確配送,也因此獲得了良好的聲譽。他們在每臺印表機的包裝箱上貼上電子標籤 (最終的設想是將卡片整合到印表機架上),在 9 條裝配線上,RFID 讀取器自動讀出每一個要運走貨物的唯一卡號,並將相應的配送資訊在資料庫中與該卡資訊對應,隨後編入貨物配送計劃表中。當任何一臺設備不小心被誤送到其他的運輸車裡,出檢的 RFID 讀取器將提供報警和糾正資訊。整個流程可以大大節省開支和減少誤送可

能，提高貨物配送效率。

（7）防偽技術

　　無線射頻辨識技術應用在防偽領域有其自身的技術優勢。防偽技術本身要求成本低且難偽造。射頻卡的成本相對便宜，而晶片的製造需要有昂貴的晶片工廠。射頻卡本身具有記憶體，可以儲存、修改與產品有關的數據，供銷售商使用；並且體積十分小，便於產品封裝。在電腦、雷射印表機、電視等產品上都可使用。建立嚴格的產品銷售管道是防偽的關鍵，通過無線射頻辨識技術，廠家、批發商、零售商之間可以使用唯一的產品號來標識產品的身分。生產過程中在產品上封裝射頻卡，記載唯一的產品號，批發商、零售商用廠家提供的讀取器就可以嚴格檢驗產品的合法性。同時注意，利用這種技術不會改變現行的數據管理體制，利用標準的產品標識號完全可以做到與已用資料庫體系兼容。

1.2　智慧製造

1.2.1　智慧製造的概念

　　製造可以定義為用原材料製造產品的多階段過程，而智慧製造是一個採用電腦控制並具有高度適應性的製造子集。智慧製造旨在利用先進的資訊和製造技術，實現物理過程的靈活性，以應對全球市場。智慧製造是一個不斷發展的概念，可以被歸納為三種基本模式：數位製造、數位網路製造和新一代智慧製造。新一代智慧製造是新一代人工智慧技術與先進製造技術的深度整合，它貫穿設計、生產、產品和服務的整個生命週期。這個概念還涉及相應系統的最佳化和整合，持續提高企業的產品品質、業績和服務水準，降低資源消費。新一代智慧製造是新工業的核心驅動力，並將成為中國經濟轉型升級的主要途徑。人類網路實體系統（HCPSs）揭示了新一代智慧製造的創新機制，並能有效地指導相關的理論研究與工程實踐[8,9]。根據順序開發、交叉互動和智慧製造三種基本範式的疊代升級特徵制定「平行推廣和綜合開發」的路線圖，以推進中國製造業智慧化轉型。

　　近年來，製造業被概念化為一個超越工廠範圍的系統，製造業作為一個生態系統的範例已經出現。術語「智慧」包括在整個產品生命週期中創建和使用的數據和資訊，其目標是創建靈活的製造過程，以低成本快速響應需要變化，同時不損害環境。這個概念需要一個生命週期的觀點，即產品的設計是為了高效生產和可循環利用。智慧製造能夠在需要時或在整個製造供應鏈、完整的產品生命週

期、多個行業和中小企業中以需要的形式提供有關製造過程的所有資訊。智慧製造領導聯盟（SMLC）正在構建技術和業務基礎設施，以促進整個製造生態系統中智慧製造系統的開發和部署[10]。

先進製造企業先前的一個定義是「加強先進智慧系統的應用，以實現新產品的快速製造、對產品需要的動態響應以及製造生產和供應鏈網路的實時最佳化」。這一概念用一個智慧因素表示，依賴於可交互運作系統、多尺度動態建模與仿真、智慧自動化、可擴展的多級網路安全和網路化感測器。這類企業在整個產品生命週期中利用數據和資訊，目的是創建靈活的製造過程，以低成本快速響應需要變化，並對企業和環境做出反應。這些過程促進了企業內部所有職能部門之間的資訊流動，並管理與供應商、客戶和企業外部其他利益相關者的資訊。

智慧製造的廣義定義涵蓋了許多不同的技術。智慧製造中的一些關鍵技術有大數據分析技術、先進的機器人技術以及工業連接設備和服務。

（1）大數據分析技術

智慧製造利用大數據分析來完善複雜的流程和管理供應鏈。大數據分析是指收集和理解大數據集的方法，具有 5V 特徵[11]。

① Volume：數據量大，採集、儲存和運算的量都非常大。大數據的起始計量單位至少是 P（1000 個 T）、E（100 萬個 T）或 Z（10 億個 T）。

② Variety：種類和來源多樣化。包括結構化、半結構化和非結構化數據，具體表現為網路日誌、音頻、影片、圖片、地理位置資訊等，多類型的數據對數據的處理能力提出了更高的要求。

③ Value：數據價值密度相對較低，或者說是浪裡淘沙卻又彌足珍貴。隨著網際網路以及物聯網的廣泛應用，資訊感知無處不在，資訊海量，但價值密度較低，如何結合業務邏輯並通過強大的機器算法來探勘數據價值，是大數據時代最需要解決的問題。

④ Velocity：數據增長速度快，處理速度也快，時效性要求高。比如搜尋引擎要求幾分鐘前的新聞能夠被用戶查詢到，個性化推薦算法盡可能要求實時完成推薦。這是大數據區別於傳統數據探勘的顯著特徵。

⑤ Veracity：數據的準確性和可信賴度，即數據的品質。

大數據分析允許企業使用智慧製造從被動實踐轉向預測性實踐，這是一種旨在提高流程效率和產品性能的變革[12]。

（2）先進的機器人技術

先進的機器人，也被稱為智慧機器，可以自動運行，並可以直接與製造系統通訊。在一些先進的製造環境中，它們可以與人類共同完成組裝任務[13]，通過評估感官輸入並區分不同的產品配置，這些機器能夠獨立於人解決問題並作出決

策。這些機器人能夠完成超出最初編程範圍的工作，並具有人工智慧，使它們能夠從經驗中學習[4]。這些機器具有重新配置和重新設定目標的靈活性，這使它們能夠快速響應設計變更和創新，比傳統製造工藝更具競爭力[9]。先進機器人的一個關注點是與機器人系統互動的工人的安全和福祉。傳統上，人們採取措施將機器人從人類勞動中分離出來，但是機器人認知能力的進步為機器人與人合作提供了機會，比如說，協作機器人[14]。

（3）工業連接設備和服務

利用網際網路的功能，製造商能夠增加整合和數據儲存，使用雲端軟體允許公司存取高度可配置的運算資源，允許快速創建和發布伺服器、網路和其他儲存應用程式。企業整合平臺允許製造商從其機器上收集數據，這些機器可以追蹤工作流程和機器歷史等。製造設備和網路之間的開放通訊也可以通過網際網路連接實現，包括從平板電腦到機器自動化感測器的所有內容，並允許機器根據外部設備的輸入調整其流程。

製造、運輸和零售業的最終目標是採取更加靈活、適應性強、反應性強的方式參與競爭性市場。企業可能被迫適應或採用這種做法來競爭，從而進一步刺激市場。該目標需要技術人員、仲介機構和消費者之間協作，建立一個由科學家、工程師、統計學家、經濟學家等多學科專業人士參與的網路，也被稱為物聯網，這是「智慧」企業的基本資源。

智慧製造主要用來消除工作場所效率低下和存在的危險等問題。效率最佳化是智慧系統採用者的一個重要關注點，通過數據研究和智慧學習自動化來實現。例如，營運商可以獲得帶有內置 WiFi 和藍牙的個人存取卡，該卡可以連接到機器和雲端平臺，以確定哪個營運商在哪個機器上實時工作。可以建立智慧、互聯的智慧系統來設定性能目標，確定是否獲得目標，並通過失敗或延遲的性能目標來辨識效率低下的情況。一般來說，自動化可以減少人為錯誤導致的效率低下問題。整體來說，不斷發展的人工智慧消除了效率低下的問題。

通過安全、創新的設計並增加綜合自動化網路，可以保障工人的安全。隨著自動化的成熟，技術人員暴露在危險環境中的風險更小。進一步而言，更少的人工監督和自動化的用戶指導將使工作場所的安全問題更加降低。

1.2.2 智慧製造的意義

智慧製造促進了傳統工業（如製造業）的電腦化。其目標是建立以適應性、資源效率和人機工程學為特徵的智慧工廠，以及實現客戶和業務合作夥伴在業務和價值流程中的整合。它的技術基礎包括網路實體系統和物聯網。智慧製造將帶來以下意義。

① 無線連接應用於產品組裝和與它們的遠端互動，可以控制各階段的建設、分配和使用情況。

② 先進的製造工藝和快速原型技術將使每個客戶能夠訂購一種獨一無二的產品，而不會顯著增加成本。

③ 協作虛擬工廠（VF）平臺通過在整個產品生命週期中利用完整的模擬和虛擬測試，大大減少與新產品設計和生產過程相關的成本和時間[15]。

④ 先進的人機互動（HMI）和增強現實（AR）設備有助於提高生產工廠的安全性，降低工人的工作強度[16]。

⑤ 機器學習是最佳化生產流程的基礎，既可以縮短交貨期，又可以降低能耗[17,18]。

⑥ 網路實體系統和機器對機器（M2M）通訊允許從工廠收集和共享實時數據，以便進行極其有效的預測性維護，從而減少停機和空閒時間。

智慧製造有巨大的潛力已經在實際情況中得到證實。韓國政府宣布籌集 575 億美元用於建造智慧工廠，1240 家韓國智慧中小企業數據顯示「智慧製造使缺陷率下降 27.6％，成本下降 29.2％，原型生產所需時間縮短 7.1％」。德國公司 Roland Berger Strategy Consultants 的一項研究表明，在歐洲完全實現這種生產模式每年需要 900 億歐元的投資，到 2030 年達到完全成熟，那時智慧製造將能夠產生 5000 億歐元的營業額，並給約六百萬人提供就業機會。

世界各國都在積極參與新一輪工業革命。中國提出了「中國製造 2025」策略規劃，德國提出了「工業 4.0」的概念，英國提出「英國工業 2050」策略規劃。此外，法國也公布了新的工業計劃，日本提出了「社會 5.0」策略，韓國也提出「製造業創新 3.0」計劃。智慧製造的發展被認為是提高國家競爭力的關鍵措施。

中國製造業已經明確提出了以智慧製造為主要方向[19]，重點推進新一代資訊技術在製造業中的深度整合。21 世紀初以來，新一代資訊技術已經呈現出爆炸式的增長並被廣泛地應用。數位、網路和智慧製造業一體化持續發展，製造業創新是主要驅動力，新工業革命的力量正在爆發出巨大的能量。智慧製造是一個涵蓋廣泛特定主題的概念。新一代智慧製造是新一代人工智慧技術與先進製造技術的深度融合，它貫穿設計、生產、產品和服務的整個生命週期。這一概念還涉及相應系統的最佳化和整合，旨在不斷提高企業的產品品質、性能和服務水準，同時降低資源消耗，從而促進製造業的創新、綠色、協調、開放和共享發展。

1.2.3　智慧製造的發展

智慧製造與資訊化進程同步發展。全球資訊化的發展分為三個階段。

① 20 世紀中葉到 1990 年代中期，資訊化處於以運算、通訊和控制應用為主要特徵的數位化階段。

② 從 1990 年代中期開始，網際網路大規模普及應用，資訊化進入以萬物互聯為主要特徵的網路化階段。

③ 目前，在大數據、雲端運算、行動聯網、工業物聯網集群突破和整合應用的基礎上，人工智慧實現了策略性突破，資訊化進入智慧化階段，以新一代人工智慧技術為主要特徵。

考慮到各種與智慧製造相關的模式，並考慮到資訊技術與製造業在不同階段的融合，可以歸納出三種智慧製造的基本模式：數位製造、數位網路製造和新一代智慧製造。

新一代智慧製造是新工業革命的核心技術。第一次和第二次工業革命分別以蒸汽機的發明以及電力的應用為標誌，這兩次革命極大地提高了生產力，並將人類社會帶入現代工業時代。第三次工業革命以電腦、通訊、控制等資訊技術的創新和應用為突破口，不斷把工業發展推向新的高度。從 21 世紀初開始，數位化和網路化的發展使資訊的獲取、使用、控制和共享向外部發展，迅速且廣泛。此外，新一代人工智慧的突破和應用進一步提高了製造業的數位化、網路化和智慧化水準。新一代人工智慧最基本的特點是它的認知和學習能力，可以產生和更好地利用知識。這樣，新一代人工智慧可以從根本上提高工業知識生成和利用的效率，極大地解放人類的體力和腦力，加快創新步伐，使應用更加普遍，從而將製造業推向一個新的發展階段——新一代智慧製造。如果把數位網路化製造作為新一輪工業革命的開端，那麼新一代智慧製造的突破和廣泛應用將把新一輪工業革命推向高潮，重塑製造業的技術體系、生產模式和產業形態。

1.2.4　中國製造 2025 與中國智造

中國以促進製造業創新發展為主題，以提質增效為中心，以加快新一代資訊技術與製造業深度融合為主線，以推進智慧製造為主攻方向，以滿足經濟社會發展和國防建設對重大技術裝備的需要為目標，強化工業基礎能力，提高綜合整合水準，完善多層次多類型人才培養體系，促進產業轉型升級，培育有中國特色的製造文化，實現製造業由大變強的歷史跨越，提出了創新驅動、品質為先、綠色發展、結構最佳化、人才為本的基本方針。立足中國國情，立足現實，力爭通過「三步走」實現製造強國的策略目標。

第一步：力爭用十年時間，邁入製造強國行列。到 2020 年，基本實現工業化，製造業大國地位進一步鞏固，製造業資訊化水準大幅提升。掌握一批重點領域核心技術，優勢領域競爭力進一步增強，產品品質有較大提高。製造業數位

化、網路化、智慧化取得明顯進展。重點行業單位工業增加值能耗、物耗及汙染物排放明顯下降。到 2025 年，製造業整體素質大幅提升，創新能力顯著增強，全員勞動生產率明顯提高，兩化（工業化和資訊化）融合邁上新臺階。重點行業單位工業增加值能耗、物耗及汙染物排放達到世界先進水準。形成一批具有較強國際競爭力的跨國公司和產業集群，在全球產業分工和價值鏈中的地位明顯提升。

第二步：到 2035 年，中國製造業整體達到世界製造強國陣營中等水準。創新能力大幅提升，重點領域發展取得重大突破，整體競爭力明顯增強，優勢行業形成全球創新引領能力，全面實現工業化。

第三步：2049 年時，製造業大國地位更加鞏固，綜合實力進入世界製造強國前列。製造業主要領域具有創新引領能力和明顯競爭優勢，建成全球領先的技術體系和產業體系。

實現製造強國的策略目標，必須堅持問題導向，統籌謀劃，突出重點；必須凝聚全社會共識，加快製造業轉型升級，全面提高發展品質和核心競爭力。

1.2.5　RFID 在智慧製造中的應用

（1）利用 RFID 技術構建數位化工廠

基於 RFID 的數位化工廠目前主要應用在刀具管理、物料管理、設備智慧化維護以及工廠混流製造等方面，同時具有最佳化流程等目的。

（2）基於 RFID 技術的智慧產品全生命週期管理

智慧化是機電產品未來發展的重要方向和趨勢，產品智慧化的關鍵之一在於如何實現其全生命週期資訊的快速獲取和共享。

（3）基於 RFID 技術的製造物流智慧化

將 RFID 系統與製造企業自動立庫系統整合，可實現在製品、貨品出入庫自動化與貨品批量辨識。

（4）防偽溯源與產品追蹤管理

RFID 技術可以控制整個產品的生產、流通、銷售過程，實現產品追蹤與監管，解決目前常規防偽技術無法全程追蹤的問題。基於 RFID 技術的防偽技術和產品現已被廣泛應用於食品安全等防偽溯源系統管理中。相信未來，RFID 在防偽溯源領域中將進一步普及應用。

（5）資產管理

基於 RFID 和資訊技術的固定資產管理系統通過使用 RFID 電子標籤、讀取器和軟體來對企業資源進行監測。結合條碼管理技術，賦予每個資產實物一個唯

一的 RFID 電子標籤，從資產購入企業開始到資產退出的整個生命週期，能對固定資產實物進行全程追蹤管理。

1.3　智慧製造與射頻辨識的關係

隨著無線射頻辨識技術的發展，人們已經將其與工業 4.0（智慧工業）連繫起來。工業 4.0 代表了未來工業製造的發展方向，而無線射頻辨識技術與工業 4.0 逐漸融合可以在為企業解決工業製造面臨的問題的同時，也為業務中的關鍵節點和關鍵性問題提供解決方案，目前的工業 4.0 把無線射頻辨識技術、機器人技術、感測器技術和智慧製造技術列為核心的支援技術。無線射頻辨識技術在工業 4.0 中應用越來越廣泛主要在於其能夠為工業生產提供全新的方法——RFID 全流程覆蓋。

RFID 可以在工業的整個流程中提供較完全的覆蓋能力，工業 4.0 可以將生產原料、智慧工廠、物流配送、消費者全部編織在一起形成一個網，RFID 就是網間的節點。

在日常生活中，很多消費類的產品現在都開始使用 RFID。工廠生產流水線上的設備辨識，售後服務中的追蹤、支持，及現在很多民用產品（如電子類產品、家電類產品、機頂盒產品）都已經開始使用超高頻，只是我們身上沒有相應的超高頻辨識設備，所以我們辨識不到。

工業 4.0 要求將生產原料、智慧工程、物流配送以及客戶全部編織到一個工業鏈條中，形成完備的供應鏈，從而對工業供應鏈實施實時的透明化管理。這一目標僅靠現有的技術手段是很難實現的，而無線射頻辨識技術的最終目標就是實現世界上每個物品的有效標識，因而無線射頻辨識技術可以實現對物料和商品的實時透明管理，這是其他技術難以實現的。

超高頻 RFID（UHF RFID）因具有較長的辨識距離以及快速和準確讀取的技術優勢，成為現代工業領域的主流辨識解決方案。RFID 具有工業中傳統的辨識技術所不具備的能力，比如非常高的速度，傳統的條碼辨識想要達到一個非常高的速度，如 1s 辨識 1000 個標籤，難度是很大的，現在有些工業相機可以在單體的條碼上 1s 辨識上千個標籤，但是 RFID 還可以更高速度辨識，如同時辨識 500 個甚至更多的標籤，這是傳統的技術做不到的。RFID 也是目前自動辨識技術裡面辨識率最高的，日常接觸的一些感測器和辨識技術，包括生物辨識技術與傳統的條碼，它們的辨識率都受環境和應用場所的限制，如在有風霜雨雪或有一些遮擋的情況下，其辨識率會下降。工業環境往往都是比較惡劣的，有流水、汙染、冰、結晶等，但是超高頻 RFID 可以適應這些環境，同時還能達到非常高的

辨識率，所以在工業中開始大量使用 RFID 標識產品。

　　UHF RFID 擁有成熟的、通行全球的技術標準並且應用廣泛。最初在沃爾瑪的物流中使用 UHF RFID，現在被大量應用，甚至工廠員工的服裝裡面都安裝了 RFID 標籤，這樣不僅可以管理洗衣的環節，甚至連人員的流動都可以管理起來。RFID 可以在工廠裡面搭建一個統一的平臺，從一個廠商的固定資產到產品，一直到內部人員管理都可以用一個平臺管理，這表明它可以為工業製造和管理提供一個很好的基礎。

參考文獻

---

[1] Valentina Svalova. Natural Hazards and Risk Research in Russia［M］. Springer, 2019: 9-16.

[2] Landt J. The history of RFID［C］. IEEE Potentials. 2005, 24（4）: 8-11.

[3] MUSA A, et al. A Review of RFID in Supply Chain Management: 2000-2015［J］. Glob J Flex Syst Manag, 2016, 17（2）: 189-228.

[4] ANGELOT-DELETTRE F, et al. In vivo and in vitro sensitivity of blastic plasmacytoid dendritic cell neoplasm to SL-401, an interleukin-3 receptor targeted biologic agent［J］. Haematologica, 2015, 100（2）: 223-230.

[5] HARRINGTON R F. Theory of loaded scatterers［C］. Proc. IEEE, 1964, 111（4）: 617-623.

[6] GAISSER T K, KARLE A. Neutrino astronomy: current status, future prospects［J］. Journal of Astronomical Instrumentation, 2017, 242.

[7] THOMSON R. BAA denies landing rights to RFID at Heathrow's T5. 2008.

[8] BURNS M, et al. Elaborating the Human Aspect of the NIST Framework for Cyber-Physical Systems［C］. Proc Hum Factors Ergon Soc Annu Meet, 2018, 62（1）: 450-454.

[9] SOWE S K, et al. Cyber-physical human systems: putting people in the loop［J］. IT Prof, 2016, 18（1）: 10-13.

[10] EDGAR T F. PISTIKOPOULOS E N. Smart manufacturing and energy systems［J］. Computers & Chemical Engineering: S0098135417303824.

[11] FROMM P D H BLOEHDORN D S. Big data-technologies and potential［M］. Springer, 2014.

[12] MENEVEAU C, MARUSIC I. Turbulence in the Era of Big Data: recent experiences with Sharing Large Datasets［M］. Springer, 2017.

[13] CHOWDHURY P, et al. RFID and Android based smart ticketing and destination announcement system［C］. 2016 International Conference on Advances in Computing, Communications and Informatics (ICACCI). 2016.

[14] RUIZ-DEL-SOLAR J, WEITZENFELD

A. Advanced Robotics[J]. Journal of Intelligent & Robotic Systems. 2015, 77 (1)：3-4.

[15] CHURCHILLC E F, SNOWDONC D N, Ma A J M. Collaborative Virtual Environments[M]. Springer, 2001.

[16] QI G, et al. Requirement Analyses of City Frequency Management System Based on Man-Machine Interface［M］. Springer Berlin Heidelberg. 2014.

[17] LINDLEY J, POTTS R. A machine learn ing: an example of HCI prototyping with design fiction ［J］. NordicHI. ACM, 2014.

[18] RUBIN S H, LEE G. Human-machine learning for intelligent aircraft systems ［C］. International Conferece On A&I Systems. 2011.

[19] Interoperability, safety and security in Iot ［M］. New York, NY: Springer Berlin Heidelberg. pages cm. 2017.

第2章

射頻辨識系統組成

2.1 射頻辨識系統概述

自 1999 年美國麻省理工學院正式成立自動化辨識系統中心後，RFID 技術的相關技術標準被陸續推出，並得到世界各個國家和地區的大力支持。RFID 技術涵蓋了編碼技術和網路技術兩大類。技術標準委託 GS1 統一託管，形成了現在的 EPCglobal 標準，該標準為編碼和 RFID 網路提供詳細的規範，在 GS1 電子數據交換技術基礎上，基於網際網路構建了 RFID 網路系統。本章將對編碼和網路展開說明，但這種說明大多是概念層次的，詳細的技術要求和設計目標仍需要參閱相關的標準。

物理實體
100101
資訊

圖 2-1　物理實體與唯一編碼融合成一體

電子產品碼（Electronic Product Code，EPC）強調適用於對每一件物品都進行編碼的通用編碼方案，它僅僅對物品用唯一的一串數位代碼標記出來，而不涉及物品本身的任何屬性（圖 2-1）。EPC 編碼方法是給世界上每一個實體或有物理意義的群組分配唯一的數位序列號。當物理實體被電子標籤重新命名後，物理和資訊就融合到一起，而且伴隨物品從生到滅的整個過程。

世界上任意一種物品都有自己唯一的名稱！這個想法有些瘋狂，但是好在對人們有價值的物品並非想像的那麼多。表 2-1 給出了 EPC 編碼的冗餘度。

表 2-1　EPC 編碼的冗餘度

位元數	唯一編碼數	物件
23	6.0×10^6/年	汽車
29	5.6×10^8 使用中	電腦
33	6.0×10^9	人口

位元數	唯一編碼數	物件
34	2.0×10^{10}/年	剃刀刀片
54	1.3×10^{16}/年	稻米粒數

　　EPC 由分別代表版本號、製造商、物品種類以及序列號的編碼組成。EPC 是唯一儲存在 RFID 標籤中的資訊。RFID 標籤能夠維持低廉的成本並具有靈活性，這是因為在資料庫中有無數的動態數據能夠與 EPC 相連結[1]。

2.1.1　電子產品碼與無線射頻辨識技術

　　電子產品碼是由標頭、廠商辨識代碼、物件分類代碼、序列號等數據欄位組成的一組數字。電子產品碼是下一代產品標識代碼，它可以對供應鏈中的物件（如物品、貨箱、貨盤、位置等）進行全球唯一的標識。EPC 儲存在電子標籤上，如 RFID 標籤，這個標籤包含一塊矽晶片和一根天線。讀取 RFID 標籤時，它可以與一些動態數據連結，如該貿易項目的原產地或生產日期等。這與全球貿易項目代碼（GTIN）和車輛辨識碼（VIN）十分相似，EPC 就像是一把鑰匙，用以解開 RFID 網路上相關產品資訊這把鎖。與目前商務活動中使用的許多編碼方案類似，EPC 包含用作標識製造廠商的代碼以及用來標識產品類型的代碼。但 RFID 使用額外的一組數字——序列號來辨識單個貿易項目。RFID 所標識產品的資訊保存在 EPCglobal 網路中，而 EPC 則是獲取這些資訊的一把鑰匙。

　　（1）自動辨識

　　自動辨識（Automatic Identification）通常與資料擷取（Data Capture）連在一起，稱為 AIDC。自動辨識系統是現代工業和商業及物流領域中生產自動化、銷售自動化、流通自動化過程中必備的自動辨識設備以及配套的自動辨識軟體構成的體系。自動辨識包括條碼讀取、射頻辨識、生物辨識（人臉、語音、指紋、靜脈）、影像辨識、OCR 光學字元辨識。自動辨識系統幾乎覆蓋了現代生活領域中的各個環節並具有極大的發展空間。其中比較常見的應用有條碼列印設備和掃描設備、指紋防盜鎖、自動售貨櫃、自動投幣箱以及 POS 機等。

　　（2）射頻辨識

　　射頻辨識是一種非接觸式的自動辨識技術，它通過射頻信號自動辨識目標物件並獲取相關數據，辨識工作無須人工介入，可工作於各種惡劣環境。RFID 技術可辨識高速運動物體並可同時辨識多個標籤，操作快捷方便。RFID 是一種突破性的技術：第一，單品級辨識，可以辨識具體的物體，而不是像條碼那樣只能辨識一類物體；第二，採用無線電射頻，可以穿透包裝材料讀取數據，而條碼必

須靠影像辨識來讀取資訊；第三，可以同時對多個物體進行讀取，而條碼只能一個一個地讀；此外，儲存的資訊量非常大。與其他的辨識技術相比，無線射頻辨識技術主要有如下特點：

① 強大的數據讀取功能　只要通過 RFID 即可無須接觸直接讀取資訊至資料庫內，且可一次處理多個標籤，並可以將物流處理的狀態寫入標籤，供下一階段物流處理讀取判讀之用。

② 容易實現小型化和多樣化　RFID 在讀取時並不受尺寸大小與形狀的限制，無須為讀取精確度而配合紙張的固定尺寸和印刷品質。此外，RFID 更可往小型化與多樣化形態發展，以應用於不同產品。

③ 耐環境性　紙張受到汙染後就會看不到其上的資訊，但 RFID 對水、油和藥品等有很強的抗汙性。RFID 在黑暗或髒汙的環境中也可以讀取數據。

④ 可重複使用　由於 RFID 為電子數據，可以被反覆覆寫，因此可以回收標籤重複使用，如被動式 RFID，不需要電池就可以使用，沒有維護保養的需要。

⑤ 穿透性　RFID 即使被紙張、木材和塑膠等非金屬或非透明的材質包覆，也可以進行穿透性通訊。不過如果是金屬的話，就無法進行通訊。

⑥ 數據的記憶容量大　數據容量會隨著記憶規格的發展而擴大，未來物品所需攜帶的數據量愈來愈大，對卷標所能擴充容量的需要也增加，對此 RFID 不會受到限制。

需要補充說明的是，對於一項技術不能只看優點，而應該全面看待，原因很簡單，任何技術都有自身的缺點，更何況 EPC-RFID 技術體系屬於快速發展的新技術，有缺點是在所難免的，系統的安全性是目前所面臨的最大問題。然而，電子標籤低廉的價格再加上具有實時監控供應鏈各個環節的能力，使 EPC-RFID 技術具有極其強大競爭力。

儘管射頻辨識系統因應用不同其組成會有所不同，但基本都是由電子標籤、讀取器和高層系統這三大部分組成，如圖 2-2 所示。構成 RFID 系統的三大組成部分如下。

（1）電子標籤

電子標籤由晶片及天線組成，附著在物體上標識目標物件，每個電子標籤具有唯一的辨識，儲存著被辨識物體的相關資訊，如圖 2-3 所示。

（2）讀取器

讀取器是利用射頻技術讀取電子標籤資訊的設備。RFID 系統工作時，一般首先由讀取器發射一個特定的詢問信號，當電子標籤感應到這個信號後，就會給出應答信號，應答信號中含有電子標籤所攜帶的數據資訊。讀取器接收這個應答

信號，並對其進行處理，然後將處理後的應答信號發送給外部主機，進行相應的操作。

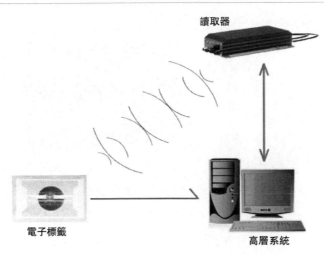

圖 2-2　RFID 系統結構

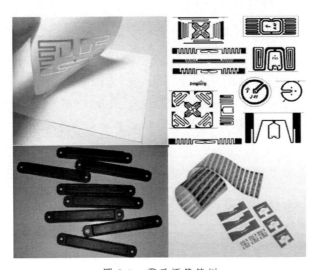

圖 2-3　電子標籤範例

（3）高層系統

最簡單的 RFID 系統只有一個讀取器（圖 2-4），它一次只對一個電子標籤進行操作，如公車上的票務系統。複雜的 RFID 系統會有多個讀取器，每個讀取器要同時對多個電子標籤進行操作，並實時處理數據資訊，這就需要高層系統處理

問題。高層系統是電腦網路系統，數據交換與管理由電腦網路完成，讀取器可以通過標準介面與電腦網路連接，利用網路完成數據處理、傳輸和通訊的功能。

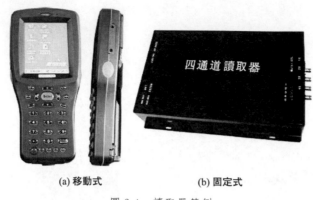

(a) 移動式　　　　　　　　　(b) 固定式

圖 2-4　讀取器範例

2.1.2　射頻辨識系統的特點

射頻辨識系統以其獨特的構想和技術特點贏得了廣泛的關注。其特點如下。

（1）開放性

射頻辨識系統採用全球最大的公用 Internet 網路系統，避免了系統的複雜性，大大降低了系統的成本，並有利於系統的增值。梅特卡夫（Metcalfe）定律表明，一個網路開放的結構體系遠比複雜的多重結構更有價值。

（2）通用性

射頻辨識系統可以辨識十分廣泛的實體物件。射頻辨識系統網路是建立在 Internet 網路系統上，並且可以與 Internet 網路所有可能的組成部分協同工作，具有獨立平臺，且在不同地區、不同國家無線射頻辨識技術標準不同的情況下具有通用性。

（3）可擴展性

射頻辨識系統是一個靈活的、開放的、可持續發展的體系，可在不替換原有體系的情況下做到系統升級。

射頻辨識系統是一個全球系統，供應鏈各個環節、各個節點、各個方面都可受益，但對低價值的產品來說，要考慮射頻辨識系統引起的附加成本。目前，全球正在通過 RFID 技術的進步進一步降低成本，同時通過系統的整體改進使供應鏈管理得到更好的應用，提高效益，降低或抵消附加成本。

RFID 網路使用無線射頻辨識技術實現供應鏈中貿易資訊的真實可見。它由五個基本要素組成，即電子產品碼（EPC）、射頻辨識系統（EPC 標籤和讀取器）、發現服務（包括物件名解析服務）、EPC 中介軟體、EPC 資訊服務（EP-CIS），見表 2-2。

表 2-2　EPC 物聯網系統組件列表

系統構成	名稱	說明
EPC 編碼體系	EPC 編碼標準	辨識目標的特定代碼
射頻辨識系統	EPC 標籤	貼在物品表面或內嵌於物品中
	讀取器	讀取 EPC 標籤
資訊網路系統	EPC 中介軟體	射頻辨識系統的軟體支持系統
	物件名稱服務（Object Nameing Service，ONS）	類似於網際網路的 DNS 功能，定位產品資訊儲存位置
	EPC 資訊服務	提供描述實物體、動態環境的標準，供軟體開發、數據儲存和數據分析之用

與現有的條碼系統相比，EPC-RFID 系統具有以下特點：

① 不像傳統的條碼系統，網路不需要人的介入與操作，而是通過完全自動辨識技術實現網路運行；

② 使用 IP 數據與現有的 Internet 互聯，實現數據的無縫連結；

③ 網路的成本相對較低；

④ 網路是通用的，可以在任何環境下運行；

⑤ 採納一些管理實體的標準，如 UCC、EAN、ANSI、ISO 等。

2.1.3　射頻辨識系統的工作流程

在由 EPC 標籤、讀取器、EPC 中介軟體、Internet、ONS 伺服器、EPCIS 伺服器以及眾多資料庫組成的實物網際網路中，讀取器讀出的 EPC 代碼只是一個資訊參考（指針），由這個資訊參考從 Internet 找到 IP 位址並獲取該位址中存放的相關物品資訊，然後採用分散式的 EPC 中介軟體處理由讀取器讀取的一連串 EPC 資訊。由於在標籤上只有一個 EPC 代碼，電腦要知道與該 EPC 匹配的其他資訊就需要 ONS 來提供一種自動化的網路資料庫服務，RFID 中介軟體將 EPC 傳給 ONS，ONS 指示 RFID 中介軟體到一個保存著產品檔案的 EPCIS 伺服器查找，該產品檔案可由 EPC 中介軟體複製，因而檔案中的產品資訊就能傳到供應鏈上，射頻辨識系統的工作流程如圖 2-5 所示。

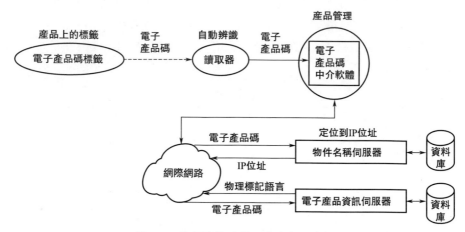

圖 2-5　射頻辨識系統工作流程示意圖

攜帶電子標籤的物品被整個網路監控並追蹤著，最適合的技術方案就是通過網路共享數據實現網路實時追蹤監控目標。EPC[2]、資訊辨識系統、RFID 中介軟體、資訊探索服務、EPCIS 被認為是實現網路共享的五種關鍵技術。

2.2　射頻辨識系統的主要組成

射頻辨識系統主要由如下七部分組成。

（1）EPC 編碼標準

編碼標準為 EPC 物聯網勾勒出了設計框架，符合標準的 RFID 網路能夠實現不同國家不同廠商的硬體和軟體之間的互聯互通，從而為 RFID 物聯網的發展形成合力。

（2）EPC 標籤

EPC 標籤主要以射頻標籤為主，有控制和儲存單位。控制單位主要完成通訊、加密、編碼等任務；儲存單位主要儲存辨識。

（3）讀取器

讀取器是構成物聯網的重要部件，主要用於讀取標籤以及與網際網路上其他的設備進行通訊，部分讀取器維護一個小型資料庫，以便於管理和維護區域網內的物品編碼。

(4) 中介軟體❶（舊稱 Savant，神經網路軟體）

儘管有最新的標準架構規定用 ALE 代替 Savant 標準，但 ALE 是繼承了 Savant 技術的，兩者密不可分，且為了兼顧現有的文獻，部分章節仍然採用舊稱。後面章節有關於應用層事件的專門講述。ALE 是介於應用系統和系統軟體之間的一類軟體，它使用系統軟體提供的基礎服務（功能），銜接網路上應用系統的各個部分或不同的應用，以達到資源共享、功能共享的目的。即中介軟體是一種獨立的系統軟體或服務程式，分散式應用軟體藉助這種軟體在不同的技術之間共享資源。中介軟體位於用戶端伺服器的操作系統之上，管理運算資源和網路通訊。

RFID 中介軟體具有一系列特定屬性的「程式模組」或「服務」，可被用戶整合以滿足他們的特定需要。RFID 中介軟體基於事件的高層通訊機制，也就是說 RFID 中介軟體觀察到的資料區塊是以事件為單位的。

RFID 中介軟體是加工和處理來自讀取器的所有資訊的事件流軟體，是連接讀取器和企業應用程式的紐帶，主要任務是在將數據送往企業應用程式之前進行標籤數據校正、讀取器協調、數據傳送、數據儲存和任務管理。圖 2-6 所示為 RFID 中介軟體組件與其他應用程式之間的通訊。

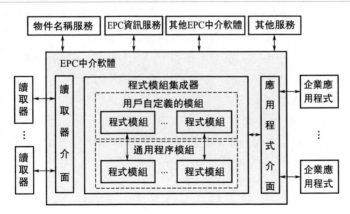

圖 2-6　RFID 中介軟體與其他應用程式之間的通訊

(5) 物件名稱服務

Auto－ID 中心認為一個開放式的、全球性的追蹤物品的網路需要一些特殊的網路結構，因為除了將 EPC 儲存在標籤中外，還需要一些將 EPC 與相應商品

---

❶　中介軟體技術在 EPCGlobal 早期版本的框架協定中被稱為 Savant，最新的標準框架重新命名為應用層事件（Application Level Events，ALE）。

資訊進行匹配的方法。這個功能就由物件名稱服務來實現，它是一個自動的網路服務系統，類似於網網域名稱稱服務，DNS 是將一臺電腦定位到網際網路上的某一具體地點的服務。

當一個讀取器讀取一個 RFID 標籤的資訊時，EPC 就被傳遞給了 Savant 系統。Savant 系統再在區域網或網際網路上利用 ONS 物件名稱服務找到這個產品資訊所儲存的位置。ONS 給 Savant 系統指明了儲存這個產品有關資訊的伺服器，因此能夠在 Savant 系統中找到這個檔案，並且將這個檔案中關於這個產品的資訊傳遞過來，從而應用於供應鏈的管理。

物件名稱服務比網際網路上的網網域名稱稱服務處理更多的請求，因此，公司需要在區域網中有一臺存取資訊速度比較快的 ONS 伺服器。這樣一個電腦生產商可以將他現在的供應商的 ONS 數據儲存在自己的區域網中，而不是在貨物每次到達組裝工廠時都要到全球資訊網上去尋找這個產品的資訊。這個系統也會有內部的冗餘，例如，當一個包含某種產品資訊的伺服器崩潰時，ONS 將能夠引導 Savant 系統找到儲存著同種產品資訊的另一臺伺服器。

(6) 實體標示語言（Physical Markup Language，PML）

EPC 辨識單品，但是所有關於產品的有用資訊都用一種新型的標準的電腦語言——實體標示語言書寫。PML 是基於人們廣為接受的可延伸標示語言（XML）發展而來的，因為它將會成為描述所有自然物體、過程和環境的統一標準，PML 的應用將會非常廣泛，並且進入到所有行業。Auto－ID 中心的目標就是以一種簡單的語言開始，鼓勵採用新技術。PML 還會不斷發展演變，就像網際網路的基本語言 HTML 一樣，演變為更複雜的一種語言。

PML 將提供一種通用的方法來描述自然物體，並形成一個廣泛的階層結構。例如，一罐可口可樂可以被描述為碳酸飲料，它屬於軟飲料的一個子類，而軟飲料又在食品大類下面。當然，並不是所有的分類都如此簡單，為了確保 PML 被廣泛接受，Auto－ID 中心依賴於標準化組織做了大量工作，如國際度量衡局和美國國家標準與技術研究院等標準化組織制定了相關標準。

除了那些不會改變的產品資訊（如物質成分）之外，PML 還包括經常性變動的數據（動態數據）和隨時間變動的數據（時序數據）。PML 檔案中的動態數據可包括船運水果的溫度或者一個機器震動的級別。時序數據在整個物品的生命週期中離散且間歇地變化，一個典型的例子就是物品所處的地點。所有這些資訊通過 PML 檔案都可得到，公司將能夠以新的方法利用這些數據。例如，公司可以設置一個觸發器，以便當有效期將要到來時，降低產品的價格。

PML 檔案將被儲存在一個 PML 伺服器上，此 PML 伺服器將配置一個專用的電腦，為其他電腦提供需要的檔案。PML 伺服器將由製造商維護，並且儲存這個製造商生產的所有商品的資訊。

(7) EPC 資訊服務（EPCIS）

　　EPCIS 提供了一個模組化、可擴展的數據和服務介面，使 EPC 的相關數據可以在企業內部或者企業之間共享。它處理與電子標籤相關的各種資訊，例如：

　　① 電子標籤的觀測值　What/When/Where/Why，通俗地說，就是觀測物件、時間、地點以及原因，這裡的原因是一個比較泛的說法，它應該是 EPCIS 步驟與商業流程步驟之間的一個關聯資訊，如訂單號、製造商編號等商業交易資訊。

　　② 包裝狀態　如物品在托盤上的包裝箱內。

　　③ 資訊源　如位於 Z 倉庫的 Y 通道的 X 讀取器。

　　EPCIS 有兩種運行模式：一種是 EPCIS 資訊被已經啟動的 EPCIS 應用程式直接應用；另一種是將 EPCIS 資訊儲存在資訊資料庫中，以備今後查詢時進行檢索。獨立的 EPCIS 事件通常代表獨立的步驟，比如 EPC 標記物件 A 裝入標記物件 B，並與一個交易碼結合。對 EPCIS 資料庫進行 EPCIS 查詢，不僅可以返回獨立事件，而且還有連續事件的累積效應，如物件 C 包含物件 B，物件 B 本身包含物件 A。

　　在由 EPC 標籤、讀取器、Savant 伺服器、Internet、ONS 伺服器、PML 伺服器以及眾多資料庫組成的實物網際網路中（圖 2-7），讀取器讀出的電子標籤只是一個資訊參考（指針），由這個資訊參考從 Internet 找到 IP 位址並獲取該位址中存放的相關物品資訊。而採用分散式 Savant 軟體系統處理和管理由解讀器讀取的一連串電子標籤資訊。由於在標籤上只有一個 EPC，電腦需要知道與該電子標籤匹配的其他資訊，這就需要 ONS 來提供一種自動化的網路資料庫服務，Savant 將 EPC 傳給 ONS，ONS 指示 Savant 到一個保存著產品檔案的 PML

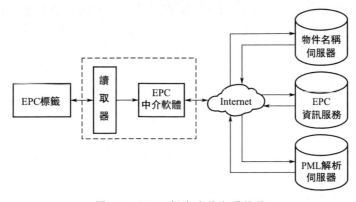

圖 2-7　RFID 網路及其主要設備

伺服器查找，該檔案可由 Savant 複製，因而檔案中的產品資訊就能傳到供應鏈上。PML 語言是可延伸標示語言（XML）的一個子集，為了更方便地說明 PML 語言，了解 XML 語言的規範和標準是很有必要的。

可延伸標示語言（Extensible Markup Language，XML），與 HTML 一樣，都是美國國家標準與技術研究院（Standard Generalized Markup Language，SGML）。XML 是 Internet 環境中跨平臺的、依賴於內容的技術，是當前處理結構化檔案資訊的有力工具。XML 是一種簡單的數據儲存語言，使用一系列簡單的標記描述數據，XML 已經成為數據交換的公共語言。

在射頻辨識系統中，XML 用於描述產品、過程和環境資訊，供工業和商業中的軟體開發、數據儲存和分析工具之用。它將提供一種動態的環境，使與物體相關的靜態的、暫時的、動態的和統計加工過的數據可以互相交換。

射頻辨識系統使用 XML 的目標是為物理實體的遠端監控和環境監控提供一種簡單、通用的描述語言，可廣泛應用在存貨追蹤、自動處理事務、供應鏈管理、機器控制和物對物通訊等方面。

XML 檔案的數據將被儲存在一個數據伺服器上，企業需要配置一個專用的電腦為其他電腦提供需要的檔案。數據伺服器將由製造商維護，並且儲存這個製造商生產的所有商品的資訊。在最新的 EPC 規範中，這個數據伺服器被稱作 EPCIS 伺服器。

2.3　電子產品碼標準化

麻省理工學院的 Auto－ID 中心是富有創造力的實驗室，該實驗室開啓了一項自動化辨識系統的研究，將 RFID 技術應用於全球的商業貿易領域，從而開啓了一個全新的時代。Auto－ID 中心於 1999 年成立，以零售業為研究物件，對 EPC 進行研發。2003 年 10 月，Auto－ID 中心將 EPC 轉交給 GS1 旗下的 EPC-global Inc.，將電子標籤從學術研究階段推向商業應用階段。

Auto－ID 中心以美國麻省理工大學（MIT）為領隊，在全球擁有實驗室。Auto－ID 中心構想了物聯網的概念，這方面的研究得到 100 多家國際大公司的通力支持。EPCglobal 是由美國統一編碼協會（UCC）和國際物品編碼協會（EAN）於 2003 年 9 月共同成立的非營利性組織，其前身是 1999 年 10 月 1 日在美國麻省理工學院成立的非營利性組織 Auto－ID 中心。EPCglobal 是一個受業界委託而成立的非營利組織，負責電子標籤網路的全球化標準，以便更加快速、自動、準確地辨識供應鏈中產品。同時，EPCglobal 是一個中立的標準化組織。EPCglobal 由 EAN 和 UCC 兩大標準化組織聯合（現在的 GS1）成立，它繼承了

EAN・UCC 與產業界近 30 年的成功合作傳統。企業和用戶是 EPCglobal 網路的最終受益者，通過 EPCglobal 網路，企業可以更高效、彈性地運行，可以更好地實現基於用戶驅動的營運管理。Auto－ID 將 EPC 標準化工作交給了 GS1，自己則專注於電子標籤網路中的技術問題。

2.3.1　EPCglobal 網路設計的目標

EPCglobal 的目的是促進電子標籤網路在全球範圍內更加廣泛地應用。RFID 網路由自動化辨識系統中心開發，其研究總部設在麻省理工學院，並且還有全球頂尖的 5 所研究型大學的實驗室參與。2003 年 10 月 31 日以後，自動辨識實驗室（Auto－ID）的管理職能正式停止，但保留研究功能組織標準文件的撰寫並提供技術支持、開展研討培訓等學術活動。EPCglobal 將繼續與自動辨識實驗室密切合作，以改進 RFID 技術使其滿足將來自動辨識的需要。理解 EPC-global 的目標是理解 RFID 技術的關鍵，RFID 除了提供全球統一的辨識之外，創造性地將網路設定為一個自動即時辨識、資訊共享、透明和可視的網路平臺。具體來說：

① EPCglobal 網路是實現自動即時辨識和供應鏈資訊共享的網路平臺。通過 EPCglobal 網路，提高供應鏈上貿易單位資訊的透明度與可視性，以此各機構組織將會更有效運行。通過整合現有資訊系統和技術，EPCglobal 網路將對全球供應鏈上貿易單位即時準確自動地辨識和追蹤。

② EPCglobal 的目標是解決供應鏈的透明性。透明性是指供應鏈各環節中所有合作方都能夠了解單件物品的相關資訊，如位置、生產日期等。目前 EPC-global 已在中國、加拿大、日本等國建立了分支機構，專門負責 EPC 碼段在這些國家的分配與管理、EPC 相關技術標準的制定、EPC 相關技術在本國的宣傳普及以及推廣應用等工作。

③ EPCglobal 的主要職責是在全球範圍內對各個行業建立和維護 EPC 網路，保證供應鏈各環節資訊的自動、實時辨識採用全球統一標準。通過發展和管理 RFID 網路標準來提高供應鏈上貿易單位資訊的透明度與可視性，以此來提高全球供應鏈的運作效率。

2.3.2　EPCglobal 服務範圍

EPCglobal 現已經合併到了 GS1 旗下，EPCglobal 為期望提高其有效供應鏈管理的企業提供下列服務[3]：

① 分配、維護和註冊 EPC 管理者代碼；

② 對用戶進行 EPC 技術和 EPC 網路相關內容的教育和培訓；

③ 參與 EPC 商業應用案例實施和 EPCglobal 網路標準的制訂；

④ 參與 EPCglobal 網路、網路組成、研究開發和軟體系統等規範的制訂和實施；

⑤ 引領 EPC 研究方向；

⑥ 驗證和測試，與其他用戶共同進行測試。

EPCglobal 將系統成員大致分為兩類：終端成員和系統服務商。終端成員包括製造商、零售商、批發商、運輸企業和政府組織。一般來說，終端成員就是在供應鏈中有物流活動的組織。而系統服務商是指那些給終端用戶提供供應鏈物流服務的組織機構，包括軟體和硬體廠商、系統整合商和培訓機構等。

EPCglobal 在全球擁有上百家成員。EPCglobal 由 EAN 和 UCC 兩大標準化組織聯合成立了 EPCglobal 管理委員會——由來自 UCC、EAN、MIT、終端用戶和系統整合商的代表組成。EPCglobal 主席對全球官方議會組和 UCC 與 EAN 的 CEO 負責。EPCglobal 員工與各行業代表合作，促進技術標準的提出和推廣、管理公共策略、開展推廣和交流活動並進行行政管理。架構評估委員會（ARC）作為 EPCglobal 管理委員會的技術支持，向 EPCglobal 主席做出報告，從整個 EPCglobal 的相關構架來評價和推薦重要的需要。商務推動委員會（BSC）針對終端用戶的需要實施行動來指導所有商務行為組和工作組。國家政策推動委員會（PPSC）對所有行為組和工作組的國家政策發布（例如安全隱私等）進行籌劃和指導。技術推動委員會（TSC）對所有工作組所從事的軟體、硬體和技術活動進行籌劃和指導。行為組（商務和技術）規劃商業和技術願景，以促進標準發展進程。商務行為組明確商務需要，彙總所需資料並根據實際情況，使組織對事務達成共識。技術行為組以市場需要為導向促進技術標準的發展。工作組是行為組執行其事務的具體組織，工作組是行為組的下屬組織（其成員可能來自多個不同的行為組），經行為組的許可，組織執行特定的任務。Auto－ID 實驗室由 Auto－ID 中心發展而成，總部設在美國麻省理工大學，與其他五所學術研究處於世界領先的大學（英國劍橋大學、澳洲阿德雷德大學、日本慶應大學、中國復旦大學和瑞士聖加侖大學）通力合作，研究和開發 EPCglobal 網路及其應用。

2.3.3　EPCglobal 協定體系

在 EPCglobal 定義的規範中，結構框架（Architecture Framework）是其各個相關標準的集合體，包括 EPCglobal 運行相關的軟硬體、資訊標準以及核心服務等，是理解 EPCglobal 規範的一個整體框架。通過結構框架，可以清晰地看到協定的分層結構以及協定之間的介面情況。結構框架的最終目標就是讓終端用戶真正受益，因此定義了軟體、硬體、資訊標準與核心服務，並在結構框架中說明

了上述定義內容之間的關聯性。

（1）EPCglobal 的目標

1）標準的角色扮演

① 協助完成貿易夥伴之間資訊與實體物品的交換 貿易夥伴之間想要交換資訊，必須先就資訊的結構和資訊交換的定義和結構，以及交換執行的機制等達成協定。EPCglobal 標準就是資訊標準和跨公司資訊交換標準。另外，貿易夥伴之間在交換實體物品時，必須在實體物品中附加貿易雙方都明確的產品辨識。EPCglobal 標準定義了 RFID 設備與 EPC 編碼資訊標準的規格。

② 提升系統組件在競爭市場中存在的意義和價值 EPCglobal 標準定義了系統組件之間的介面，以促進不同廠商生產的組件之間的互通性，從而提供給終端用戶多種選擇，並保證不同系統和不同貿易夥伴之間的交換能夠順利進行。

③ 鼓勵創新 EPCglobal 標準只是定義介面，並沒有定義詳細過程。在介面標準確保不同系統之間的互通性後，實施者可以自行創新開發相關產品與系統。

2）全球標準 EPCglobal 致力於全球標準的創造與應用。這個目標就是要確保 EPCglobal 結構框架能夠在全球通用，並以此來支持結構方案的提供者獲得開發的基礎。

為了實現上述目標，EPCglobal 制定了標準開發過程規範，它規範了 EPCglobal 各部門的職責以及標準開發的業務流程。它對遞交的標準草案進行多方審核，技術方面的審核內容包括防碰撞算法性能、應用場景、標籤晶片占用面積、讀取器複雜度、密集讀取器組網、數據安全六個方面，確保制定的標準具有很強的競爭力。

3）開放系統 EPCglobal 結構框架保持開放與客觀中立性。所有結構單位之間的介面都以公開標準的方式制定和公布。參與開發的團體和組織都需要採用 EPCglobal 標準開發流程或者其他標準組織的類似流程。EPCglobal 的知識產權政策可以確保 EPCglobal 標準具有自由與開放的權利，在與 EPCglobal 兼容的系統中能夠順利執行。

（2）EPCglobal 制定的協定體系

EPCglobal 是以美國和歐洲某些國家為首，全球很多企業和機構參與的 RFID 標準化組織。它屬於聯盟性的標準化組織，在 RFID 標準制定的速度、深度和廣度方面都非常出色，受到全球廣泛地關注。EPCglobal 制定的協定體系見圖 2-8。

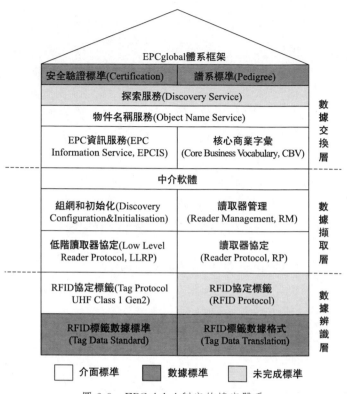

圖 2-8　EPCglobal 制定的協定體系

　　1）EPCglobal RFID 標準體系框架　在 EPCglobal 標準組織中，體系架構委員會 ARC 的職能是制定 RFID 標準體系框架，協調各個 RFID 標準之間關係，使它們符合 RFID 標準體系框架要求。體系架構委員會對於複雜資訊技術標準的制定來說非常重要。ARC 首先給出 EPCglobal RFID 體系框架，它是 RFID 典型應用系統的一種抽象模型，包含三種主要活動，如圖 2-9 所示。

　　2）EPCglobal 體系框架功能如下。

　　① EPC 物理物件交換　用戶與帶有 EPC 編碼的物理物件進行互動。對於 EPCglobal 用戶來說，物理物件是產品，用戶是該物品供應鏈中的成員。EPCglobal RFID 體系框架定義了 EPC 物理物件交換標準，能夠保證用戶將一種物理物件提交給另一個用戶時，後者能夠確定該物理物件 EPC 編碼，並能方便地獲得相應的物品資訊。

　　② EPC 基礎設施　為實現 EPC 數據的共享，每個用戶在應用時應為新生成的物件進行 EPC 編碼，通過監視物理物件攜帶的 EPC 編碼對其進行追蹤，並將蒐集到的資訊記錄到基礎設施內的 EPC 網路中。EPCglobal RFID 體系框架定義

了用來收集和記錄 EPC 數據的主要設施部件介面標準，因而允許用戶使用可交互運作部件來構建其內部系統。

③ EPC 數據交換 用戶通過相互交換數據來提高物品在物流供應鏈中的可見性。EPCglobal RFID 體系框架定義了 EPC 數據交換標準，為用戶提供了一種端到端共享 EPC 數據的方法，並提供了用戶存取 EPCglobal 核心業務和其他相關共享業務的方法。

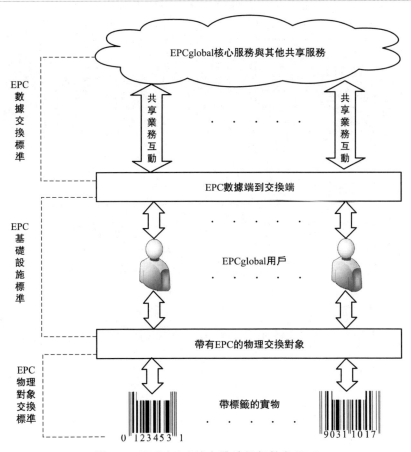

圖 2-9　EPCglobal 協定體系框架對應 EPC

ARC 從 RFID 應用系統中凝練出多個用戶之間 RFID 體系框架模型（圖 2-10）和單個用戶內部 RFID 體系框架模型（圖 2-11），它是典型 RFID 應用系統組成單位的一種抽象模型，目的是表達實體單位之間的關係。在模型圖中實線框代表實體單位，它可以是標籤、讀取器等硬體設備，也可以是應用軟體、管理軟體、中介軟體等；虛線框代表介面單位，它是實體單位之間資訊互動的介面。體系結

構框架模型清晰表達了實體單位之間的互動關係，實體單位之間通過介面實現資訊互動。介面就是制定通用標準的物件，因為介面統一以後，只要實體單位符合介面標準就可以實現互聯互通。這樣允許不同廠家根據自己的技術和 RFID 應用特點來實現實體互聯，也就是說提供相當的靈活性，適應技術的發展和不同應用的特殊性。實體就是制定應用標準和通用產品標準的物件。實體與介面的關係類似於組件中組件實體與組件介面之間的關係，介面相對穩定，而組件的實體可以根據技術特點與應用要求由企業自己來決定。

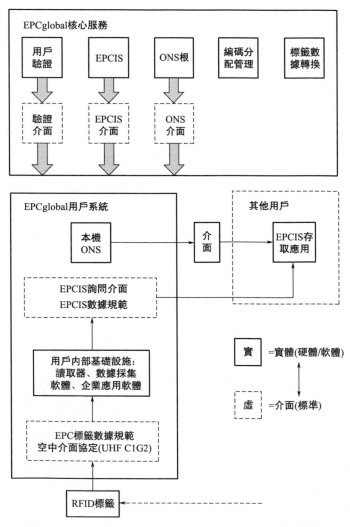

圖 2-10　多用戶交換 EPC 資訊的 EPCglobal 體系框架模型

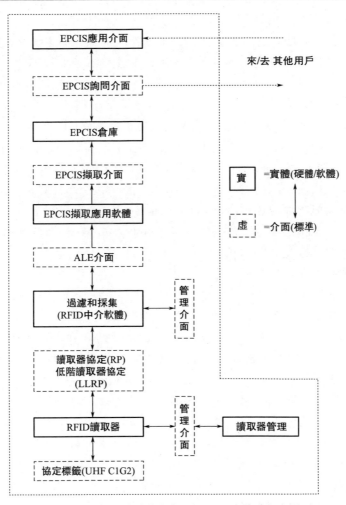

圖 2-11 單個用戶系統內部 EPCglobal 體系框架模型

　　EPCglobal 標準是全球中立、開放的標準，由各行各業、EPCglobal 研究工作組的服務物件用戶共同制定，最終由 EPCglobal 管理委員會批准和發布，並推廣實施，包括資料擷取、資訊發布、資訊資源組織管理、資訊服務發現等方面。除此之外，部分實體單位也可能組成分散式網路，如讀取器、中介軟體等，為了實現讀取器、中介軟體的遠端配置、狀態監視、性能協調等會產生管理介面。下面是幾個常用的相關標準。

　　a. EPC 標籤數據轉換標準。本標準是 EPC 標籤數據標準規範的可機讀版本，可以用來確認 EPC 格式以及轉換不同級別數據表示。此標準描述了如何解釋可

機讀版本,包括可機讀標準最終說明檔案的結構和原理,並提供了在自動轉換或驗證軟體中如何使用該標準的指南。

b. EPC 標籤數據標準。本標準規定 EPC 體系下通用介面定義(GID)、全球貿易項目代碼(GTIN)、運送容器序號(SSCC)、全球位置碼(GLN)、全球可回收資產辨識碼(GRAI)、全球個別資產辨識碼(GIAI)的代碼結構和編碼方法。

c. 空中介面協定標準。空中介面協定規範了電子標籤與讀取器之間命令和數據互動。900MHz Class 0 射頻辨識標籤規範規定 900MHz Class 0 操作的通訊介面和協定,包括在該波段通訊的射頻和標籤要求、操作算法。13.56MHz ISM 波段 Class 1 射頻辨識標籤介面規範規定 13.56MHz Class1 操作的通訊介面和協定,包括在該波段內通訊的射頻和標籤要求。860~960MHz Class 1 射頻辨識標籤射頻和邏輯通訊介面規範被命名為 Class 1 Generation 2 UHF 空中介面協定標準,通常被稱為 Gen 2 標準。本標準規定在860~960MHz 率範圍內操作的無源反射散射、讀取器優先溝通(ITF)、RFID 系統的物理和邏輯要求。RFID 系統由詢答機(也叫讀取器)和標籤組成。

d. 讀取器協定標準。讀取器協定標準是一個介面標準,詳細說明了一臺具備讀取標籤能力的設備和應用軟體之間的互動作用。提供讀取器與主機(主機是指中介軟體或者應用程式)之間的數據與命令互動介面,與 ISO/IEC 15961、15962 類似。它的目標是主機能夠獨立於讀取器與標籤的介面協定,即適用於智慧程度不同的 RFID 讀取器、條碼讀取器,適用於多種 RFID 空中介面協定,適用於條碼介面協定。該協定定義了一個通用功能集合,但是並不要求所有的讀取器實現這些功能。它分為三層功能:讀取器層規定了讀取器與主電腦交換的資訊格式和內容,它是讀取器協定的核心,定義了讀取器所執行的功能;資訊層規定了資訊如何組幀、轉換以及在專用的傳輸層傳送,安全服務(如身分鑑別、授權、資訊加密以及完整性檢驗)規定了網路連接的建立、初始化建立同步的資訊、初始化安全服務等;傳輸層對應於網路設備的傳輸層。讀取器數據協定位於數據平面。

e. 低階讀取器協定標準。EPCglobal 於 2007 年 4 月 24 日發布了低階讀取器協定(LLRP)標準。低階讀取器協定的使用使讀取器發揮最佳性能,以生成豐富、準確、可操作的數據和事件。低階讀取器協定標準將進一步促進讀取器互通性,並為技術提供商提供基礎以擴展其提供具體行業需要的能力。它為用戶控制和協調讀取器的空中介面協定參數提供通用介面規範,它與空中介面協定密切相關。可以配置和監視 ISO/IEC 18000-6 TypeC 中防碰撞算法的時隙幀數、Q 參數、發射功率、接收靈敏度、調變速率等,可以控制和監視選擇命令、讀取過程、會話過程等。在密集讀取器環境下,通過調整發射功率、發射頻率和調變速率等參數,可以大大消除讀取器之間的干擾等。它是讀取器協定的補充,負責讀

取器性能的管理和控制，使讀取器協定專注於數據交換。低階讀取器協定位於控制平面。

f. 讀取器管理標準。讀取器管理通過管理軟體來控制符合 EPCglobal 要求的 RFID 讀取器的運行狀況。另外，它定義了讀取器與讀取器管理之間的互動介面。它規範了存取讀取器配置的方式（如天線數等）以及監控讀取器運行狀態的方式（如讀到的標籤數、天線的連接狀態等）。另外，還規範了 RFID 設備的簡單網路管理協定（Simple Network Management Protocol，SNMP）和管理資訊庫（Management Information Base，MIB）。讀取器管理協定位於管理平面。

g. 讀取器發現配置安裝協定標準。本標準規定了 RFID 讀取器和存取控制機及其工作網路間的介面，便於用戶配置和最佳化讀取器網路。

h. 應用層事件標準。本標準規定客戶可以獲取來自各管道、經過過濾形成的統一 EPC 介面，增加了完全支持 Gen2 特點的 TID、用戶儲存器、鎖定等，並可以降低從讀取器到應用程式的數據量，將應用程式從設備細節中分離出來，在多種應用之間共享數據，當供應商需要變化時可升級拓展，採用標準 XML/網路服務技術容易整合。提供一個或多個應用程式向一臺或多臺讀取器發出 EPC 數據請求的方式等。通過該介面，用戶可以獲取過濾後、整理過的 EPC 數據。ALE 基於服務導向的架構（SOA）。它可以對服務介面進行抽象處理，就像 SQL 對關係資料庫的內部機制進行抽象處理那樣。應用可以通過 ALE 查詢引擎，不必關心網路協定或者設備的具體情況。

i. 電子產品碼資訊服務標準。電子產品碼資訊服務標準為資產、產品和服務在全球的行動、定位和部署帶來前所未有的可見度，是 EPC 發展的又一里程碑。EPCIS 為產品和服務生命週期的每個階段提供可靠、安全的數據交換。

j. 物件名稱服務標準。物件名稱服務標準規定了如何使用網域名稱系統定位與一個指定 EPC 中 SGTIN 部分相關的命令元數據和服務。此標準的目標讀者為有意在實際應用中實施物件名稱服務解決方案系統的開發商。

k. 譜系標準。譜系標準及其相關附件為供應鏈中製藥參與方使用的電子譜系文件的維護和交流定義了架構。該架構的使用符合成文的譜系法律。

l. EPCglobal 驗證標準。在確保可靠使用的同時，保證廣泛的可交互運作性和快速部署，EPCglobal 驗證標準定義了實體在 EPCglobal 網路內 X.509 證書簽發及使用的概況。其中定義的內容是基於網際網路工程任務編組（IETF）的公鑰基礎建設（PKIX）工作組制定的兩個 Internet 標準，這兩個標準在多種現有環境中已經成功實施、部署和測試。

3）EPCglobal 與 ISO/IEC RFID 標準之間的對應關係　目前 EPCglobal RFID 標準還在不斷完善中，EPCglobal 以聯盟形式參與 ISO/IEC RFID 標準的

制定工作，比任何一個國家具有更大的影響力。ISO/IEC 比較完善的 RFID 技術標準是前端資料擷取類，標籤資料擷取後如何共享和讀取器設備管理等標準制定工作剛剛開始，而 EPCglobal 已經制定了 EPCIS、ALE、LLRP 等多個標準。EPCglobal 將 UHF 空中介面協定、低層讀取器控制協定、讀取器數據協定、讀取器管理協定、應用層事件標準遞交給 ISO/IEC，如 2006 年批准的 ISO/IEC 18000-6 TypeC 就是以 EPC UHF 空中介面協定為基礎，正在制定的 ISO/IEC 24791 軟體體系框架中設備介面也是以 LLRP 為基礎。Class 0 與 ISO/IEC 18000-3 對應，Class 1 與 ISO/IEC 18000-6 標準對應，而 UHF C1 G2 已經成為 ISO/IEC 18000-6C 標準。EPCglobal 藉助 ISO 的強大推廣能力，使自己制定的標準成為被廣泛採用的國際標準。EPC 系列標準中包含了大量專利，EPCglobal 是非營利性的組織，專利許可由相關的企業自己負責，因此採納 EPCglobal 標準必須十分關注其中的專利問題。

4）應用中 EPCglobal 體系框架的分類　EPCglobal 在使用過程中支持單用戶和多用戶兩種工作模式：

圖 2-10 所示為多個用戶交換 EPC 資訊的 EPCglobal 體系框架模型，它為所有用戶的 EPC 資訊互動提供了共同的平臺，使不同用戶 RFID 系統之間實現資訊的互動。因此需要考慮驗證介面、EPCIS 介面、ONS 介面、編碼分配管理和標籤數據轉換。

圖 2-11 所示為單個用戶系統內部 EPCglobal 體系框架模型，一個用戶系統可能包括很多 RFID 讀取器和應用終端，還可能包括一個分散式的網路。它不僅需要考慮主機與讀取器之間的互動、讀取器與標籤之間的互動，讀取器性能控制與管理、讀取器設備管理，還需要考慮與核心系統或其他用戶之間的互動，確保不同廠家設備之間兼容。

2.4　EPCglobal RFID 實體單位及其主要功能

為方便本章後續內容的介紹，首先對 EPCglobal 體系框架中實體單位的主要功能做簡要說明，後續章節將進一步介紹 EPC 體系中的設備。一個完全兼容 EPC 網路架構的設備是 RFID，因此介紹 EPC 體系一般都從 RFID 系統出發，這裡 EPC 的感知層也採用 RFID 設備。

EPCglobal RFID 網路架構如圖 2-12 所示，主要裝置如圖 2-13 所示。

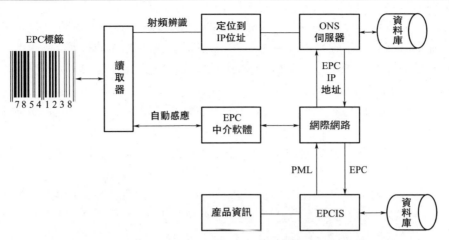

圖 2-12　EPCglobal RFID 網路架構

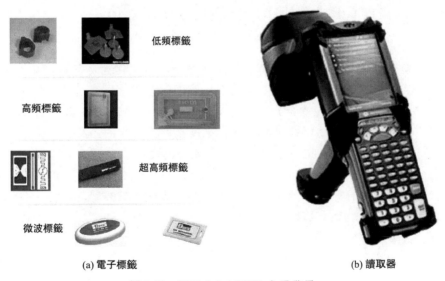

圖 2-13　EPCglobal RFID 主要裝置

EPCglobal RFID 主要由以下幾部分組成。

① RFID 標籤：保存 EPC 編碼，還可能包含其他數據。標籤可以是有源標籤或無源標籤，能夠支持讀取器的辨識、讀數據、寫數據等操作。

② RFID 讀取器：能從一個或多個電子標籤中讀取數據並將這些數據傳送給主機等。

③ 讀取器管理：監控一臺或多臺讀取器的運行狀態，管理一臺或多臺讀取

器的配置等。

④ 中介軟體：從一臺或多臺讀取器接收標籤數據、處理數據等。

⑤ EPCIS：為存取和持久保存 EPC 相關數據提供了一個標準的介面，已授權的貿易夥伴可以通過它來讀取 EPC 相關數據，對具有高度複雜的數據進行儲存與處理，支持多種查詢方式。

⑥ ONS 根伺服器：為 ONS 查詢提供查詢初始點；授權本機 ONS 執行 ONS 查找等功能。

⑦ 編碼分配管理：通過維護 EPC 管理者編號的全球唯一性來確保 EPC 編碼的唯一性等。

⑧ 標籤數據轉換：提供了一個可以在 EPC 編碼之間轉換的檔案，它可以使終端用戶的基礎設施部件自動獲取新的 EPC 格式。

⑨ 用戶驗證：驗證 EPCglobal 用戶的身分等。

2.5　RFID 物聯網的應用與價值

物聯網是一種將所有物品串連在一的智慧網路，利用射頻辨識、無線通訊、實時定位、影片處理和感測等技術與設備，使任何智慧化物體通過網路進行資訊交流。它把物理物件無縫整合到資訊網路，其目的是讓每一件物品都與網路相連，方便管理和辨識。物聯網是利用多種網路技術建立來的，其中非常重要的技術之一是 RFID 電子標籤技術。以 RFID 系統為基礎，結合已有的網路技術、感測技術、資料庫技術、中介軟體技術等，構築一個比網際網路更為龐大的、由大量聯網的讀取器和行動的標籤組成的巨大網路成為物聯網發展的趨勢。在這個網路中，系統可以自動地、實時地對物體進行辨識、定位、追蹤、監控，並觸發相應事件。

物聯網的應用十分廣泛，尤其是在交通、環保節能、政府機構、工業監督、全球安防、家居安全和醫療保健等領域。物聯網將不僅使更多的業務流程取得更高的效率，而且在其他應用包括材料處理和物流、倉儲、產品追蹤、數據管理、生產成本控制、資產流動控制、防偽、生產錯誤控制、即時召回瑕疵品、更有效的回收利用和廢物管理、藥物處方安全性控制，以及食品安全和品質改進等方面也有非常有效的提升作用。此外，加入了物聯網的智慧科技，如機器人及穿戴式智慧終端，可以讓日常物品成為思考和溝通的裝備。

RFID 系統是在電腦網際網路的基礎上，利用射頻辨識、無線數據通訊等技術，構造的一個覆蓋世界上萬事萬物的實物網際網路，旨在提高現代物流、供應鏈管理水準，降低成本，是一項具有革命性意義的新技術。

　　RFID 概念的提出源於無線射頻辨識技術和電腦網路技術的發展。無線射頻辨識技術的優點在於可以以無接觸的方式實現遠距離、多標籤甚至快速行動狀態下的自動辨識。電腦網路技術的發展，尤其是網際網路技術的發展使全球資訊傳遞的即時性得到了基本保證。

　　EPC 系統設計的目標就是為世界上的每一件物品都賦予一個唯一的編號，RFID 標籤即是這一編號的載體。當 RFID 標籤貼在物品上或內嵌在物品中時，產品被唯一標識。

參考文獻

[1]　TURRI A M, SMITH R J, et al. Privacy and RFID Technology: A Review of Regulatory Efforts［J］. the Journal of conswmer affairs, 2017, 51 (2)：329-354.

[2]　LO N W, YEH K H. A Secure Communication Protocol for EPCglobal Class 1 Generation 2 RFID Systems［C］. 2010 IEEE 24th international conference on advanced information networking and applications workshops, 2010: 562-566.

[3]　TSENG C W, CHEN Y C, HUANG C H. A Design of GS1 EPCglobal Application Level Events Extension for IoT Applications［J］. IEICE TRANS, 2016, 99 (1)：30-39.

第3章

物聯網中的射頻辨識服務

3.1 物件名稱伺服器

在物聯網中，標籤中只儲存了電子產品碼，而系統還需要根據這些電子產品碼匹配相應的商品資訊，這個尋址功能由物件名稱服務（Object Name Service，ONS）來完成，所以 ONS 的作用是建立區域的 RFID 網路與 Internet 上的 EPCIS 伺服器之間連繫的橋樑。ONS 在 EPC 網路中的作用相當於網際網路中的網域名稱系統服務（Domain Name System，DNS），實際上 EPCglobal 在設計 ONS 時通過巧妙的設計充分利用了 DNS 在網際網路中的尋址作用，構成了 ONS-DNS 的尋址架構[1~3]。

在 EPCglobal 提出的物聯網這一宏偉遠景下，所有攜帶電子標籤的物品被整個網路監控並追蹤著。就物聯網的技術實現上，EPCglobal 提出了必須具備的五大技術組成，分別是 EPC、ID System（資訊辨識系統）、EPC 中介軟體實現資訊的過濾和採集、Discovery Service（資訊探索服務）、EPCIS。本節將解析 ONS 的核心組件在 EPC 物聯網框架下的作用、技術原理、實現架構和應用前景[4,5]。

3.1.1 ONS 系統架構

對於 EPC 這樣一個全球開放的、可追逐物品生命週期軌跡的網路系統，需要一些技術工具，將物品生命週期不同階段的資訊與物品已有的資訊進行實時動態整合。幫助 EPC 系統動態地解析物品資訊管理中心的任務就由物件名稱服務實現。ONS 系統是一個自動的網路服務系統，其結構類似於 DNS 的分散式的階層結構[6~11]。主要由映射資訊、根 ONS（Root ONS）伺服器、區域 ONS（Local ONS）伺服器、ONS 本機快取、本機 ONS 解析器（Local ONS Resolver）這五個部分組成，其簡化圖示如圖 3-1 所示。

ONS 作為 EPC 物聯網組成技術的重要部件，在 EPC 網路中完成資訊探索服務，包括物件命名服務以及配套服務。其作用就是通過電子產品碼，獲取

EPC 數據存取通道資訊。

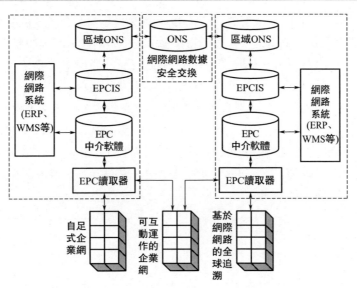

圖 3-1　EPC 物聯網中 ONS 的架構示意圖

作為 EPC 資訊探索服務的最重要組成部分，物件命名服務儲存提供 EPC 資訊服務的位址資訊，主要是電子產品碼；另外，其記錄儲存是授權的，只有電子產品碼的擁有者可以對其進行更新、添加、刪除等操作。

從圖 3-1 可以看出，單個企業維護的本機 ONS 伺服器包括兩種功能，一是實現與產品對應的 EPC 資訊服務位址資訊的儲存，二是提供與外界交換資訊的服務，並通過根 ONS 伺服器進行級聯，組成 ONS 網路體系[12~14]。這一網路體系主要完成以下兩種功能：

① 企業內部的本機 ONS 伺服器實現其位址映射資訊的儲存，並向根 ONS 伺服器報告該資訊，同時獲取網路查詢結果。

② 在這個物聯網內，基於電子產品碼實現 EPC 資訊查詢定位功能。

3.1.2　ONS 解析服務的分類

ONS 是讀取器與 EPCIS 之間連繫的橋樑，ONS 為每個標籤找到對應的 EPCIS 資料庫。ONS 提供靜態 ONS 與動態 ONS 兩種服務。靜態 ONS 是指向貨品製造商的資訊，動態 ONS 是指向一件貨品在供應鏈中流動時所經過的不同的管理實體。靜態 ONS 服務，通過電子產品碼查詢供應商提供的該類商品的靜態資訊；動態 ONS 服務，通過電子產品碼查詢該類商品的更確切資訊，如在供應鏈

中經過的各個環節的資訊。

　　靜態 ONS 直接指向貨品製造商的 EPCIS，也就是說，任何物品都由製造商的伺服器管理和維護。當查詢該標籤時，標籤由 ONS 內的指針對應固定的 IP 位址並指向製造商的伺服器。在實際情況中，每個物品會由於不同的狀態，例如製造、銷售、運輸、庫存等，而儲存在不止一個資料庫中。由此可見，靜態 ONS 解析要達到高度有效，必須保證解析過程網路的強健性、存取控制的獨立性[15～17]。

　　靜態 ONS 解析過程可以為電子標籤提供鏈式的查詢過程（圖 3-2），同時也支持反向連結過程。解析過程的資訊是由 ONS 記錄保存的，解析速度較快。但是由於需要維護的物品標籤往往是大量的，這對於 ONS 的儲存能力是一個不小的挑戰。同時大多數物品往往由多個公司維護，靜態 ONS 對負責的產品製造和供應鏈管理支持的程度較低。

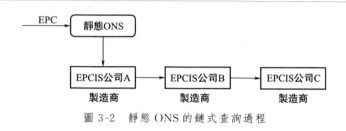

圖 3-2　靜態 ONS 的鏈式查詢過程

　　動態 ONS 指向多個 EPCIS 資料庫，由分散式的 ONS 伺服器共同協作完成，為物品在供應鏈的流動過程提供所有的管理實體。

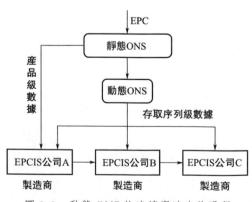

圖 3-3　動態 ONS 的連續實時查詢過程

　　動態 ONS 為每個供應鏈管理商在移交貨品時更新註冊列表，以支持連續實時查詢（圖 3-3）。在更新過程中，更新內容往往包含管理商資訊變動、產品追

蹤時 EPC 變動以及是否特別標記的用於召回的 EPC 資訊。

靜態 ONS 工作模式下，任何一個連結無法響應或者互聯，則整個鏈路都將失效，所以網路的強健性很差。動態機制要好得多，一旦其中的一條鏈路斷掉，還有其他的鏈路能夠繼續查詢。

靜態 ONS 與動態 ONS 是有區別的。靜態 ONS 假定每個物件都有一個資料庫，提供指向相關製造商的指針，並且給定的 EPC 編碼總是指向同一個 URL。

① 靜態 ONS 分層。由於同一個製造商可以擁有多個資料庫，因此 ONS 可以分層使用。一層指向製造商的根 ONS，另一層是製造商自己的 ONS，可以指向製造商的某個特定的資料庫。

② 靜態 ONS 局限性。靜態 ONS 假定一個物件只擁有一個資料庫，給定的 EPC 編碼總是解析到同一個 URL。而事實上 EPC 資訊是分散式儲存的，每個貨品的資訊儲存在不止一個資料庫中，不同的實體（製造商、分銷商、零售商）對同一個貨品建立了不同的資訊，因此需要定位所有相關的資料庫。同時，靜態 ONS 需要維持解析過程的安全性和一致性，需要提高自身的穩健性和存取控制的獨立性。

動態 ONS 指向多個資料庫，指向貨品在供應鏈流動所經過的所有管理者實體。

每個供應鏈管理商在移交貨品時都會更新註冊列表，以支持連續查詢。需要更新的動態 ONS 註冊內容如下。

① 管理商資訊變動（到達或離開）。

② 產品追蹤時的 EPC 變動：貨物裝進集裝箱、重新標識或重新包裝。

③ 是否標記特別的用於召回的 EPC，可以查詢動態 ONS 註冊。

④ 向前追蹤到當前的管理者。

⑤ 獲得當前關於位置和狀態的資訊，判斷誰應該進行產品召回。

⑥ 向後追溯找到供應鏈的所有管理者及相關資訊。

目前，EPCglobal 正在考慮用數據發現服務（Data Discovery）來代替動態 ONS，確保供應鏈上分布的各參與方數據可以共享，數據發現服務的詳細標準和技術內容正在開發中。

3.1.3　ONS 的網路工作原理

為了支持現有的 GS1 標準和現有的網路基礎設施，ONS 使用現有的 DNS 查詢 GS1 辨識碼，這意味著 ONS 在查詢和響應過程中的通訊格式是必須支持 DNS 的標準格式，同時 GS1 辨識碼將被轉化成網域名稱和有效的 DNS 資源記錄。

3.1.3.1　DNS 的工作原理

在物聯網中，ONS 的工作機理跟網際網路的 DNS 非常相似，為了便於理解，首先闡述一下 DNS 的工作原理。

DNS 是電腦網域名稱系統的縮寫，它是由網域名稱解析器和網域名稱伺服器組成的。網域名稱伺服器是指保存該網路中所有主機網域名稱和對應 IP 位址，並具有將網域名稱轉換為 IP 位址功能的伺服器。其中網域名稱必須對應一個 IP 位址，而 IP 位址不一定有網域名稱。網域名稱系統採用類似目錄樹的等級結構。網域名稱伺服器為用戶端/伺服器模式中的伺服器方，它主要有兩種：主伺服器和轉發伺服器。將網域名稱映射為 IP 位址的過程就稱為網域名稱解析。DNS 服務網路拓撲結構如圖 3-4 所示。

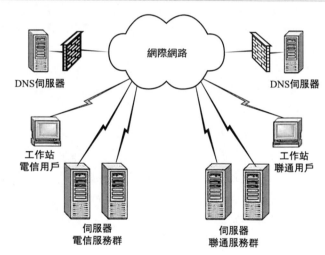

圖 3-4　DNS 服務網路拓撲結構

網域名稱解析有正向解析和反向解析之說。正向解析就是將網域名稱轉換成對應的 IP 位址的過程，它用於在瀏覽器位址欄中輸入網站網域名稱的情形；而反向解析是將 IP 位址轉換成對應網域名稱的過程。但在存取網站時無須進行反向解析，即使在瀏覽器位址欄中輸入的是網站伺服器 IP 位址，因為網際網路主機的定位就是通過 IP 位址進行的，只是在同一 IP 位址下映射多個網域名稱時需要。另外，反向解析經常被一些後臺程式使用，用戶看不到。

除了正向、反向解析之外，還有一種稱為遞迴查詢的解析。遞迴查詢的基本含義就是在某個 DNS 伺服器上查找不到相應的網域名稱與 IP 位址對應關係時，自動轉到另外一臺 DNS 伺服器上進行查詢。通常遞迴到另一臺 DNS 伺服器對應

域的根 DNS 伺服器。因為對於提供網際網路網域名稱解析的網際網路服務商而言，無論從性能上，還是從安全上來說，都不可能只有一臺 DNS 伺服器，而是有一臺或者兩臺根 DNS 伺服器（兩臺根 DNS 伺服器通常是鏡像關係），然後再在下面配置多臺子 DNS 伺服器來均衡負載（各子 DNS 伺服器都是從根 DNS 伺服器中複製查詢資訊的），根 DNS 伺服器一般不接受用戶的直接查詢，只接受子 DNS 伺服器的遞迴查詢，以確保整個網域名稱伺服器系統的可用性。

當用戶存取某網站時，在輸入了網站網址（其實就包括了網域名稱）後，首先就有一臺首選子 DNS 伺服器進行解析，如果在它的網域名稱和 IP 位址映射表中查詢到相應的網站 IP 位址，則可以立即存取；如果在當前子 DNS 伺服器上沒有查找到相應網域名稱所對應的 IP 位址，它就會自動把查詢請求轉到根 DNS 伺服器上進行查詢。如果是相應網域名稱服務商的網域名稱，在根 DNS 伺服器中肯定可以查詢到相應網域名稱的 IP 位址，如果存取的不是相應網域名稱服務商下的網站，則會把相應查詢轉到對應網域名稱服務商的網域名稱伺服器上。

DNS 伺服器的解析過程如圖 3-5 所示。

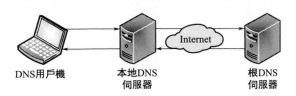

DNS用戶機　　　　本地DNS　　　　　　根DNS
　　　　　　　　　伺服器　　　　　　　伺服器

圖 3-5　DNS 伺服器的解析過程

① 用戶端提出網域名稱解析請求，並將該請求發送給本機的網域名稱伺服器。

② 當本機的網域名稱伺服器收到請求後，就先查詢本機的快取，如果有該記錄項，則本機的網域名稱伺服器就直接把查詢的結果返回。

③ 如果本機的快取中沒有該記錄，則本機網域名稱伺服器就直接把請求發給根網域名稱伺服器，然後根網域名稱伺服器再返給本機網域名稱伺服器一個所查詢域（根的子域）主網域名稱伺服器的位址。

④ 本機伺服器再向上一步返回的網域名稱伺服器發送請求，然後接收請求的伺服器查詢自己的快取，如果沒有該記錄，則返回相關的下級網域名稱伺服器的位址。

⑤ 重複④，直到找到正確的記錄。

⑥ 本機網域名稱伺服器把返回的結果保存到快取，以備下一次使用，同時還將結果返給用戶端。

舉例詳細說明解析網域名稱的過程。假設用戶端想要存取站點 www. linejet.

com，本機網域名稱伺服器是 dns. company. com，一個根網域名稱伺服器是 NS. INTER. NET，要存取的網站的網域名稱伺服器是 dns. linejet. com，網域名稱解析的過程如下。

① 用戶端發出請求解析網域名稱 www. linejet. com 的報文。

② 本機的網域名稱伺服器收到請求後，查詢本機快取，假設沒有該記錄，則本機網域名稱伺服器 dns. company. com 向根網域名稱伺服器 NS. INTER. NET 發出請求解析網域名稱 www. linejet. com。

③ 根網域名稱伺服器 NS. INTER. NET 收到請求後查詢本機記錄得到如下結果：linejet. com NS dns. linejet. com（表示 linejet. com 域中的網域名稱伺服器為 dns. linejet. com），同時給出 dns. linejet. com 的位址，並將結果返給網域名稱伺服器 dns. company. com。

④ 網域名稱伺服器 dns. company. com 收到回應後，再發出請求解析網域名稱 www. linejet. com 的報文。

⑤ 網域名稱伺服器 dns. linejet. com 收到請求後，開始查詢本機的記錄，找到如下一條記錄：www. linejet. com A 211. 120. 3. 12（表示 linejet. com 域中網域名稱伺服器 dns. linejet. com 的 IP 位址為：211. 120. 3. 12），並將結果返回給客戶本機網域名稱伺服器 dns. company. com。

⑥ 客戶本機網域名稱伺服器將返回的結果保存到本機快取，同時將結果返給用戶端。

3. 1. 3. 2　ONS 的工作原理

ONS 的基本作用就是將一個 EPC 映射到一個或者多個 URI，在這些 URI 中可以查到關於這個物品的更多的詳細資訊，通常對應著一個電子產品碼資訊服務系統。當然也可以將 EPC 關聯到與這些物品相關的 web 站點或者其他 Internet 資源。ONS 提供靜態和動態兩種服務。靜態服務可以返回物品製造商提供的 URL，動態服務可以順序記錄物品在供應鏈上行動過程的細節。

物件命名服務的技術實現採用了網網域名稱稱服務的實現原理。網網域名稱稱服務對用戶端來說，相當於一個黑盒子，通過 DNS 提供的簡單 API，獲取其位址解析資訊，而無須關心 DNS 的具體實現。但實際上，DNS 的實現需要提供一個足夠強健的架構，滿足其對擴展性、安全性和正確性的要求，其實現是分層管理、分級分配的。

由於 ONS 系統主要處理電子產品碼與對應的 EPCIS 資訊伺服器 PML 位址的映射管理和查詢，而電子產品碼的編碼技術遵循 EAN-USS 的 SGTIN 格式，和網域名稱分配方式很相似，因此，完全可以借鑑網際網路中已經很成熟的網網

域名稱稱服務技術思想，並利用 DNS 構架實現 ONS 服務。ONS 服務對電子產品碼的分級解析機制見圖 3-6。

EPCglobal 提供的電子產品碼由過濾位、公司索引位、產品索引位和產品序列號組成。基於公司索引位，確定具體的公司 EPCIS 伺服器位址資訊。其 ONS 記錄格式如表 3-1 所示。

表 3-1　ONS 記錄格式

Order	Pref	flag	Service	Regexp	Replacement
0	0	u	EPC＋ecpis	!ˆ. ＊$! http//example. com/cgi-bin/epcis!	. (aperiod)

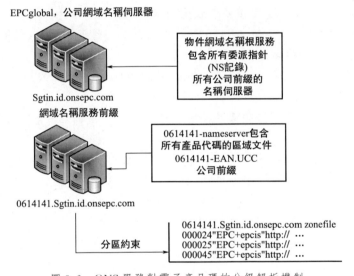

圖 3-6　ONS 服務對電子產品碼的分級解析機制

下面總結一下，一個 EPC 編碼在解析階段格式化為一個網域名稱的過程。

ONS 的網路通訊是架構在 DNS 基礎上的，一旦 EPC 被轉化成網域名稱格式，DNS 就可以拿來查詢和儲存相關的 EPC 伺服器（PML 伺服器）。

EPC 的網域名稱格式為：EPC 網域名稱＝EPC 域前綴名＋EPC 根網域名稱，前綴名由 EPC 編碼經過運算得到，根網域名稱是不變的，為 epc. objid. net。

（1）本機 ONS 伺服器將二進制 EPC 編碼轉化為 URI 的具體步驟

① 先將二進制的 EPC 編碼轉化為整數；

② 轉化後的整數頭部添加「urn:epc」。

（2）本機的 ONS 解析器把 URI 轉化成 DNS 網域名稱格式的方法

① 清除 urn:epc；

② 清除 EPC 序列號；

③ 顛倒數列；

④ 添加「.onsroot.org」。

當前，ONS 記錄分為以下幾類，對應不同服務種類：

① EPC＋WSDL　定位 WSDL 的位址，然後基於獲取的 WSDL 存取產品資訊；

WSDL 是 Web Service 的描述語言，是一種介面定義語言，用於描述 Web Service 的介面資訊等。WSDL 文件可以分為兩部分，頂部由抽象定義組成，而底部則由具體描述組成。

② EPC＋EPCIS　定位 EPCIS 伺服器的位址，然後存取其產品資訊；

③ EPC＋HTML　定位報名產品資訊的網頁；

④ EPC＋XMLRPC　當 EPCIS 等服務由第三方進行託管時，使用該格式作為路由網管存取其產品資訊。

XMLRPC，顧名思義就是應用了 XML（美國國家標準與技術研究院的子集）技術的 RPC。RPC 就是遠端程序呼叫（Remote Procedure Call），是一種在本機的機器調用遠端機器的過程的技術，這個過程也被稱為分散式運算，是為提高各個分立機器的「可交互運作性」而開發的技術。

XMLRPC 是使用 HTTP 協定作為傳輸協定的 RPC 機制，使用 XML 文本的方式傳輸命令和數據。一個 RPC 系統必然包括兩部分：

① RPC CLIENT　用來向 RPC SERVER 調用方法，並接收方法的返回數據；

② RPC SERVER　用於響應 RPC CLIENT 的請求、執行方法，並回送方法執行結果。

URI 可以用 XML 語言調用，調用的方法與下面的語句非常類似：

```
<methodCall>
<methodName>some service.somemethod</methodName>
<params>
<param><value><string>some parameter</string></value></param>
</param>
</methodCall>
```

3.1.3.3　ONS 和 DNS 的連繫與區別

ONS 服務是建立在 DNS 基礎上的專門針對 EPC 編碼的解析服務。在整個 ONS 服務的工作過程中，DNS 解析是 ONS 不可分割的一部分，在 EPC 編碼轉

換成 URI 格式，再由用戶端將其轉換為標準網域名稱後，下面的工作就由 DNS 承擔了，DNS 經過解析，將結果以 NAPTR 記錄格式返給用戶端，ONS 才算完成一次解析任務。

兩者的區別主要在於輸入輸出內容上的差別。ONS 輸入的是 EPC 編碼，輸出的是 NAPTR 記錄；DNS 的作用就是把網域名稱翻譯成 IP 位址。

3.1.3.4　物件命名服務的實現架構

圖 3-7 所示為 ONS 技術框架與工作流程。

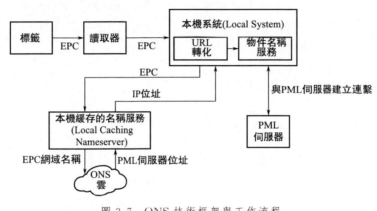

圖 3-7　ONS 技術框架與工作流程

(1) ONS 的角色與功能

在 EPC Network 網路架構中，ONS 的角色就好比是指揮中心，協助以 EPC 為主要指標的商品數據在供應鏈成員中傳遞與交換。ONS 標準檔案中，制定 ONS 運作程式及規則，讓 ONS 客戶與 ONS 發布者來遵循。ONS 客戶是一個應用程式，希望通過 ONS 能解析到 EPCIS，來服務指定的 EPC；ONS 伺服器為 DNS 伺服器的反解應用，ONS 發布者組件主要提供 ONS 客戶查詢儲存於 ONS 內的指標記錄（Pointer Record）服務。

(2) 組成 ONS 的三要素

① ONS 客戶需遵循標準將 EPC 碼轉成 URI，再將 URI 轉成網域格式，然後向 ONS 伺服器查詢。

② ONS 伺服器根據 ONS 客戶的查詢，提供儲存於 ONS 伺服器內的 NAPTR 記錄。如 EPC 的服務指標（Pointers）或本機 ONS 服務指標（Pointers）的 URL。

③ ONS 客戶提供 ONS 解析結果 URL 給應用程式，應用程式依此 URL 找到伺服器，如 EPCIS。

（3）根 ONS 與本機 ONS

如同 Internet 網路中根 DNS 與本機 DNS 的階層式架構，根 ONS 根據 EPC 提供的對應的根 ONS 指標 URL，而本機 ONS 根據 EPC 提供的對應的 EPCIS 指標 URL。企業可經由相關部門受理申請取得的 EPC 管理者碼（Manager Number），根 ONS 同時記錄管理者碼與命名服務網址，即本機 ONS 的網址，而本機 ONS 可依企業的產品記錄 EPC 資訊服務或發現服務的 URL。

EPCglobal 目前全球約有六個根 ONS 複製服務點，而本機 ONS 則可由企業自建或委任一些大型區域網路服務公司提供資訊服務，同時他們也提供一些加值應用服務，如 EPC 資訊服務、發現服務，若由企業內部自建本機 ONS，需考慮成本效益與管理等方面的問題。

3.1.3.5　ONS 應用 DNS 的過程

ONS 在使用 DNS 方法的過程中，為給一個標籤找到相應的屬性資訊，標籤內的 GS1 辨識碼必須首先轉化成 DNS 能夠讀懂的格式，這個格式就是常見的用點分割的、從左到右式的網域名稱格式。

ONS 系統主要由兩部分組成，其系統階層結構如圖 3-8 所示。

① ONS 伺服器網路　分層管理 ONS 記錄，同時對提出的 ONS 記錄查詢請求進行響應。

② ONS 解析器　完成電子產品碼到 DNS 網域名稱格式的轉換，解析 DNS NAPTR 記錄，獲取相關的產品資訊存取通道。

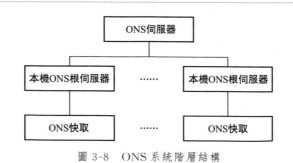

圖 3-8　ONS 系統階層結構

當 ONS 為 GS1 的辨識碼和與之對應的數據集建立通訊連繫時，其過程可以用圖 3-9 描述的典型的 ONS 查詢流程為例加以說明。在該例中，始點是條碼或 RFID 標籤，然而 GS1 辨識碼是不限制攜帶數據的，這些數據可以是交易文件

（如購買命令）的一部分、一個事件記錄、一個主資料記錄或其他形式的信源。

圖 3-9 描述了基於 EPC 搜尋其產品資訊的參考實現。

其查詢過程如下：

① RFID 讀取器從一個 EPC 標籤上讀取一個電子產品碼；

② RFID 讀取器將這個電子產品碼送到本機伺服器；

③ 本機伺服器對電子產品碼進行相應的 URI 格式轉換，發送到本機的 ONS 解析器；

④ 本機 ONS 解析器把 URI 轉換成 DNS 網域名稱格式；

⑤ 本機 ONS 解析器基於 DNS 網域名稱存取本機 ONS 伺服器（快取 ONS 記錄資訊），如發現相關 ONS 記錄，直接返回 DNS NAPTR 記錄；否則轉發給上級 ONS 伺服器（DNS 服務基礎架構）；

⑥ DNS 服務基礎架構基於 DNS 網域名稱返給本機 ONS 解析器一條或多條對應的 DNS NAPTR 記錄；

⑦ 本機 ONS 解析器基於這些 ONS 記錄，解析獲得相關的產品資訊存取通道；

⑧ 本機伺服器基於這些存取通道存取相應的 EPCIS 伺服器或產品資訊網頁。

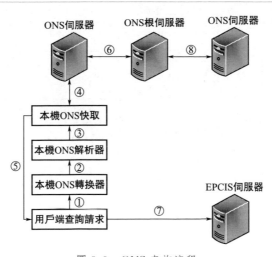

圖 3-9 ONS 查詢流程

下面進一步說明 ONS 查詢過程：

① 記錄了 GS1 辨識碼和任意補充數據的數據序列被用合適的讀取器從條碼或者 RFID 標籤中讀取出來。該序列提交給應用層時，數據就呈現文本形式。

② 讀取器發送數據序列到 ONS 的應用程式中。

③ ONS 應用程式從數據序列中抽取 GS1 辨識碼和辨識碼類型。應該說明的是，沒有必要將數據流中的 GS1 辨識碼描述成主辨識碼。舉例來說，集裝箱攜帶的串行集裝箱代碼（Serial Shipping Container Code，SSCC）作為主標示符，而應用程式可能對集裝箱內的與 GTIN（Global Trade Item Number）對應的發現服務感興趣，數據序列使用應用標示符 02 表明該 GTIN 所處的位置，因此沒有必要進行轉換。例如，將從條碼中抽取的數據序列轉換成 GS1 元素字串為（00）306141417782246356（02）50614141322607（37）20，其中的 GTIN 為 50614141322607。

④ ONS 應用程式顯示 GS1 辨識碼類型、GS1 辨識碼、用戶端語言代碼（可選）以及用戶端國家代碼（可選）。如 en｜ca｜gtin｜50614141322607

⑤ ONS 用戶端將 GS1 辨識碼類型和辨識碼轉化成合適的 FQDN❶，並且將該區域的名稱權威指針 NAPTR 表示成 DNS 的查詢。例如，

　　5.0.6.2.2.3.1.4.1.4.1.6.0.gtin.gs1.id.onsepc.com

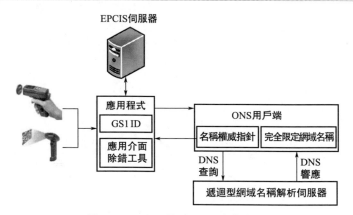

圖 3-10　ONS 調用 DNS 查詢過程

⑥ DNS 設備返回載有服務類型和關聯數據（如 Uniform Resource Locators，URLs）的應答序列，這些應答序列往往指向一個或多個服務設備，如 EPCIS 或者行動商業設備。

⑦ ONS 用戶端從 DNS NAPTR❷ 記錄中抽取數據類型和服務數據，並根據

---

❶　FQDN（fully qualified domain name，完整網域名稱）是指該名稱在所有其他命名空間或類型中唯一標識該命名空間或類型。一種用於指定電腦在域階層結構中確切位置的明確網域名稱。一臺網路中的電腦包括兩部分：主機名和網域名稱。mycomputer.mydomain.com。

❷　名稱權威指針：DNS NAPTR 資源記錄的功能是能夠將原來的網域名稱映射成一個新的網域名稱或 URI（Uniform Resource Identifier），並通過 flag 域來指定這些新網域名稱或 URI 在後繼操作中的使用方法（DNS 利用較短的新 URI 提高其工作效率）。

一定的規則解析後返給 ONS 應用程式。

⑧ 應用程式說明數據對應的服務類型。

ONS 調用 DNS 查詢過程如圖 3-10 所示。

其中，ONS 實現 EPC 數據與 URI 數據相互轉換的過程如下。

(1) EPC 碼轉換為 URI 格式

例如：um:epc:id:sgtin:廠商辨識碼．產品代碼．系列碼，其中，um:epc:id:sgtin 為前置碼，而廠商辨識碼、產品代碼、系列碼這三部分碼已經包含在 EPC 中。

(2) URI 格式轉換為 DNS 查詢格式步驟

① EPC 碼轉換為標籤標準 URI 格式，例如：

$$um:epc:id:sgtin:0614141.000024.400。$$

② 移除 um:epc:前置碼，剩下 id:sgtin:0614141.000024.400。

③ 移除最右邊的序號（適用於 SGIN、SSCC、SGLN、GRAI 和 GID），剩下

$$id:sgtin:0614141.000024$$

④ 置換所有「:」為「.」則有：

$$id.sgtin.0614141.000024$$

⑤ 反轉前後順序，有：

$$000024.0614141.sgtin.id$$

⑥ 在字串的最後附加 .onsepc.com，結果為：

$$000024.0614141.sgtin.id.onsepc.com$$

3.1.3.6 綜合舉例說明 ONS 運作

(1) URI 轉成 DNS 查詢格式的步驟

① EPC 轉換成卷標數據標準 URI 格式：urn:epc:id:sgtin:0614141.000024.400；

② 移除 urn:epc:前置碼，剩下 id:sgtin:0614141.000024.400；

③ 移除最右邊的序號欄位（適用於 SGTIN、SSCC、SGLN、GRAI、GIAI 和 GID），剩下 id:sgtin:0614141.000024；

④ 置換所有「:」成「.」，剩下 id.sgtin.0614141.000024；

⑤ 反轉剩餘欄位：000024.0614141.sgtin.id；

⑥ 附加 .onsepc.com 於字串最後，結果為 000024.0614141.sgtin.id.onsepc.com。

(2) 本機 ONS 的 DNS 記錄

DNS 解析器查詢網域名稱是使用 DNS Type Code 35（NAPTR）記錄，DNS NAPTR 記錄的內容格式如表 3-2 所示。

表 3-2　　NAPTR 記錄的內容格式

Order	Pref	Flags	Service	Replacemer	Regexp
0	0	u	EPC＋epcis	.	!＾.＊$! http://example.com/cgi-bin/epcis!
0	0	u	EPC＋ws	.	!＾.＊$! http://example.com/autoid/widget100.wsdl!
0	0	u	EPC＋html	.	!＾.＊$! http://example.com/products/tingies.asp!
0	0	u	EPC＋xmlrpc	.	!＾.＊$! http://egateway1.xmlrpc.com/servlet/example.com!
0	1	u	EPC＋xmlrpc	.	!＾.＊$! http://egateway2.xmlrpc.com/servlet/example.com!

各欄位說明如下。

① Order：必須為零；

② Pref：必須為非負值，數字小的先提供服務，範例中 Pref 值的第四筆記錄小於第五筆記錄，故第四筆記錄優先提供服務；

③ Flags：當值為 u 時，意指 Regexp 欄位內含 URI；

④ Service：字串需為 EPC 加上服務名稱，服務名稱為不同於 ONS 的服務；

⑤ Replacement：EPCglobal 用「.」取代空白；

⑥ Regexp：將 Regexp 欄位的「!＾.＊$!」和最後的「!」符號移除，就可發現提供服務的 URL，如 EPC 資訊服務或搜尋服務的 URL。

由表 3-2 可以發現指標指向 EPCIS URL，客戶可以使用 URL 向 EPCIS 查詢相關產品資訊，EPCIS 的查詢及 API 使用可參考 EPCglobal 的標準文件。

(3) EPC 碼查詢 ONS 的步驟

① 經由 RFID Reader 讀取 96 bits Tag 內 EPC，轉為 URI 格式，例如：〔urn：epc：id：sgtin：0614141.000024.400〕；

② 轉換方法可參考 EPC 轉換為 URI 的說明；

③ 通過 ONS 找到本機 ONS 網址；

④ 再通過本機 ONS 找到 EPC 資訊服務 URL；

⑤ 需先將 URI 轉成 DNS 查詢格式；

⑥ 使用 EPC 資訊服務標準介面查詢產品數據，標準介面可參考〔EPC Information Services（EPCIS）Version 1.0，Specification Ratified Standard，5 April 12，2007〕。

以表 3-3 及圖 3-11 說明 ONS 查詢步驟。

表 3-3　ONS 查詢步驟

查詢步驟	查詢物件	數據維護	可查詢的數據
1	根 ONS	EPCglobal	本機 ONS 的網址
2	本機 ONS(擁有該 EPC 管理者碼)	EPC 管理者碼的擁有者	EPCIS 的服務位址
3	EPCIS	EPC 編碼者	該 EPC 的相關資訊

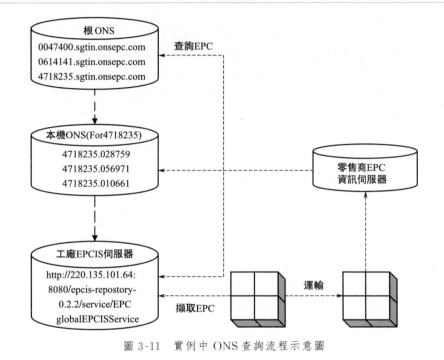

圖 3-11　實例中 ONS 查詢流程示意圖

將上述步驟用在下列情境中，並配合資訊系統畫面，進行實例說明。

① 假設某一產品由一製造商經過倉儲物流公司運送至零售點，零售點的 RFID 讀取器讀到 Tag 的數據 Hex 值為「30751FFA6C0A694000000001」，轉成 EPC URI 格式為「urn：epc：tag：sgtin-96：3.4718235.010661.1」或「urn：epc：id：sgtin：4718235.010661.1」，如圖 3-12 所示；

② 將 URI 轉成 DNS 查詢格式「4718235.sgtin.id.onsepc.com」查詢 ONS，得到本機 ONS 網址（例如：「4718235.sgtin.id.onsepc.com.tw」），EPCIS 商品資料庫操作介面如圖 3-13 所示；

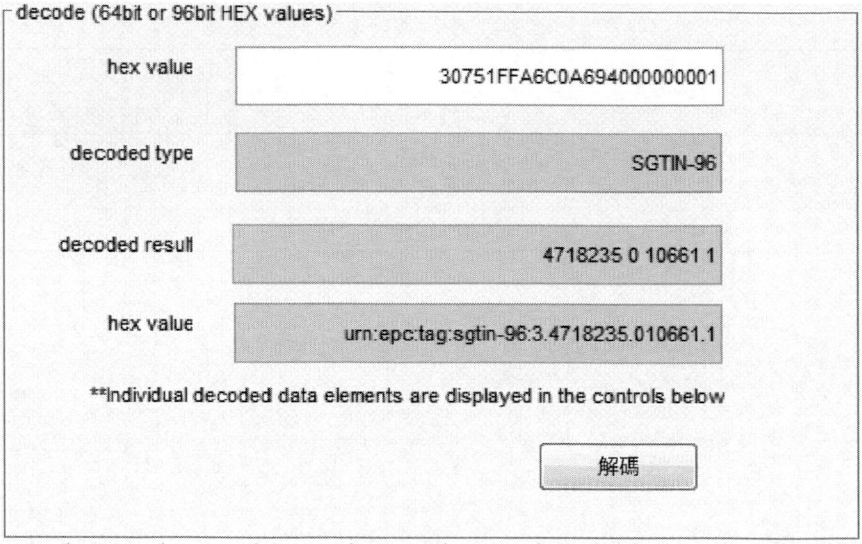

圖 3-12　Tag 讀取後的 URI 格式轉換

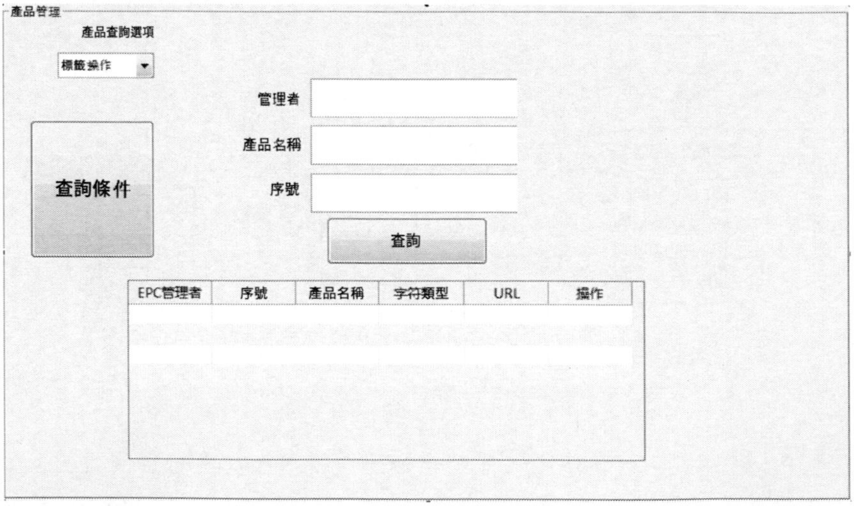

圖 3-13　EPCIS 商品資料庫操作介面

③ 再 向 本 機 ONS「4718235. sgtin. id. onsepc. com. tw」查 詢 EPCIS 的 URL，得 到 http://220.135.101.64：8080/EPCIS-repository-0.2.2/services/ EPCglobalEPCISService，EPCIS 查詢介面如圖 3-14 所示；

④ 依查詢本機 ONS 所得的 EPCIS 的 URL，查詢該產品的 EPC 在製造工廠

所發生的 Event 數據，由範例中 EPCIS 查詢結果可看到：Object Event 的 Event
發生時間與 Record（寫入資料庫）的時間有差異，此乃正常物流作業上可能產
生的現象。例如：Reader 讀取的數據以批次方式整批地寫入資料庫中，就會造
成讀取時間與寫入時間不同，此方式符合 EPCIS 規格標準。

　　上述實例主要供企業負責人了解 ONS 服務在 EPC 網路架構中的角色及運作
模式。在 EPC 網路架構下，任何貼有 EPC RFID Tag 的產品，可以通過此網路
架構提供的資訊介面（即 ONS），取得商品物流中的商品資訊，實現物流資訊透
明與實時分享的功能。

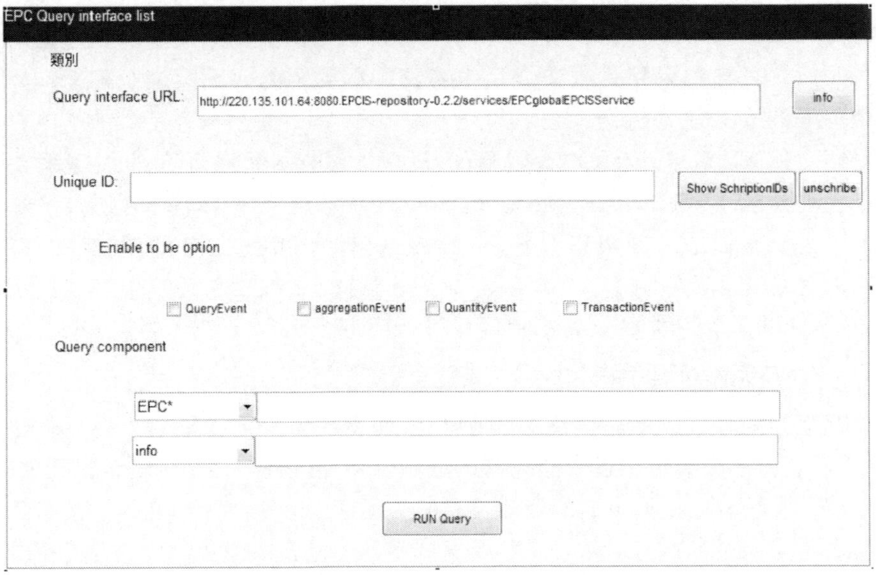

圖 3-14　EPCIS 查詢介面

　　EPCglobal 制定的 EPC 可以作為商品在國際貿易、供應鏈成員間衍生物流
與資訊流的介接，即將 EPC 當作商品物流與資訊流的 Key Index，進而讓商品資
訊可無縫式交換，甚至可彙整成商品的產銷履歷。此方式亦是讓大陸生產的商品
於國際舞臺上呈現優良品質與精緻服務的管道之一。經由國際標準一致的編碼與
解析機制來管理商品衍生出來的需要，如訂單、庫存、物流、客服、退貨等，可
以大大降低管理成本並提升營運績效。

　　一般企業在架構 RFID 物流應用時，往往先考慮 RFID 硬體讀取率與現場架設
問題，甚至望而卻步。如此會忽略正確的資訊交換平臺架構給企業帶來的無限潛藏
的效益。建議企業負責人初期投入時，可以將較少成本投入軟體資訊架構研究，而
是在網路上收集相關資訊或試用軟體，雖然不完全符合最新標準規範，但有助於了

解 EPC 網路架構，或諮詢專業的產業協會，亦可收到不錯的效益。

Walmart 及多家國際知名連鎖零售公司連續幾年來對供貨商提出要求，促使國際上百家大知名供貨商也紛紛加入 RFID 全球標準組織——EPCglobal Inc.，更進入 EPC 網路架構的新時代，享受著 RFID 帶來的前所未有的好處。

3.1.3.7　DNS-ONS 網路技術

儘管現有的網際網路技術為當今社會各個方面的發展提供了巨大的推動作用，但是隨著時代的變化，尤其是以物聯網為代表的技術對現有的網際網路提出了新挑戰。為適應未來物聯網的發展，不得不研究開發新的網路技術，這些網路技術將使未來的物聯網獲得許多新特性：網路將更強健、更安全而且流通的速度更快。顯然，當前的網路是很難滿足未來物聯網需要的。下面進行 DNS-ONS 架構下物聯網的安全性分析。

整個 ONS 服務建立在 DNS 服務的基礎上，主要通過現有的網際網路進行資訊查詢並採用 DNS 的架構模式，這樣做既有益處又有弊端。益處是 ONS 解析系統不需要重新進行開發和部署，只需在現有的 DNS 之上稍做修改、擴充就行。然而，也正因為此，DNS 中存在的安全隱患也在 ONS 系統中表現出來。基於 DNS 的 ONS 系統的安全主要體現在以下兩個方面。

（1）ONS 系統與用戶端應用程式互動時的安全

針對互動過程，常見的攻擊有偷聽、篡改和欺騙三種。偷聽主要是攻擊者截獲 ONS 系統與用戶端應用程式通訊時的數據，從而得到一些企業的內部機密資訊。篡改主要是攻擊者把截獲得到的資訊進行篡改並發送，從而使 ONS 系統與用戶端應用程式在互動過程中出現錯誤，給企業的資訊互動帶來損失。偽裝主要是攻擊者利用偽裝技術，以偽裝的身分欺騙 ONS 系統信任，從而進行查詢服務。假如攻擊者用非法手段得到了某產品的 EPC 標籤，就可以利用偽裝身分通過合法的 ONS 系統來查詢這個 EPC 標籤的詳細資訊或得到進一步相關服務的存取位址。

（2）在 ONS 伺服器內部保證 ONS 子伺服器和根伺服器互動的可信

現有的物聯網 ONS 體系架構是在網際網路 DNS 架構的基礎上實現的，因此，DNS 中存在的多種問題必然帶入 ONS 解析過程中，如根節點負載過重、查詢延時較大、單點失效等問題，這些問題也將限制物聯網的進一步發展和 ONS 命名解析服務機制的廣泛推廣。DNS-ONS 存在的問題如下：

① 根 ONS 歸屬權問題。現存的根 ONS 伺服器是由美國 Verisign 公司維護營運的，包括了全球 14 臺伺服器。所以若想得到 ONS 並建立相應的網路，就必須得到美國公司的授權，無法保障安全性。

② 編碼方案多樣性。目前物聯網的研究中存在多種編碼方式共存的現狀，

統一的物聯網編碼標識體系尚未建立，企業無所適從，很多自行編碼不利於統一管理和資訊共享，因此，物聯網中普遍存在技術標準不夠完善、編碼標準不夠統一的問題，亟須建立一套公共統一的解析平臺和相應的編碼標準。

③ 編碼方案多樣性與解析體系的兼容性問題。由於物聯網是一個新興的行業，所以不同機構和國家都想在物聯網標準方面進行控制，都有自己的編碼和解析標準，基於 DNS 的 ONS 系統和這些標準之間的兼容性存在很多問題。

④ 查詢解析延遲過大和負載過重問題。物聯網中的設備很多，所以需要大量的物品編碼，查詢量也變得很大。利用現有的 DNS 進行 ONS 解析服務，必然會造成很大的服務壓力，引巨大的延遲和過載，成為 ONS 的瓶頸。

作為快速、實時、準確採集與處理資訊的高新技術和資訊標準化的基礎，RFID 已經被公認為 21 世紀十大重要技術之一，在生產、零售、物流、交通等各個行業有著廣闊的應用前景。目前，國際上存在五個與 RFID 相關的標準制定組織，其中，EPCglobal 由於其出身的優越性，在這些組織中占據領導的地位，而其部分標準與 ISO 組織推薦的相關標準的融合，更激發了其標準在全球推廣的價值，目前，在歐美有眾多的使用者，譬如沃爾瑪、美國國防部、麥德龍、思科等。

現今全球 ONS 由 EPCglobal 委任 VeriSign 營運，已設有 14 個資訊中心用以提供 ONS 搜尋服務，同時建立了 7 個 ONS 中心，它們共同構成了全球國際電子產品碼存取網路。基於這一物聯網，企業可以和網路內與之配合的任一企業進行供應鏈資訊數據的交換。隨著 RFID 技術的不斷成熟和 EPCglobal 標準的不斷完善，眾多企業對 RFID 技術的應用將由企業內部的閉環應用過渡到供應鏈的開環應用上，ONS 服務作為物聯網框架下的關鍵技術，有著廣泛的應用前景。

3.2　電子產品碼資訊伺服器

電子產品碼資訊服務是 EPCglobal 的一項標準，目的是使貿易夥伴之間共享供應鏈資訊。它為企業提供了一個統一的方法，即抓住供應鏈事例的事件、地點、時間和原因，並與企業內部應用和外部合作夥伴共享資訊。任何與商品和財產的流動有關的商業流程，都會因電子產品碼提供的、不斷提升的資訊而更透明化。

由於在標籤上只有一個 EPC 代碼，電腦需要知道與該 EPC 匹配的其他資訊，由 ONS 提供一種自動化的網路資料庫服務，EPC 中介軟體將 EPC 傳給 ONS，ONS 指示 EPC 中介軟體到一個保存著產品檔案的伺服器（EPCIS）查找，該檔案可由 EPC 中介軟體複製，因而檔案中的產品資訊就能傳到供應鏈上。

EPCIS 提供開放和標準的介面，允許在公司內部和公司之間使用定義良好的無縫整合服務。EPCIS 標準通過使用服務操作和相關數據標準實現視覺化事

件資料擷取和查詢，同時採用適當的安全機制來滿足公司的需要。在許多情況下，通過基本的網路服務方法，為沒有永久資料庫儲存的應用級的資訊共享提供視覺化事件資料的永久儲存方法。

需要注意的是，EPCIS 規範並沒有規定服務操作和數據本身如何執行，包括 EPCIS 服務如何獲取和運算所需的數據，除非擷取外部數據時使用標準的 EPCIS 擷取操作。無論有沒有永久資料庫，規範僅僅代表數據共享的介面。

EPCIS 扮演的角色是 EPC 網路中的數據儲存中心，所有與 EPC 有關的資訊都放在 EPCIS 中。EPCIS 承擔著數據儲存和共享的任務。從資訊的觀點來看，EPCIS 本身不只是一個實體的資料庫，還有各種介面，以便於連接到各個資料庫，真正與 EPC 編碼有關的商品資訊是放在這些實體資料庫中的。在 EPC 網路的規劃中，供應鏈中的企業包含製造商、流通環節、零售商，這些都需提供給 EPCIS，只是分享的資訊內容有差別，而其溝通的介面是利用網頁服務技術，讓其他的應用系統或交易夥伴可以通過標準介面進行資訊的更新或查詢。

3.2.1　EPCIS 與 GS1 之間的關係

EPC 網路是嚴格遵循 GS1 構建的，由辨識、擷取和共享三層網路分層框架實施的網路。

EPCIS 扮演的角色是 EPC 網路中的資訊儲存中心，所有與 EPC 有關的資訊都放在 EPCIS 中，即 EPCIS 承擔著數據儲存和共享的任務。EPCIS 提供了一個模組化、可擴展的數據和服務介面，使 EPC 的相關數據可以在企業內部或者企業之間共享。所以 EPCIS 使用的目的在於應用 EPC 相關數據的共享來平衡企業內外部不同的應用。

GS1 標準支持供應鏈中相互連繫的終端客戶的資訊需要，特別是供應鏈中商業過程的參與者之間的相互連繫資訊。這些資訊可以是現實世界中的實體物件，也可以是業務流程的一部分。現實世界中的實體包括公司之間的交易物品，如產品、原材料、包裝等，以及與現實實體相關的貿易夥伴需要的設備和材料等的貿易流程，如儲存、運輸、加工實體等業務流程。現實世界中的實體可能是有形的物體，也可能是數字或概念。實體物件包括消費電子產品、運輸儲存，生產基地（實體）的位置等。數位物件也是實體，包括電子音樂、電子書、電子優惠券等。

根據供應鏈商業過程中的需要，GS1 標準需要對現實世界中的實體提供資訊支援，因而標準扮演了不同的角色。根據角色的不同，GS1 標準可被劃分成辨識、擷取和共享三個層次。而 EPCIS 屬於擷取和共享層，屬於 EPC 物聯網的上層結構。EPCIS 位於整個 EPC 網路構架的最高層，不僅是原始 EPC 觀測數據的上層數據，也是過濾和整理後的觀測數據的上層數據。EPCIS 在物聯網中的

位置如圖 3-15 所示。

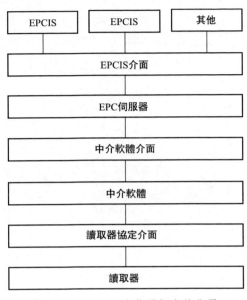

圖 3-15　EPCIS 在物聯網中的位置

　　EPCIS 介面為定義、儲存和管理 EPC 標識的物理物件的所有數據提供了一個框架，EPCIS 層的數據用於驅動不同企業的應用。

　　將圖 3-15 中的結構擴展開來，就形成了 EPCIS 與 GS1 詳細的分層關係圖，如圖 3-16 所示。

　　EPCIS 擷取介面是架設在擷取和共享標準之間的橋樑，EPC 查詢介面為貿易夥伴之間的內部應用程式和資訊共享提供視覺化的事件資料查詢。

　　數據擷取應用程式的核心是資料擷取工作流程，它負責監控業務流程的步驟，並在其中實現數據擷取。介面設置的目的是實現多層數據擷取架構中的抽象物件之間的隔離。

　　建立 EPCIS 的關鍵就是用 PML 來組建 EPCIS 伺服器，完成 EPCIS 的工作。PML Core 主要用於讀取器、感測器、EPC 中介軟體和 EPCIS 之間的資訊交換。由 PML 描述的各項服務構成了 EPCIS，EPC 編碼作為一個資料庫搜尋的關鍵字使用，由 EPCIS 提供 EPC 標識物件的具體資訊。實際上 EPCIS 只提供標識物件的介面資訊，可以連接到現有資料庫、應用、資訊系統或標識資訊的永久資料庫。

　　所有數據擷取組件之間的相互連繫已經被統一成編碼數據。底層數據擷取工作流辨識條碼數據、RFID 編碼數據、人工輸入數據等，但傳輸介面封鎖這些底層硬體的資料擷取細節。

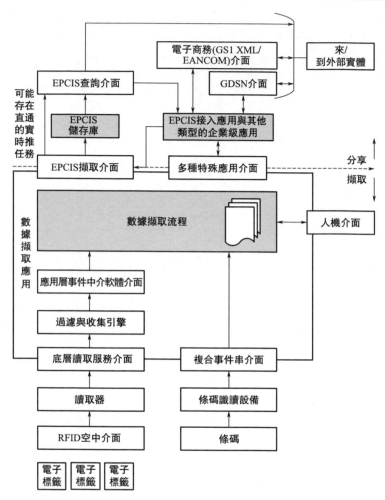

圖 3-16　EPCIS 系統結構與其在物聯網中的位置

3.2.2　EPCglobal 資訊服務 EPCIS 規範

　　EPCglobal 定義了 EPC 規範，通過提供開放的標準，使物品被唯一標識，方便物品在世界各地流通。EPCIS 是 EPCglobal 的標準，對物品在流通過程中物品地點和狀態等進行詳細描述。EPCIS 規範是一個中立的數據攜帶者，可以被用作 RFID 標籤的數據、條碼或者其他數據的載體。並且它為交易各方提供 EPC 數據共享的規範，從而提高全球供應鏈的效率、安全以及可見性。如圖 3-17 所示，EPCIS 處於 EPCglobal 規範的中層，它擷取來自下層的數據，經

過一些邏輯處理儲存到自身的資料庫中，然後接收來自其他應用系統等外部系統
的查詢請求並提供查詢介面，以達到資訊共享的目的。

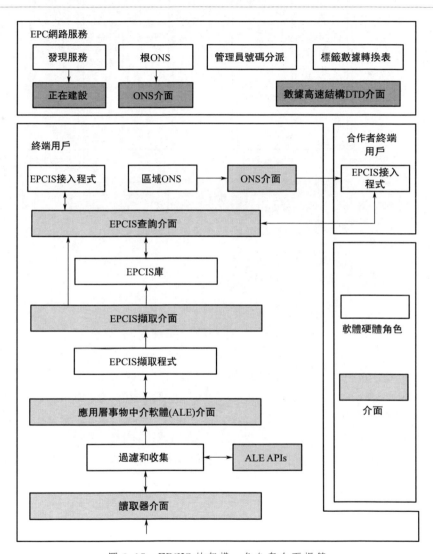

圖 3-17　EPCIS 的架構：角色與介面規範

　　EPCIS 規範是一個層次化、可擴展和模組化的框架結構。它的擴展性體現
在這個規範不僅定義了抽象層次數據的結構和意義，而且提供了面向特定應用或
工業領域的數據擴展方法。它的模組化主要體現在它的模組之間是低耦合和高內
聚的。它的層次化主要體現在它是一個分層的架構，如圖 3-18 所示。各個層次
描述如下。

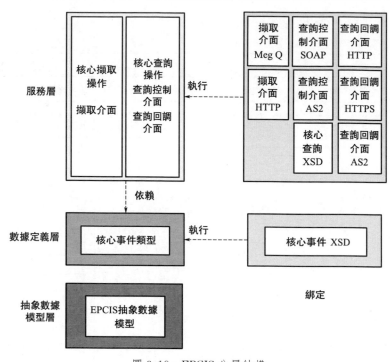

圖 3-18　EPCIS 分層結構

① Capturing Interface（擷取介面）：只有一個函數 capture()，包含 Object Event、Aggregation Event、Quantity Event 及 Transaction Event 四種觸發事件，當外部傳送事件及對應屬性的 Event Type 進來時，經過解析之後會將各項屬性值記錄至資料庫。

② Query Interface（查詢介面）：有三個函數 subscribe()、unsubscribe() 及 poll()。

主要的查詢函數是 poll，分為 Simple Event Query 和 Simple Master Data Query 兩種類型，前者用來查詢 event 記錄，後者則用來查詢 vocabulary。查詢結果以 XML 格式回傳。Subscribe 的作用是讓使用者可以自行定義查詢條件及時間，執行週期式的固定查詢，unsubscribe 是取消 subscribe 功能。

③ Vocabulary：只有一個函數 addVocabulary()，讓使用者訂閱想使用但卻不在標準中的任何 Vocabulary Item，作為擴充使用。但是仍需遵守 vocabulary 的定義規則，定義的結果按照自行設定的 schema 儲存於資料庫中。

④ EPCIS Repository：是儲存 EPC 數據的資料庫，存放 EPCIS 定義的四種 Event Type 數據及使用者自行定義的 Vocabulary 數據。

（1）抽象數據模型層（Abstract Data Model Layer）

　　該層定義了 EPCIS 數據的抽象結構。EPCIS 主要處理事件資料和主資料。事件資料指的是在業務邏輯過程中產生的數據，比如××年××月××日 13：23 在地點 L 觀測到 EPC x，且事件資料隨著業務的進行在數量上有所增長。主資料是為了理解事件資料而提供的上下文資訊數據，比如上面的事件資料中地點 L 指的是中國上海 A 公司的分發中心，主資料不隨業務的進行而增加，但是當增加規模而需要另外的數據來解釋事件資料時，主資料會相應增加。抽象數據模型層包括事件資料、事件類型、事件欄位、主資料、詞彙表、詞彙表項和主資料屬性。抽象數據模型層定義所有 EPCIS 內部數據的通用結構，主要涉及事件資料（Event Data）和主資料（Master Data）兩種類型，如圖 3-19 所示。

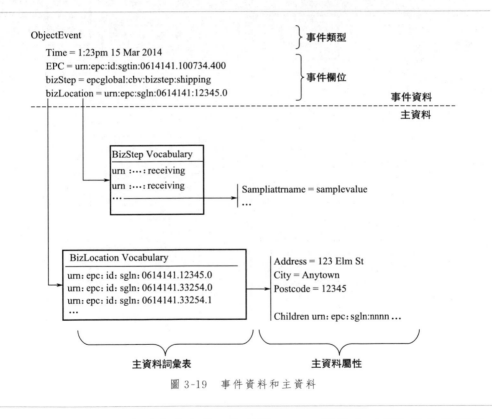

圖 3-19　事件資料和主資料

　　Event Data 用來表示業務流程，它通過 EPCIS 擷取介面獲取發生的事件。若要查詢這些事件資料，則要通過 EPCIS 查詢介面來實現查詢的動作。

　　主資料提供一些附加資訊來解釋說明事件資料。若要查詢，則利用 EPCIS 查詢控制介面來實現查詢的動作。

（2）數據定義層（Data Definition Layer）

該層是整個 EPCIS 規範的核心，主要定義核心事件類型。如圖 3-20 所示，此模組定義了一個基本事件和五個子事件，其中子事件來源於供應鏈活動。

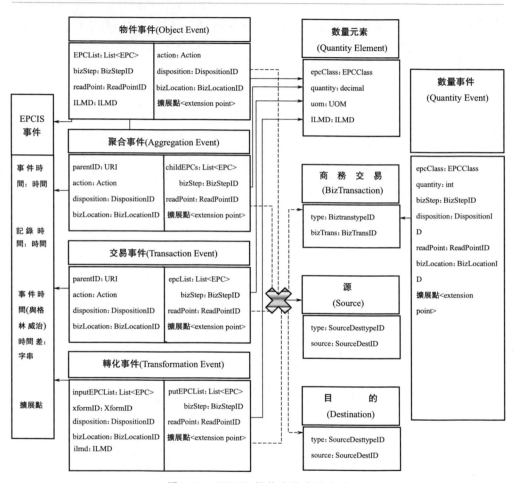

圖 3-20　EPCIS 規範中的事件定義

① EPCIS 事件（EPCIS Event）：指基本事件。該事件是其他事件類型的父類。

② 物件事件（Object Event）：指單個商品發生的事件資訊。該事件類型較簡單且應用方便。供應鏈中除事件類型，其他業務流程基本都可以用 Object Event 來表示。

③ 數量事件（Quantity Event）：指一類產品所發生的事件。用於表示某特

定數量的一批 EPC 發生的事件，這是為了兼容條碼數據。

④ 聚合事件（Aggregation Event）：指一些聚合或解散事件。在供應鏈活動中，「打包」與「解包」操作時常可見。針對這種需要，聚合事件中包含被聚合或解散的物體的 EPC 列表，同時包含其「容器」的標識，即聚合事件的 parent-ID。

⑤ 交易事件（Transaction Event）：指與商業表單相關聯的事件，表示與商業交易有關的事件，如銷售事件。

⑥ 轉化事件（Transformation Event）：轉化事件可以擷取被實例層或類層辨識的物理或數位物件的資訊，而這些資訊是指明輸入和輸出之間關係的。一些商業轉化過程具有很長的週期，中間可能經過多次交易轉化，合適的做法是設置一個轉化 ID（Transformation ID），並為轉化 ID 賦予兩個或多個轉化事件，以連接交易的輸入輸出。

物件事件是物理意義上的讀取器讀到標籤的事件，聚合事件是若干個帶有標籤的物品被放到一個容器（包含與被包含、父標籤和子標籤），統計事件是統計某種標籤標識的物品的庫存容量，交易事件是一次標籤讀取標識某種交易的發生。

(3) 服務層（Service Layer）

該層定義了 EPCIS 最重要的 4 個介面規範，分別是 Core Capture 介面規範、Core Query 介面規範、Query Control 介面規範和 Query Callback 介面規範。其中 Core Capture 介面規範處於下層，其他三個處於上層，是兩層式結構。Core Capture 介面規範定義了從底層取得數據並向上發送的操作。Query Control 介面與 Query Callback 介面均繼承了 Core Query 介面。Query Control 介面規範定義獲取數據的方式為「拉式」，即一次請求一次應答。Query Callback 介面規範定義了獲取數據的方式為「推式」，即用戶先對感興趣的數據進行註冊，然後可以通過該介面週期性地返回數據。

(4) 綁定（Bindings）

綁定是數據定義層的具體實現和服務。其目的在於連接數據定義層與服務層的元件，使 EPCIS 具有數據分享的能力。數據定義層中的各個事件資料形態都有對應的 XML Schema。

例如：核心查詢操作模組中的查詢控制介面是一個經由 WSDL 綁定（binding）到 HTTP 中的 SOAP 協定。

在本規範中共有九個綁定定義了數據和服務。核心數據定義了事件類型，數據定義模組給出了到 XML 模式的綁定。核心 EPCIS 擷取介面中的擷取操作模組給出了資訊隊列和 HTTP 服務之間的綁定。EPCIS 查詢控制介面中的核心查詢

操作模組給出了通過 WSDL 綁定到 HTTP 上的 SOAP 網頁服務的描述。

（5）EPCIS 的工作原理

EPCIS 主要由用戶端模組、數據儲存模組、數據查詢模組三部分組成。其工作流程可描述為：

① 用戶端完成 RFID 標籤資訊向指定 EPCIS 伺服器的傳輸；

② 數據儲存模組將數據儲存在資料庫中，在產品資訊初始化的過程中調用通用數據生成針對每一個產品的 EPC 資訊，並將其存入 PML 文件中；

③ 數據查詢模組根據用戶端的查詢要求和權限，存取相應的 PML 文件，生成 HTML 文件，再返回用戶端。具體的工作內容如表 3-4 所示。

表 3-4　EPCIS 主要的工作內容

目標模組	任務描述
實體的分類和描述	標籤授權，將資訊按照不同的層次寫入標籤
數據監控和儲存	擷取資訊
數據查詢服務	觀測物件的整個運動，修改標籤冗餘資訊並記錄，以備查閱

EPCIS 有兩種運行模式，一種是 EPCIS 資訊被已經啟動的 EPCIS 應用程式直接應用；另一種是將 EPCIS 資訊儲存在資料庫中，以備今後查詢時進行檢索。

3.3　EPCIS 系統設計範例

整個 EPCIS 系統設計主要包括資料庫設計、檔案結構設計、程式流程設計三部分。

3.3.1　資料庫設計

資料庫用來記錄產品類型等資訊，當單個產品 RFID 碼對應的資訊傳入系統時，應用程式存取資料庫表，獲取相關資訊加入 PML 文件中。資料庫主要維護兩張表，一個是 generate 表，另一個是 show 表。generate 表中每個記錄對應一個產品類型（表 3-5），show 表中每個記錄對應一個具體的產品（表 3-6）。

表 3-5　資料庫內 generate 表

欄位名稱	說明
Producttypenum	產品類型編號欄位，如 101
Order	產品類型編號欄位已分配序列號欄位

續表

欄位名稱	說明
Productname	產品類型名稱欄位,如「可口可樂」
Manage ASP URL	產品類型欄位,用於批量生成 PML 文件的 ASP 程式的路徑
Password	密碼欄位,用於保護批量生成 PML 文件的 ASP 檔案

表 3-6　資料庫內 show 表

欄位名稱	說明
RFID	產品類型編號欄位,如 101
PML URL	產品對應 PML 文件所在的路徑欄位
SHOW ASP URL	路徑指示欄位,用於指示負責將讀取器擷取的資訊輸入 PML 文件及文件內容 ASP 程式所在路徑
<time>	
<address>	
<temperture>	感測資訊欄位,代表了讀取器傳過來的感測資訊
<humidlity>	
<air_pressure>	
<permission>	用戶端傳過來的其所有權的權限

3.3.2　EPCIS 的檔案目錄

表 3-7 給出了 EPCIS 的檔案目錄,每種產品類型 xxx 需要一個 xxxshow. asp 檔案、1 個 xxx. asp 檔案和一個 xxx 檔案夾。表中程式除了 Client. exe,其餘程式均運行在 EPCIS 伺服器端。

表 3-7　EPCIS 的檔案目錄

檔案名稱	說明
Productmanage. mdb	資料庫檔案,包含 generate 表和 show 表
Client. exe	用戶端程式,用於從事序列埠讀取的 RFID 碼和感測器資訊,連同權限傳送給 EPCIS 伺服器
Server. asp	服務程式,根據 EPCIS 碼將感測資訊及權限插入到 show 表相應的條目中,然後調用 SHOWASPURL 欄位所指定的 ASP 程式
xxxshow. asp	產品資訊處理程式
Login. asp	權限管理檔案

續表

檔案名稱	說明
xxx.asp	用於批量生成 PML 文件
xxx	用於儲存同一類型產品 PML 檔案的檔案夾

3.3.3　EPCIS 的系統流程

用戶端程式的設計主要完成 RFID 數據的讀取、串行數據轉換成 IP 數據包、發送至服務，如圖 3-21 所示。

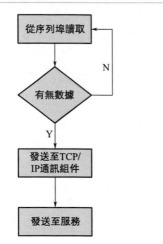

圖 3-21　EPCIS 用戶端程式工作流程

數據儲存程式的主要流程是維護 generate 表和 show 表，如圖 3-22 所示。

數據查詢程式的主要流程如圖 3-23 所示。

系統的主要模組設置如圖 3-24 所示。

① 擷取模組（Capture Module）　負責處理被擷取的事件資料。事件格式檢查包括時間、EPC、URI 的格式檢查，避免無法辨識、錯誤或描述不清的事件資料被儲存到 EPCIS 中。

② 查詢模組（Query Module）　主要提供 EPCIS 使用者端的一個事件資料查詢介面。企業諮詢系統或使用者可以通過查詢介面向 EPCIS 提出查詢要求。

查詢的要求分為三種：

a. Simple Event Query：提供事件資料的查詢，如供應鏈中包裝、收貨、送貨等事件的查詢。

b. Master data Query：提供事件相關的數據，包括商業流程所使用的專用術語、事件發生地點、物品處置的專用語等。

c. Subscription：為非同步的 Simple Event Query 提供需週期性或持續追蹤的事件查詢。

③ 訂閱查詢模組（Subscription Module）　主要提供週期性及持續性的事件查詢，可能是追蹤一筆訂單的所有事件、某一個特定物品的所有事件或某一個生產步驟的所有事件。

Subscription Management 負責管理並維護所有訂閱者的查詢需要，負責訂閱以及取消訂閱的管理。

訂閱查詢又分為 Schedule 及 Trigger 兩種查詢方式。Schedule 為週期性查詢，Trigger 為觸發性查詢。

④ 安全模組（Security Module） 主要用於改善事件資料存取的安全性及隱私性，以防止 EPCIS 使用者端存取未授權的其他公司的事件查詢。

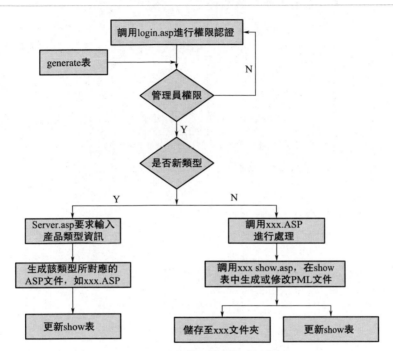

圖 3-22 數據儲存程式的主要流程

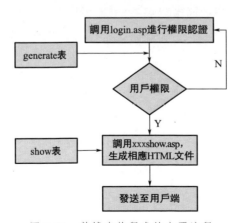

圖 3-23 數據查詢程式的主要流程

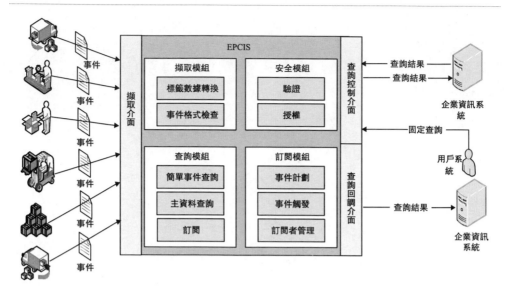

圖 3-24　系統的主要模組

3.3.4　EPCIS 中 Web 服務技術

　　Web 服務是一種完全基於 XML 的軟體技術。它提供一個標準的方式用於應用程式之間的通訊和可交互運作，而不管這些應用程式運行在什麼樣的平臺和使用什麼架構。W3C 把 Web Service 定義為由一個 URI（Uniform Resource Identifier）辨識的軟體系統，使用 XML 來定義和描述公共介面及其綁定。通過使用這種描述定義，應用系統之間可以通過網際網路傳送基於 XML 的資訊進行可交互運作。從使用者的角度而言，Web 服務實際上是一種部署在 Web 上的物件/組件。

　　通過 Web 服務，企業可以包裝現有的業務處理過程，把它們作為服務來發布，查找和訂閱其他的服務，並在企業間交換資訊和整合對方的服務。Web 服務使應用到應用的電子交易成為可能，免除了人的參與，極大地提高了效率。Web 服務平臺是一套標準，它定義了應用程式如何在 Web 上實現可交互運作性。可以使用任何語言，在任何平臺上寫 Web 服務，只要通過 Web 服務標準對這些服務進行查詢和存取。

　　Web 服務技術由以下標準構成了目前大眾公認的 Web 服務最佳實現。

　　① SOAP：簡單物件存取協定，用來遠端執行 Web 服務的技術。它是 Web 服務的基本通訊協定。SOAP 規範定義了怎樣用 XML 來描述程式數據

（Program Data），怎樣執行 RPC（Remote Procedure Call）。

② WSDL：Web 服務描述語言，用來描述服務的技術。WSDL 是一種 XML 文件，它定義了 SOAP 資訊和這些資訊是怎樣交換的。IDL（Interface Description Language）用於 COM 和 CORBA，WSDL 用於 SOAP。WSDL 是一種 XML 文件，可以讀取和編輯，但很多時候是用工具來創建，由程式來讀取。

③ UDDI：統一描述、發現和整合協定，用來查找服務的技術。UDDI 用來記錄 Web 服務資訊。可以不把 Web 服務註冊到 UDDI。但如果要讓所有的人知道該 Web 服務，需要註冊到 UDDI。

④ XML：可延伸標示語言。除了底層的傳輸協定外，整個 Web 服務協定疊是以 XML 為基礎的，XML 貫穿於 Web 服務三大技術基礎 WSDL、UDDI、SOAP 之中。

參考文獻

[1]　Zheng F, Huang J, Zhang Y. RFID Information Acquisition: An Analysis and Comparison between ONS and LDAP[C]. Information Science and Engineering（ICISE）, 2009 1st International Conference on IEEE, 2010.

[2]　Kypus L. Security of ONS service for applications of the Internet of Things and their pilot implementation in academic network[C]. Carpathian Control Conference（ICCC）, 2015 16th International IEEE, 2015.

[3]　Deng H, Kang H. Research on High Performance RFID Code Resolving Technology[C]. Third International Symposium on Intelligent Information Technology and Security Informatics, IITSI 2010, Jinggangshan, China, April 2-4, 2010. IEEE Computer Society, 2010.

[4]　Rosenkranz D, Dreyer M, Schmitz P, et al. Comparison of DNSSEC and DNSCurve securing the Object Name Service（ONS）of the EPC Architecture Framework[C]. Smart Objects: Systems, Technologies and Applications（RFID Sys Tech）, 2010 European Workshop. 2010.

[5]　Wu N, Chang Y S, Yu H C. 2007 1st Annual RFID Eurasia-The RFID Industry Development Strategies of Asian Countries[J]. IEEE 2007 1st Annual RFID Eurasia-Istanbul, Turkey. 2007.

[6]　Steve Winkler. Radio Frequency Identification（RFID）Resources and Readings[M]. Produktionsmanagement. Gabler, 2006.

[7]　Lin X. Logistic geographical information detecting unified information system based on Internet of Things[C]. Communication Software and Networks（ICCSN）, 2011 IEEE 3rd International Conference on

IEEE, 2011.

[8] Hyun S R, Lee S J. A Design and Implementation of EPCIS Repository for RFID and Sensor Data[J]. 2010.

[9] Choi W Y, Lee J T. A Study on RFID System Design and Expanded EPCIS Model for Manufacturing Systems[J]. Journal of the Korea Contents Association, 2007, 9 (6).

[10] Anders Björk, Åsa Nilsson, Martin Erlandsson. Environmental monitoring, EPCIS, LCA, RFID, Forestry industry [J]. 2011.

[11] Huifang Deng, Ying Chen. Realization of RFID resolution service using「EPCIS directory + PML」mode with structured cache [C]. International Conference on Supply Chain Management &. Information Systems. IEEE, 2011.

[12] Benes F, Svub J, Stasa P, et al. EPCIS Implementation and Customization for Automotive Industry [J]. Applied Mechanics &. Materials, 2014, 718: 131-136.

[13] Seung-Ryul Hyun, Sang-Jeong Lee. An Integrated Design of Middleware and EPCIS for RFID and Sensor Data [J]. Journal of the korean institute of electrical &. electronic material engineers, 2012, 17 (1): 193-202.

[14] Choi, WeonYong, Rhee, JongTae. Application of RFID System for MES Enhancement -Focused on EPCIS Expended Model[J]. Journal of the korea contents association, 2007, 7 (12): 333-345.

[15] Carlos Cerrada, Ismael Abad, José Antonio Cerrada. Implementing EPCIS with DEPCAS RFID Middleware[C]. International Workshop on Rfid Technology-concepts. DBLP, 2015.

[16] De P, Basu K, Das S K. An ubiquitous architectural framework and protocol for object tracking using RFID tags[C]. First International Conference on Mobile &. Ubiquitous Systems: Networking &. Services. IEEE, 2004.

[17] Meints M, Gasson M. High-Tech ID and Emerging Technologies——The Future of Identity in the Information Society [M]. Springer Berlin Heidelberg, 2009.

第4章

射頻辨識的硬體設計

本章著重介紹射頻辨識的硬體設計，雖然全球化分工合作已經把相關的硬體設計提到高度整合化水準，然而必須清醒地認識到硬體設計對資訊專業的重要性。相關硬體主要圍繞射頻電路的核心裝置展開，使讀者對高頻電路的特性及設計手段有一定的認知，結合當前一些主流的設計方法和輔助軟體，對最新的硬體設計理論方法有深入的理解，能夠達到設計功能電路的水準。

4.1 射頻電路設計基礎

與以往的無線通訊收發機相比，RFID中射頻電路設計的關鍵點主要集中在高整合度、低功耗、低價格以及天線的特殊要求上。除此之外，原理上並沒有本質的區別，對一個電子標籤來說，收發機的電路仍然包含必備的無線通訊收發模組、濾波器、混頻器、振盪器、判決器以及高頻電路切換器，射頻電路示意圖見圖 4-1。濾波器是快速掌握高頻電路特性的關鍵，也是內容最為豐富的部分。

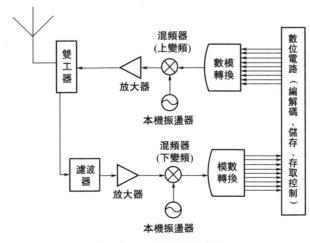

圖 4-1　射頻電路示意圖

該射頻電路處理模型應用是非常廣泛的，多數無線系統都是在該模型基礎上完善和改進的。讀取器和電子標籤的電路基本上也採用上述電路結構，只是電路設計的部分細節有少許的差別。

4.1.1　射頻與頻段

射頻（Radio Frequency，RF）表示可以從波導輻射到自由空間的電磁場的頻率，是電磁頻率中的一段特定頻率，其頻率範圍從 300kHz～300GHz，是非常寬的。任何一個電子與電氣工程師，必須對電磁場的頻譜有一定的了解。表 4-1為電氣和電子工程師協會（IEEE）對電磁頻譜的劃分[1]。

表 4-1　IEEE 對電磁頻譜的劃分

頻段	頻率	波長
ELF(極低頻)	30～300Hz	10000～1000km
VF(音頻)	300～3000Hz	1000～100km
VLF(甚低頻)	3～30kHz	100～10km
LF(低頻)	30～300kHz	10～1km
MF(中頻)	300～3000kHz	1～0.1km
HF(高頻)	3～30MHz	100～10m
VHF(甚高頻)	30～300MHz	10～1m
UHF(特高頻)	300～3000MHz	100～10cm
SHF(超高頻)	3～30GHz	10～1cm
EHF(極高頻)	30～300GHz	1～0.1cm
亞毫米波	300～3000GHz	1～0.1nm
P 波段	0.23～1GHz	130～30cm
L 波段	1～2GHz	30～15cm
S 波段	2～4GHz	15～7.5cm
C 波段	4～8GHz	7.5～3.75m
X 波段	8～12.5GHz	3.75～2.4cm
Ku 波段	12.5～18GHz	2.4～1.67cm
K 波段	18～26.5GHz	1.67～1.13cm
Ka 波段	26.5～40GHz	1.13～0.75cm
毫米波	40～300GHz	7.5～1mm
亞毫米波	300～3000GHz	1～0.1cm

不同頻段的電磁頻譜被規定用於特定的應用場景，任何電磁設備都要按照標

準申請使用電磁頻率，除非是用於科學研究實驗的頻段。不遵守行業標準濫用電磁頻譜可能會造成其他頻段電磁設備無法正常運行，帶來經濟與法律的風險和危害。表 4-2 給出了在中國不同波段頻譜的劃分情況[2]。

表 4-2　中國不同波段頻譜的劃分

頻段/MHz	分配/用途
450～470	專用雙頻通訊,農村無線接入
470～806	數位電視,微波接力
806～821	數位集群通訊上行
821～825	無線數據通訊(未分配)
825～835	中國電信 CDMA 上行
835～840	中國電信 CDMA 上行,已退回
840～845	RFID 專用
845～851	微波接力
851～866	數據集群通訊下行
866～870	無線數據通訊(未分配)
870～880	中國電信 CDMA 下行
880～885	中國電信 CDMA 下行,已退回
885～890	鐵路 E-GSM 上行
890～909	中國移動 GSM 上行
909～915	中國聯通 GSM 上行
915～917	ISM 頻段,未授權限制
917～925	立體聲廣播
925～930	RFID 專用
930～935	鐵路 E-GSM 下行
935～954	中國移動 GSM 下行
954～960	中國聯通 GSM 下行
960～1215	航空導航
1215～1260	科學研究,定位,導航
1260～1300	空間科學,定位,導航
1300～1350	航空導航,無線電定位
1350～1400	無線電定位
1400～1427	衛星地球勘探
1427～1525	點對多點微波系統
1525～1559	海事衛星通訊

續表

頻段/MHz	分配/用途
1559~1626	航空、衛星導航
1626~1660	海事衛星通訊
1660~1710	氣象衛星通訊、無線電話
1710~1735	中國移動 GSM 上行
1735~1745	中國聯通 GSM1800
1745~1765	中國聯通 FDD 上行
1765~1780	中國電信 FDD 上行
1780~1785	FDD 專用頻段
1785~1805	民航專用頻段
1805~1830	中國移動 GSM 下行
1830~1840	中國聯通 GSM 下行
1840~1860	中國聯通 FDD 下行
1860~1875	中國電信 FDD 下行
1875~1880	FDD 保護頻段(電信)
1880~1900	行動 TD-SCDMA/TD-LTE
1900~1920	使用 TDD 頻段,原 PHS 占用
1920~1940	使用中國電信 FDD 上行(正式檔案為 1920~1935)
1940~1965	中國聯通 WCDMA/FDD-LTE 上行
1965~1980	FDD 上行(未分配)
1980~2010	衛星通訊
2010~2025	TD-SCDMA/TD-LTE
2025~2110	固定臺、行動臺、衛星通訊等
2110~2130	使用電信 FDD 下行(正式檔案為 2110~2135)
2130~2155	中國聯通 WCDMA/FDD 下行
2155~2170	FDD 下行(未分配)
2170~2200	衛星通訊
2200~2300	固定臺、行動臺、衛星通訊等
2300~2320	中國聯通 TDD
2320~2370	中國移動 TDD
2370~2390	中國電信 TDD
2390~2400	無線電定位、TDD 補充頻段(未分配)
2400~2483.5	ISM 頻段,未授權限制:WLAN、近場通訊、醫療、導航、點對點擴展通訊等

續表

頻段/MHz	分配/用途
2483.5～2500	衛星廣播、衛星行動
2500～2535	衛星廣播、衛星行動、TD-LTE 主力頻段
2535～2555	TDD 頻段（未分配）
2555～2575	中國聯通 TDD
2575～2635	中國移動 TDD
2635～2655	中國電信 TDD
2655～2690	TD-LTE 頻段（未分配）
2690～2700	固定臺、行動臺、廣播等
2700～2900	航空無線電導航
2900～3000	無線電導航、定位
3400～3600	空間無線電臺測控
5275～5850	點對點或點對多點展頻通訊系統、高速無線區域網、寬頻無線接入系統、藍牙、車輛無線自動辨識等

4.1.2 射頻電路的一般結構

當前在運算領域、通訊領域所用的電路基本都屬於高頻高速電路，與普通電路相比，其在電路的工作原理和設計方法上有根本的不同。主要原因在於射頻電路中普通的歐姆定律和克希何夫定律只適用於直流或低頻的集總參數模型電路，而這裡的電阻、電感、電容完全是一個獨立的裝置。例如，我們並不考慮一個電路添加一個電阻後帶來的附加電容特性或電感特性。然而一旦進入到射頻電路領域，這些集總式模型是無法反映客觀實際的，因為任何的電子裝置，包括導線的電阻、電容和電感特性必須被重新考慮。

射頻辨識電路從整體結構來說與一般的射頻電路沒有太大區別，其本身屬於近距離通訊範疇，通訊範圍從幾公分到幾百公尺，因此電路本身也有自己的一些特徵。本章將系統解決射頻辨識系統中的電路設計問題。一般的射頻系統結構如圖 4-2所示[3～5]。

本結構是經典的射頻電路的電路架構方式，行動通訊、無線網路技術、無線感測器技術以及無線射頻辨識技術都採用這樣的電路架構。從中線劃分為兩個部分，上面部分為發射機，下面部分為接收機。輸入的數位信號，從左端的數位電路開始，首先通過數位至類比轉換器（DAC）轉換為低頻的模擬信號，低頻模擬信號通過混頻器與本機振盪器轉換為高頻信號，然後被功率放大器放大，在經過功分器（圖 4-2 所示的切換開關）進入到天線中，天線就是一個能夠把波導

（導線）內的電磁能轉換為自由空間中的電磁信號的換能器，信號通過電磁場發射出去。而接收機的工作方式恰好相反，自由空間中的電磁場通過天線把能量轉換為波導內的（導線內的）電磁場，然後經過接收端的功率放大器（一般分為前置放大器和主放大器）將弱信號放大到適合電路處理的電壓等級（或電流等級）。通過低通濾波後進入到類比數位轉換器（ADC），類比數位轉換器一般通過一個整形器和判決器轉換為數位電路。

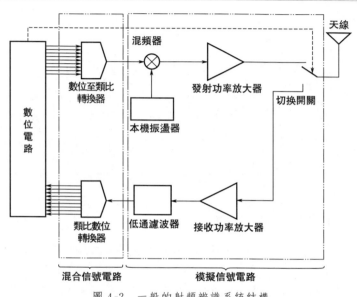

圖 4-2　一般的射頻辨識系統結構

4.2　被動元件的射頻特性

常用的被動元件包括電阻、電容和電感，其中，電阻 R 可認為是與頻率無關的量，用實數表示，而電容 C 和電感 L 是與頻率密切相關的量。在高頻電路分析中，用純虛數表示阻抗的大小。電感和電容對應的阻抗分別用式(4-1a) 和式(4-1b) 表示：

$$X_C = \frac{1}{j\omega C} \tag{4-1a}$$

$$X_L = j\omega L \tag{4-1b}$$

高頻領域被動元件不僅要考慮電阻、電容和電感的阻抗特性，也要考慮導線、線圈的阻抗特性，甚至要考慮印刷電路板上的一段敷銅的電阻和電容、電感

分布。這涉及傳輸線理論中的分散式模型問題。在分析高頻裝置時，有必要對阻抗這個概念加以說明[6,7]。

阻抗是在分析高頻高速電路時使用的一個概念，在有電阻、電感和電容的電路裡，電子組件對電路中的電流所的阻礙作用叫做阻抗。阻抗常用 Z 表示，是一個複數，實部稱為電阻，虛部稱為電抗。電容在電路中對交流電所的阻礙作用稱為容抗，電感在電路中對交流電所的阻礙作用稱為感抗，電容和電感在電路中對交流電所的阻礙作用總稱為電抗。阻抗的單位是歐姆。阻抗的模通常反映裝置對信號幅度的影響，而從阻抗這一複數得到的相位，通常對信號的相位產生一個提前或滯後的效果。

對電子組件的阻抗表示方法，可能仍有不少的讀者產生疑惑，其理論根據來自馬克士威方程，想追根溯源可參考電磁場理論基礎的相關書籍[8]。

（1）高頻電阻

低頻電子裝置中的電阻主要是通過轉換為熱能的方式產生壓降效果，同時具有分流的作用。但是對於高頻領域，會受電路尺寸效應的影響，電阻有電極和 PN 節的作用，其引線的寄生電感、接觸電容和 PN 節的寄生電容也無法忽略。因此即使是一個電容，其等效電路也是非常複雜的[9]。

目前在射頻電路和微波電路中常用的電阻主要是薄膜片狀電阻，該類電阻的主要特點是可以把尺寸做得很小，適合製作表面貼片裝置。標稱為 R 的電阻可以等效為如圖 4-3 所示的分散式網路。

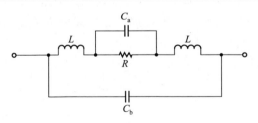

圖 4-3　電阻的等效電路

其中，導線的等效電感為 L，用 C_a 表示 PN 節內電荷分離效應，C_b 表示引線之間的電容，引線的電阻跟標稱電阻相比很小，因此一般可省略，另外引線電容 C_b 通常遠小於內部的或寄生的電容，所以也常被忽略。

例 4-1　求金屬膜電阻的射頻阻抗響應。

一長度為 2.5cm，AWG26 銅線連接的 500Ω 金屬膜電阻等效電路表示如圖 4-3所示。工作在高頻頻段，寄生電容 $C_a = 5pF$，其寄生電感運算公式為 $L = \dfrac{1.54}{\sqrt{f}}\mu H$（這裡已經計入了兩端的電感），其中 f 是電流信號的振盪頻率。

根據論述可以寫出整個電路的阻抗：

$$Z = j\omega L + \frac{1}{j\omega C_a + 1/R} \qquad (4\text{-}2)$$

代入相關數值即可得到該金屬膜電阻阻抗的絕對值與頻率的關係，繪成曲線如圖 4-4 所示。

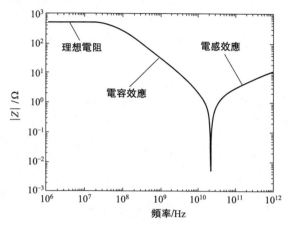

圖 4-4　500 Ω 金屬膜電阻阻抗的絕對值與頻率的關係

通過圖 4-4 可以發現，工作在低頻時，電阻特性明顯，維持原電阻阻值，為 500Ω，當頻率上升到 10MHz 後，寄生電容效應凸顯出來，引整體阻抗減小，當頻率為 20GHz 時，達到諧振點，阻抗最小；當頻率超過 20GHz 時，電感特性開始凸顯出來，阻抗又開始上升。

（2）高頻電容

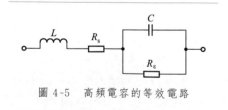

圖 4-5　高頻電容的等效電路

電容的基本作用就是通交流隔直流。但是在高頻電路中，電容的特性表現得更為複雜。原因在於寄生電感和電阻對整個裝置的影響，因此有必要重新構建分散式模型對電容的阻抗進行分析。射頻電路和微波電路中常用的電容是貼片式電容，該類電容用於濾波器、放大器、整形器等電路中。考慮電容的歐姆熱損耗效應以及電極的寄生電感，可以將高頻電容等效成圖 4-5 所示的電路。圖中，L 為引線的寄生電感；R_s 為導線熱損耗；R_ε 為半導體的介質損耗電阻。

例 4-2　求電容的射頻阻抗響應。

一個 47pF 的電容，其材質為氧化鋁，引線為長 1.25cm 的 AWG26 銅線。引線相關的電感為 $L = \dfrac{771}{\sqrt{f}}$nH，電極引線串聯電阻為 $R_s = 4.8\sqrt{f}\,\mu\Omega$，並聯泄漏電阻 $R_\varepsilon = \dfrac{33.9 \times 10^6}{f}$MΩ，根據論述可以寫出整個電路的阻抗：

$$Z = j\omega L + R_s + \frac{1}{1/R_\varepsilon + j\omega C} \tag{4-3}$$

代入相關數值即可得到該電容阻抗的絕對值與頻率的關係，繪成曲線即阻抗值與頻率的特性曲線，如圖 4-6 所示。

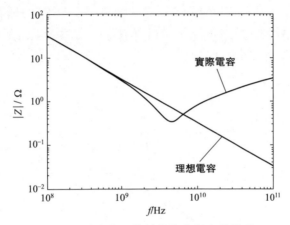

圖 4-6　電容的阻抗絕對值與頻率的關係

(3) 高頻電感

對電感的分析可以用類似於前面對電阻和電容的分析方式，如圖 4-7 和圖 4-8所示。

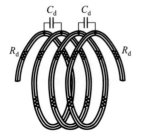

圖 4-7　在電感線圈中的分布電容和串聯電阻

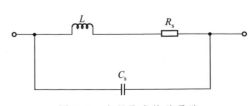

圖 4-8　高頻電感等效電路

　　這裡僅考慮簡單的線圈式電感，因此其抽象出的等效電路網路比較簡單。不同種類的電感應做進一步分析，才能得到正確的電路結構。但這裡只分析最簡單的一類。

　　例 4-3　求電感的射頻阻抗響應。

　　如圖 4-7 所示的一段電感，假設其電感值為 $L = 61.4\text{nH}$，其寄生電容 $C_\text{s} = 0.087\text{pF}$，等效的串聯電阻為 $R_\text{s} = 0.034\Omega$，忽略其趨膚效應。

　　根據論述可以寫出整個電路的阻抗：

$$\frac{1}{Z} = \frac{1}{\text{j}\omega L + R_\text{s}} + \text{j}\omega C_\text{s} \tag{4-4}$$

　　代入相關數值即可得到該電感阻抗的絕對值與頻率的關係，從而得到如圖 4-9 所示的頻率響應曲線。從圖上也可以看出，高頻領域內的電感跟低頻理想阻抗曲線有根本性的不同。

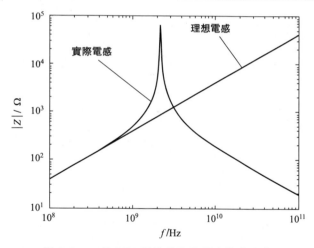

圖 4-9　一個 RFC 阻抗電路的頻率響應曲線

　　通過對高頻射頻裝置的分析，可以了解射頻或微波電路的設計過程和裝置選型與使用跟低頻電路有著根本性的區別。這種區別主要是因為隨著頻率的增加，信號進入到射頻領域，信號的波長變得與裝置的尺寸有了可比性，導致分析裝置的過程中必須計入一些在低頻場合下有很小影響的因素。從理論的角度上講，從低頻電路設計到高頻電路設計以及到射頻和微波電路設計，是一個逐漸複雜逐漸精密化的過程。其終極理論就是馬克士威方程，然而馬克士威方程直接應用到電路分析實在過於複雜。而採用分散式網路結構，化場為路是一個有效的化簡方法。

4.3　射頻辨識中的濾波器設計

濾波器是射頻電路的核心裝置之一，主要用於噪音的濾除和多路信號的分離，如圖 4-10 所示。其工作原理是使特定頻率或頻段內的信號衰減很大，而使所需要的信號衰減較小。濾波器主要用來濾除信號中無用的頻率成分，例如，濾除一個較低頻率的信號中包含的一些較高頻率成分。

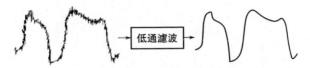

圖 4-10　時域信號經過濾波器後的信號變化

根據使用裝置的不同，可以把濾波器劃分為無源濾波器和有源濾波器，無源濾波器由電阻、電感和電容或其他的被動元件構成，而有源濾波器是建立在放大器電路基礎上的一類裝置，是由放大器、電阻、電容組成的濾波電路，具有信號放大功能，且輸入、輸出阻抗容易匹配。從性能上來說，有源濾波器性能要高於無源濾波器，同時價格也高於無源濾波器。從濾除的頻段來說，濾波器被劃分為四類：低通、高通、帶通和帶阻濾波器[10~12]，見圖 4-11。

濾波器的輸出與輸入關係通常用電壓轉移函數 $H(s)$ 來描述，電壓轉移函數又稱為電壓增益函數，它的定義如式(4-5) 所示。

$$H(s) = \frac{U_o(s)}{U_i(s)} \tag{4-5}$$

式中，$U_o(s)$ 與 $U_i(s)$ 分別為輸出、輸入電壓的拉氏變換。在正弦穩態情況下，$s = j\omega$，電壓轉移函數可寫成式(4-6) 的形式。

$$H(j\omega) = \frac{\dot{U}_o(j\omega)}{\dot{U}_i(j\omega)} = |H(j\omega)| e^{j\phi(\omega)} \tag{4-6}$$

式中，$\dot{U}_o(j\omega)$、$\dot{U}_i(j\omega)$ 分別表示輸出與輸入的幅值；$H(j\omega)$ 稱為幅值函數或增益函數，它與頻率的關係稱為幅頻特性；$\phi(j\omega)$ 表示輸出與輸入的相位差，稱為相位函數，它與頻率的關係稱為相頻特性。

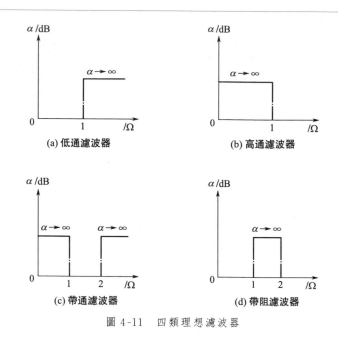

圖 4-11　四類理想濾波器

4.3.1　濾波器的基本結構和參數

　　首先分析無源濾波器的特性。理想濾波器要求通帶內的損耗越小越好，而阻帶內的損耗越大越好。但是對於實際裝置來說這是不可能的，因為任何的電子裝置都有損耗。阻帶並非是一條理想的直線，而是不斷伏的波浪線，帶與帶之間的過渡也不是階躍函數，而是有一定的上升和下降邊沿。實際上，並不存在理想的帶通濾波器。濾波器並不能使期望頻率範圍外的所有頻率完全衰減掉，尤其是在所要的通帶外還有一個被衰減但是沒有被隔離的範圍。這通常稱為濾波器的滾降現象，用每十倍頻的衰減幅度的 dB 數來表示。通常，設計濾波器盡量保證滾降範圍越窄越好，這樣濾波器的性能就與設計更加接近。然而，隨著滾降範圍越來越小，通帶就變得不再平坦，開始出現「波紋」。這種現象在通帶的邊緣處尤其明顯，這種效應稱為吉布斯現象。圖 4-12 以二項式(巴特沃斯）濾波器、契比雪夫濾波器以及橢圓函數低通濾波器展示了真實濾波器的幅頻響應曲線。

　　圖 4-12 所示的幾類濾波器，其帶內並非是平坦的，而且通帶和阻帶之間存在明顯的上升或下降區間，即所謂的滾降現象。

　　綜上分析可知，對濾波器來說，以下幾種參數對濾波器的性能影響很大，分別是插入損耗、紋波、頻寬、矩形係數、阻帶抑制比。

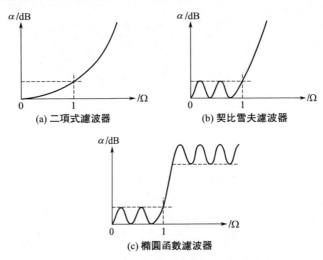

圖 4-12　三種低通濾波器的實際衰減曲線

（1）插入損耗

雖然理想情況下，濾波器的損耗可以認為在通帶內為零，但是實際上任何的電子裝置都有固有的阻抗，因此必然帶來信號能量上的損耗。好的濾波器插入損耗是較小的，但仍然不是零。可以從輸入能量和輸出能量的比值來考慮該濾波器插入損耗的特性，見式(4-7)。

$$L_i = 10\lg \frac{P_{in}}{P_{out}} = -10\lg(1 - |\Gamma_i|^2) \tag{4-7}$$

式中，P_{in}是輸入端的功率；P_{out}是輸出功率；Γ_i是從信號源向濾波器方向看能量的反射係數。

（2）紋波（紋波係數）

濾波器在帶內的損耗是有伏的，這個伏跟邊沿的滾降速度成正向關係，即滾降速度越快，紋波伏越強烈。

為了反映信號響應的平坦度，可定義紋波係數，即通帶內響應幅度最大值和最小值之比，然後取對數後就可以得到紋波係數，其單位通常採用 dB。

採用不同的多項式設計出來的濾波器，紋波係數會有很大不同。設計濾波器的一個重要目標就是尋找紋波係數較小的，同時要注意滾降速度，且滿足要求的那一類濾波器。

（3）頻寬

頻寬對濾波器來說也是非常關鍵的參數，過大的頻寬可能使濾除噪音的效果

下降，過小的頻寬又有可能導致信號出現不必要的損耗。對射頻系統來說，頻寬的定義對應於 3dB 衰減量的上下邊沿對應的頻率，稱為 3dB 頻寬。3dB 衰減量恰好對應能量下降一半的位置。

$$BW^{3\text{dB}} = f_{\text{H}}^{3dB} - f_{\text{L}}^{3dB} \tag{4-8}$$

具體的參數說明如圖 4-13 所示。

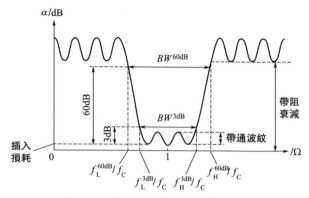

圖 4-13　帶通濾波器的典型衰減曲線

圖 4-13 給出了一個實際的帶通濾波器的衰減曲線，3dB 衰減點處對應著阻帶的始位置，該處信號的能量衰減為信號能量的一半，而且到達 60dB 衰減位置非常迅速。

（4）矩形係數

所謂矩形係數就是 60dB 頻寬 BW^{60dB} 與 3dB 頻寬 BW^{3dB} 的比值（式 4-9），該係數反映了濾波器在截止頻率附近的滾降速度或陡峭程度。應用時，矩形係數越接近 1 越好。

$$SF = \frac{BW^{60dB}}{BW^{3dB}} = \frac{f_{\text{H}}^{60dB} - f_{\text{L}}^{60dB}}{f_{\text{H}}^{3dB} - f_{\text{L}}^{3dB}} \tag{4-9}$$

（5）阻帶抑制比

在理想情況下，希望阻帶具有無限大的衰減量，但實際無法做到，因為每個裝置無論如何設計都只能得到有限的衰減量。為了設計出足夠好的濾波器，只能期望阻帶的抑制能夠超過某個設計值。通常以 60dB 為阻帶抑制比的設計值。

（6）中心頻率

中心頻率反映了帶通型濾波器工作頻段的中心頻率位置。通過式（4-10）來

確定其中心位置。

$$f_c = \frac{f_H^{3dB} + f_L^{3dB}}{2} \qquad (4\text{-}10)$$

（7）品質因子

該參數描述了濾波器等射頻裝置或微波裝置的頻率選擇性，通常定義為在諧振頻率下，平均儲能與一個週期內平均耗能的比值，見式(4-11)。

$$Q = \omega_R \frac{w_{sav}}{w_{loss}} \qquad (4\text{-}11)$$

式中，ω_R 為諧振頻率；w_{sav} 為一個週期內的平均儲能；w_{loss} 為一個週期內的平均耗能。

4.3.2 無源濾波器的設計

4.3.2.1 無源低通濾波器的設計

無源低通濾波器是採用電感、電容、電阻等被動元件構成的網路實現濾波的作用。下面通過簡單電路構造的濾波器來說明其原理和設計方法。

濾波器分析的關鍵在於劃分為簡單的串聯的電路網路。例如，圖 4-14(a)所示的電路，根據實際情況可以劃分為四個級聯的簡單模組，見圖 4-15。

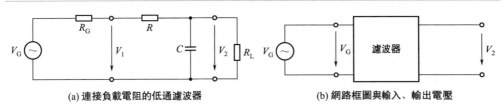

(a) 連接負載電阻的低通濾波器　　　　　(b) 網路框圖與輸入、輸出電壓

圖 4-14　插入在信號源與負載電阻之間的低通濾波器

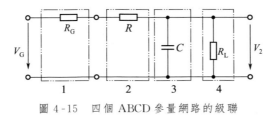

圖 4-15　四個 ABCD 參量網路的級聯

用四通訊埠網路級聯可以得到整個網路的 ABCD 參數：

$$
\begin{bmatrix} A & B \\ C & D \end{bmatrix} = \begin{bmatrix} 1 & Z_G \\ 0 & 1 \end{bmatrix} \begin{bmatrix} 1 & Z \\ 0 & 1 \end{bmatrix} \begin{bmatrix} 1 & 0 \\ 1/Z_C & 1 \end{bmatrix} \begin{bmatrix} 1 & 0 \\ 1/Z_L & 1 \end{bmatrix}
$$

$$
= \begin{bmatrix} 1 & R_G \\ 0 & 1 \end{bmatrix} \begin{bmatrix} 1 & R \\ 0 & 1 \end{bmatrix} \begin{bmatrix} 1 & 0 \\ j\omega C & 1 \end{bmatrix} \begin{bmatrix} 1 & 0 \\ 1/R_L & 1 \end{bmatrix} \tag{4-12}
$$

$$
= \begin{bmatrix} 1+(R+R_G)\left(j\omega C+\dfrac{1}{R_L}\right) & R_G+R_L \\ j\omega C+\dfrac{1}{R_L} & 1 \end{bmatrix}
$$

式中，$Z_G = R_G$，$Z_L = R_L$，$Z_C = \dfrac{1}{j\omega C}$。

根據電壓和電流輸入輸出關係可以寫出各個簡單四通訊埠網路：矩陣的主軸都是 1，副軸上方是串聯阻抗，下方填並聯阻抗的倒數。由於 ABCD 參數矩陣中的 A 就是 V_G 與 V_2 的比值，所以只需要寫出矩陣的第一項即可。

$$
A = \frac{V_G}{V_2} = 1+(R+R_G)\left(j\omega C+\frac{1}{R_L}\right) \tag{4-13}
$$

在使用時往往採用 $H = \dfrac{1}{A}$。該函數反映了該系統的全部資訊，信號通過該系統的衰減和相位變換資訊全部在其中。

即有如下形式：

$$
H(\omega) = \frac{V_2}{V_G} = \frac{V_{out}}{V_{in}} = \frac{1}{1+(R+R_G)\left(j\omega C+\dfrac{1}{R_L}\right)} \tag{4-14}
$$

採用極限分析法可以對上式做初步分析：

① 當頻率很小時，$\omega \to 0$，$H(0) = \dfrac{V_2}{V_G} = \dfrac{V_{out}}{V_{in}} = \dfrac{1}{1+\dfrac{(R+R_G)}{R_L}}$，是個固定的實數，與頻率沒有關係，此時系統對信號的影響僅僅是引入了固定的歐姆熱損耗。

② 當頻率很大時，$\omega \to \infty$，$H(\omega) = 0$，此時的系統是一個零電壓輸出的系統，顯示了該濾波器在高頻段內具有低通特性。

如果系統的負載 $R_L \to \infty$，系統就轉化為一個空載極限狀況下的一階傳遞函數：

$$
H(\omega) = \frac{V_2}{V_G} = \frac{V_{out}}{V_{in}} = \frac{1}{1+j\omega C(R+R_G)} \tag{4-15}
$$

$H(\omega)$ 就是系統理論中的傳遞函數。傳遞函數在射頻系統設計中具有極其重要的作用，它的模反映系統的衰減情況，它的相位反映系統的延遲特性。對於衰減通常用衰減係數 $\alpha(\omega)$ 表示，其單位是 dB。

$$\alpha(\omega) = -20lg \, |H(\omega)| = -20lg \sqrt{H(\omega)H(\omega)^*} \qquad (4\text{-}16)$$

式中，$H(\omega)^*$ 是 $H(\omega)$ 的共軛函數。

相位延遲量為：

$$\phi(\omega) = arctan \frac{Im \, [H(\omega)]}{Re \, [H(\omega)]} \qquad (4\text{-}17)$$

利用式(4-17) 可以得到群延遲：

$$\tau = \frac{d\,\phi(\omega)}{d\,\omega} \qquad (4\text{-}18)$$

圖 4-16 給出了典型參數($C = 10pF$, $R = 10\Omega$, $R_G = 50\Omega$)的低通濾波器的幅頻響應曲線和相頻響應曲線。

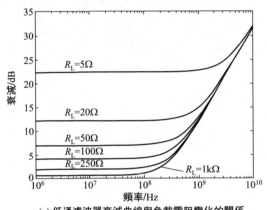

(a) 低通濾波器衰減曲線與負載電阻變化的關係

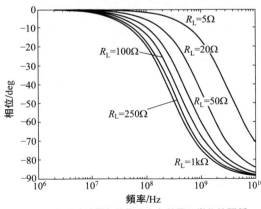

(b) 低通濾波器相位響應與負載電阻變化的關係

圖 4-16　一階低通濾波器響應與負載電阻變化的函數關係

4.3.2.2　無源高通濾波器的設計

圖 4-17 給出了一個簡單的一階高通濾波器，這裡用感抗取代了容抗，電路從一個低通濾波器變成高通濾波器。

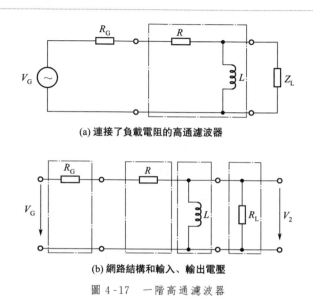

(a) 連接了負載電阻的高通濾波器

(b) 網路結構和輸入、輸出電壓

圖 4-17　一階高通濾波器

仍然用 ABCD 矩陣寫出其傳遞函數：

$$
\begin{bmatrix} A & B \\ C & D \end{bmatrix} = \begin{bmatrix} 1 & R_G \\ 0 & 1 \end{bmatrix} \begin{bmatrix} 1 & R \\ 0 & 1 \end{bmatrix} \begin{bmatrix} 1 & 0 \\ \dfrac{1}{j\omega L} & 1 \end{bmatrix} \begin{bmatrix} 1 & 0 \\ 1/R_L & 1 \end{bmatrix}
$$

$$
= \begin{bmatrix} 1+(R+R_G)\left(\dfrac{1}{j\omega L}+\dfrac{1}{R_L}\right) & R_G+R_L \\[3mm] \dfrac{1}{j\omega L}+\dfrac{1}{R_L} & 1 \end{bmatrix} \tag{4-19}
$$

採用類似 4.3.2 節的處理，從而可以直接得到：

$$
H(\omega)=\frac{V_2}{V_G}=\frac{V_{out}}{V_{in}}=\frac{1}{1+(R+R_G)\left(\dfrac{1}{j\omega L}+\dfrac{1}{R_L}\right)} \tag{4-20}
$$

圖 4-18 是不同負載電阻情況下高通濾波器的響應，其中 $L=100nH$，$R=10\Omega$，$R_G=50\Omega$。

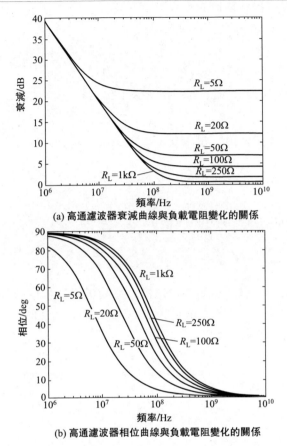

(a) 高通濾波器衰減曲線與負載電阻變化的關係

(b) 高通濾波器相位曲線與負載電阻變化的關係

圖 4-18　高通濾波器響應與負載電阻變化的函數關係

4.3.2.3　無源帶通濾波器和帶阻濾波器的設計

帶通濾波器或帶阻濾波器可以採用串並聯的 RLC 電路（圖 4-19）。

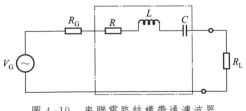

圖 4-19　串聯電路結構帶通濾波器

下面以帶通濾波器的構造說明設計方法。

同樣以 ABCD 參量說明網路的特徵。

$$\begin{bmatrix} A & B \\ C & D \end{bmatrix} = \begin{bmatrix} 1 & R_G \\ 0 & 1 \end{bmatrix} \begin{bmatrix} 1 & Z \\ 0 & 1 \end{bmatrix} \begin{bmatrix} 1 & 0 \\ 1/R_L & 1 \end{bmatrix} = \begin{bmatrix} 1 + \dfrac{Z+R_G}{R_L} & R_G + Z \\ \dfrac{1}{R_L} & 1 \end{bmatrix} \quad (4\text{-}21)$$

這裡的總阻抗等於電阻、電感和電容串聯後阻抗的和：

$$Z = Z_R + Z_C + Z_L = R + j\omega L + \frac{1}{j\omega C} \quad (4\text{-}22)$$

同樣可以導出它的傳遞函數：

$$H(\omega) = \frac{1}{(R_L + R_G) + R + j[\omega L - 1/(\omega C)]} \quad (4\text{-}23)$$

這是一個一階帶通濾波器的傳遞函數，給定其濾波器的各個裝置的參數 $R_L = R_G = 50\Omega$、$L = 5nH$、$R = 20\Omega$、$C = 2pF$，可以得到衰減-頻率和相位-頻率響應曲線如圖 4-20 所示。

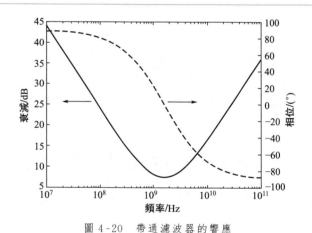

圖 4-20　帶通濾波器的響應

將上述 RLC 電路中串聯的電阻、電容和電感由串聯變成並聯，其他參數不變，可以得到一個帶阻型濾波器。各個參數保持不變的情況下，可得到其傳遞函數為：

$$H(\omega) = \frac{R_L}{(R_L + R_G)\left[\dfrac{1}{R} + j\left(\omega C - \dfrac{1}{\omega L}\right)\right] + 1} \quad (4\text{-}24)$$

帶阻濾波器的響應曲線如圖 4-21 所示。

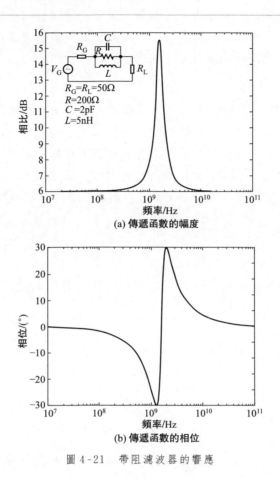

(a) 傳遞函數的幅度

(b) 傳遞函數的相位

圖 4-21　帶阻濾波器的響應

4.3.2.4　採用逼近方法產生的無源濾波器設計

要得到符合要求的特定的濾波器，其電子裝置的網路遠比前面分析的一階濾波器複雜。其根源在於雖然前面的一階濾波器從原理上展示了低通、高通、帶通和帶阻濾波器的可行性，但實際上這些濾波器的滾降速度或者說是邊沿的陡峭程度不夠，很難達到一個實際應用的效果。因此，為了逼近理想的濾波器，必須採用更複雜的結構來最佳化響應的參數[13]。

數學上，為了組合出任意的函數，常採用多項式疊加的方法。例如，傅立葉級數和勒讓得多項式就可以把任意的函數展開，即使這些函數的階數被限定在有限的大小，但也可以很好地模擬，這就是數學上的逼近理論。利用多項式函數模

擬階躍函數，從而生成低通濾波器、高通濾波器、帶通或帶阻濾波器等多種濾波器，如巴特沃斯濾波器、契比雪夫濾波器、貝塞過濾器、橢圓函數濾波器等。這裡重點介紹巴特沃斯濾波器和契比雪夫濾波器。這兩個濾波器各有特點：前者是一個帶內最平坦的濾波器，後者是一個等波紋的濾波器[14]。

（1）巴特沃斯濾波器

這種濾波器的衰減曲線是沒有任何波紋的，所以是一類最大平滑濾波器。這是一種幅度平坦的濾波器，其幅頻響應從 0 到 $3dB$ 的截止頻率 ω_c 幾乎是完全平坦的，但在截止頻率附近有峰，對階躍響應有過衝和振鈴現象，過渡帶以中等速度下降，下降速率為 $-6ndB/$ 十倍頻（n 為濾波器的階數），有輕微的非線性相頻響應，適用於一般性的濾波器。n 階巴特沃斯低通濾波器的傳遞函數可寫為：

$$A(s) = \frac{A_0}{B(s)} = \frac{A_0}{s^n + a_{n-1}s^{n-1} + \cdots a_1 s + a_0} \tag{4-25}$$

式中，$s = \dfrac{j\omega}{\omega_c}$ 為歸一化復頻率；$B(s)$ 為巴特沃斯多項式；a_{n-1}、$\cdots$、a_1、a_0 為多項式係數。

巴特沃斯多項式為：

$$
\begin{array}{ll}
n & B(s) \\
1 & s+1 \\
2 & s^2 + \sqrt{2}s + 1 \\
3 & (s^2 + s + 1)(s + 1) \\
4 & 1 + 2.613s + 3.414s^2 + 2.613s^3 + s^4
\end{array}
\tag{4-26}
$$

巴特沃斯濾波器的特點是通頻帶內的頻率響應曲線最大限度平坦，沒有伏，而在阻頻帶則逐漸下降為零，如圖 4-22(a) 所示。

圖 4-22 是巴特沃斯濾波器〔圖(a)〕和同階第一類契比雪夫濾波器〔圖(b)〕、第二類契比雪夫濾波器〔圖(c)〕、橢圓函數濾波器〔圖(d)〕的頻率響應圖。

（2）契比雪夫濾波器

這種濾波器在通帶記憶體在等紋波動，而衰減度比同階數的巴特沃斯濾波器大，但相位響應畸變較大，適用於需快速衰減的場合，如信號調變解調電路。

在設計契比雪夫濾波器時，需指定通帶內的紋波值 δ 和決定階次 n 的衰減要求，低通契比雪夫濾波器傳遞函數可寫為：

$$A(s) = \frac{A_0}{s^n + a_{n-1}s^{n-1} + \cdots a_1 s + a_0} \tag{4-27}$$

多項式係數通過查表可以得到。巴特沃斯濾波器和契比雪夫濾波器有相同形式的傳遞函數，但係數不一樣，因此，多項式是不同的。

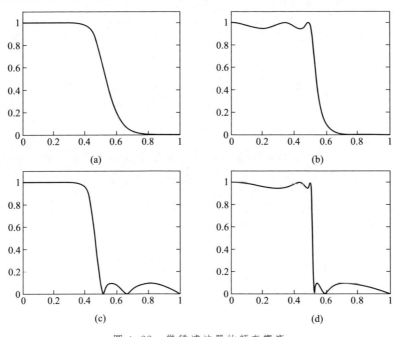

(a)

(b)

(c)

(d)

圖 4-22　幾種濾波器的頻率響應

4.3.3　有源濾波器的設計

　　無源濾波器的優點在於其設計簡單可靠，造價低廉，但仍存在一些不足，首先是所採用的被動元件都有固定的頻率寬度，頻率特性是裝置固有的，只能通過裝置選型來改變參數；其次，被動元件都有損耗，對於信號來說是無法提供增益的；再次，濾波器的性能跟輸入輸出的阻抗有固定的關係，濾波器性能要求輸出阻抗要足夠大，但是輸出阻抗越大導致信號的損耗就越人，這種矛盾關係在無源濾波器中是無法根除的。

　　圖 4-23 所示為無源濾波器負載變化時的通帶變化情況。

　　圖 4-23 中的虛線表示帶負載時的通帶情況，實線代表空載時的情況。

　　有源濾波器之所以被稱為有源，主要是採用了有源裝置，以三極管放大器作為放大元件，不僅可以提供信號的增益補償，而且可以克服無源濾波器無法進行諧波抑制的缺點，實現了動態增益補償和高階諧波過濾的效果。有源濾波器如圖 4-24所示。

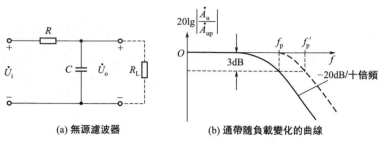

(a) 無源濾波器 (b) 通帶隨負載變化的曲線

圖 4-23　無源濾波器負載變化時的通帶變化情況

　　有源濾波器用射極隨動器隔離濾波電路與負載電阻，這種結構可使有源濾波電路的濾波參數不隨負載變化，還可實現信號放大補償。同時它的濾波頻寬不再受輸出負載的影響。最後，儘管有源濾波器有種種優點，但是存在不能輸出高電壓大電流、設計複雜、價格較高的缺點。

　　對有源濾波器進行分析需要知道其傳遞函數，採用放大器小信號模型節點電流分析法，同時利用拉普拉斯線性變換理論。

　　圖 4-25 所示的一階電路在頻率趨向於 0 時，其放大倍數為通帶的放大倍數：

$$\dot{A}_{up} = 1 + \frac{R_2}{R_1} \tag{4-28}$$

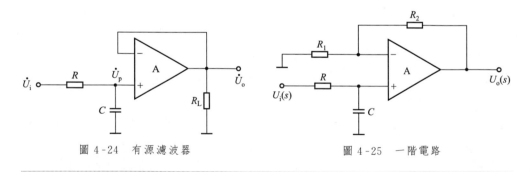

圖 4-24　有源濾波器　　　　　　圖 4-25　一階電路

諧振頻率決定於 RC：

$$f_p = \frac{1}{2\pi RC} \tag{4-29}$$

現在給出隨頻率變化的覆信號，即傳遞函數：

$$\dot{A}_u = \frac{\dot{A}_u}{1 + j\frac{f}{f_p}} \tag{4-30}$$

式(4-30) 表明進入高頻段的信號下降速度為 $-20dB$／十倍頻。經過拉普拉斯變換後，可得到其傳遞函數：

$$A_u(s) = \frac{U_o(s)}{U_i(s)} = \left(1 + \frac{R_2}{R_1}\right)\frac{1/sC}{R + 1/sC} = \left(1 + \frac{R_2}{R_1}\right)\frac{1}{1 + sRC} \tag{4-31}$$

式中，$s = j\omega$。

從圖 4-26 給出的幅頻特性曲線中可以看到，過渡帶的滾降特性決定於 $\frac{1}{1+sRC}$ 項。

為了使過渡帶變窄，通常增加其中 RC 的階數才能有明顯的效果。增加 RC 的階數就是採用高階濾波器。圖 4-27 所示為一個簡單的二階濾波器。

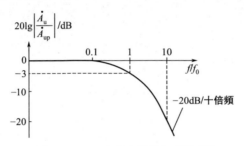

圖 4-26　一階濾波器的幅頻特性

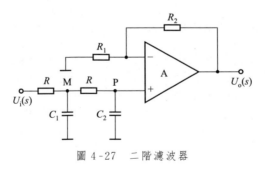

圖 4-27　二階濾波器

該電路引入了負回饋，利用節點電流法求解輸出電壓和輸入電壓之間的關係。其傳遞函數為：

$$A_u(s) = \left(1 + \frac{R_2}{R_1}\right)\frac{1/s_{c_2}}{R + 1/s_{c_2}}\frac{(R + 1/s_{c_2})\,/\!/\,1/s_{c_1}}{R + (R + 1/s_{c_2})\,/\!/\,1/s_{c_1}} = \left(1 + \frac{R_2}{R_1}\right)\frac{1}{1 + 3sRC + (sRC)^2} \tag{4-32}$$

圖 4-28 可見，增加電路的階數可以有效地降低過渡帶的寬度，使濾波器的性能得到最佳化。

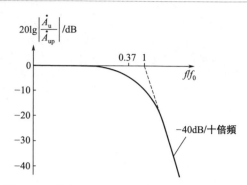

圖 4-28　增加電路的階數後過渡帶的寬度變化

參考文獻

[1]　黃疑．《中華人民共和國無線電頻率劃分規定》修訂的相關情況說明[J]. 中國無線電，2017 (12)：1-7.

[2]　彭鍵．中國無線電頻譜拍賣現狀[J]. 上海信息化，2016 (11)：36-42.

[3]　范博．射頻電路原理與實用電路設計[M]. 北京：機械工業出版社，2006.

[4]　黃玉蘭．射頻電路理論與設計[M]. 北京：人民郵電出版社，2014.

[5]　CHANG K, BAHL I J, NAIR V. RF and microwave circuit and component design for wireless systems[J]. Wiley-Interscience, 2002.

[6]　吳飛，章建峰，楊禎，等．印製電路板設計中的電磁兼容性問題研究[J]. 船舶工程，2015, 37 (S1)：171-173.

[7]　韓剛，耿征．基於 FPGA 的高速高密度 PCB 設計中的信號完整性分析[J]. 計算機應用，2010. 30 (10)：2853-2856.

[8]　REINHOLD L D, GENE B. 射頻電路設計——理論與應用[M]. 2 版．王子宇，王心悅，等，譯．北京：電子工業出版社，2013.

[9]　王彥豐．CMOS RF 電感的設計與模擬[M]. 南京：東南大學，2005.

[10]　李福勤，楊建平．高頻電子線路[M]. 北京：北京大學出版社，2008.

[11]　胡宴如，耿蘇燕．高頻電子線路[M]. 北京：高等教育出版社，2004.

[12]　陳會，張玉興．射頻微波電路設計[M]. 北京：機械工業出版社，2015.

[13]　AZIM M A R, et al. A Filter-Based Approach for Approximate Circular Pattern Matching[C]. International Symposium on Bioinformatics Research and Applications. 2015.

[14]　WANG J, JIAO J. Implementation of Beamforming for Large-Scale Circular Array Sonar Based on Parallel FIR Filter Structure[C]. in FPGA: ICA3PP 2018 International Workshops. Guangzhou, China. 2018.

第5章

射頻電路中的高頻電路信號分析

射頻辨識電路以及無線通訊系統中，通訊總是工作在一個特定頻段上，而且這個頻段往往比基帶信號的頻率高很多，因此基帶信號要發射出去，必須進行調變和混頻。此時需要在射頻電路中加入載波頻率。載波信號往往是頻段較高的等幅正弦波信號。載波的波段大多在 kHz 到 GHz 的頻率範圍內。對於振盪器來說其主要技術要求在於如何產生穩定的、單頻特性良好的正弦波。然而在頻率比較高的情況下，其固有的非線性特性越來越強烈，另外，在高頻領域，隨著頻率的增高，其負載和內部電路都會因寄生阻抗的影響而變得十分複雜。因此從這個意義上來說，振盪器的電路設計並不簡單[1]。

本章從最簡單的 LC 振盪電路出發，了解產生振盪的基本原理，並討論現代射頻電路的設計方法。然後重點介紹混頻器用於頻率轉換的基本功能、混頻器實現混頻的乘法操作以及在射頻和微波領域內實現混頻乘法運算的基本裝置——二極體混頻器。這類混頻器的工作頻率可以超過 100GHz[2]。

5.1　射頻電路的基本理論

5.1.1　小信號模型分析法

小信號建模在射頻電路分析中作用巨大，是分析非線性裝置的基本方法，由小信號分析可以導出系統的傳遞函數。下面介紹雙極性電晶體（BJT）類非線性裝置在輸入交流小信號時的處理方法。

應該指出的是，小信號普遍的說法是激勵電流中的交流信號比直流部分要小得多，但是這種說法不太嚴謹，所謂的小信號主要是針對非線性裝置的工作曲線而言的，小信號模型可以很好地保證非線性裝置在該信號範圍內的非線性效應較弱，以至於仍然可以按照線性裝置的特性處理信號[3]。

首先將非線性的 BJT 等效成一個非線性電路，並看作雙通訊埠網路，如圖 5-1 所示。

用網路的 H（Hybrid）參數來表示輸入輸出電壓和電路之間的關係就可以得

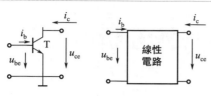

圖 5-1　非線性 BJT 的等效電路

到對應的等效電路，該電路被稱為共射 H 參數等效模型[4,5]。對於 BJT 雙口網路，輸入輸出特性函數分別為：

$$u_{be} = f_1(i_b, u_{ce}) \qquad (5\text{-}1)$$

$$i_c = f_2(i_b, u_{ce}) \qquad (5\text{-}2)$$

在小信號情況下，對式(5-1) 和式(5-2)兩邊進行全微分，得到式(5-3)和式(5-4)。

$$\mathrm{d}u_{be} = \left.\frac{\partial u_{be}}{\partial i_b}\right|_{U_{ceq}} \mathrm{d}i_b + \left.\frac{\partial u_{be}}{\partial u_{ce}}\right|_{I_{bq}} \mathrm{d}u_{ce} \qquad (5\text{-}3)$$

$$\mathrm{d}i_c = \left.\frac{\partial i_c}{\partial i_b}\right|_{U_{ceq}} \mathrm{d}i_b + \left.\frac{\partial i_c}{\partial u_{ce}}\right|_{I_{bq}} \mathrm{d}u_{ce} \qquad (5\text{-}4)$$

對於小信號來說，當信號的電壓和電流都比較小且工作於靜態工作點附近時，可以把小信號直接代入到上面的微分方程中，從而得到一組線型方程：

$$u_{be} = h_{ie}i_b + h_{re}u_{ce} \qquad (5\text{-}5)$$

$$i_c = h_{fe}i_b + h_{oe}u_{ce} \qquad (5\text{-}6)$$

下面我們來說明其中的各個參數的物理意義：

$h_{ie} = \left.\dfrac{\partial u_{be}}{\partial i_b}\right|_{U_{ceq}}$，輸出端交流短路時的輸入電阻，常用 r_{be} 表示；

$h_{re} = \left.\dfrac{\partial u_{be}}{\partial u_{ce}}\right|_{I_{bq}}$，輸入端交流開路時的反向電壓傳輸比（無量綱）；

$h_{fe} = \left.\dfrac{\partial i_c}{\partial i_b}\right|_{U_{ceq}}$，輸出端交流短路時的正向電流傳輸比或電流放大係數，即 BJT 放大倍數 β；

$h_{oe} = \left.\dfrac{\partial i_c}{\partial u_{ce}}\right|_{I_{bq}}$，輸入端交流開路時的輸出電導，也可用 $\dfrac{1}{r_{ce}}$ 表示。

四個參數量綱各不相同，故稱為混合參數模型。

上面得到的各個值為定義式，為得到各個參數之間的關係，往往 BJT 採用微變等效電路，如圖 5-2 所示。

實際上 **H** 矩陣中的各個參數的數量級差別很大，如式(5-7) 所示。

$$\boldsymbol{H} = \begin{bmatrix} h_{ie} & h_{re} \\ h_{fe} & h_{oe} \end{bmatrix} = \begin{bmatrix} 10^3\,\Omega & 10^{-3} \sim 10^{-4} \\ 10^2 & 10^{-5}\,s \end{bmatrix} \qquad (5\text{-}7)$$

由於 h_{re} 和 h_{oe} 相對來說很小，因此常常忽略掉這兩項的影響。

首先考察其輸入迴路，圖 5-3（a）所示的輸入迴路等效後可得到圖 5-3（b）所示的等效電路。

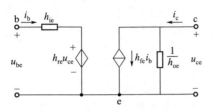

圖 5-2　BJT 的微變等效電路

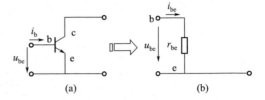

(a)　　　　　(b)

圖 5-3　輸入迴路及其等效電路

對於加載在基極和射極之間的小信號，可以畫出其伏安特性曲線，如圖 5-4 所示。

對照圖 5-4 所示的特性曲線，可以看到交流信號在小範圍內，線性關係近似成立。因此可得到：

$$r_{be} = \frac{\Delta u_{be}}{\Delta i_b} = \frac{u_{be}}{i_b} \qquad (5-8)$$

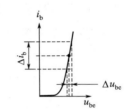

圖 5-4　加載在基極和射極之間的小信號的伏安特性曲線

再考察輸出迴路，輸出端相當於一個受 i_b 控制的電流源，且電流源兩端並聯了一個大電阻 $r_{ce} = \dfrac{\Delta u_{ce}}{\Delta i_c}$，該電阻很大，因此電阻的效果往往會被忽略，如圖 5-5 所示。

放大因子 $\beta = \dfrac{\Delta i_c}{\Delta i_b}\bigg|_{u_{ce}} = \dfrac{i_c}{i_b}\bigg|_{u_{ce}}$。

結合圖 5-6 所示的 II 參數等效電路，最終得到如圖 5-7 所示的等效模型。

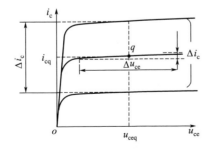

圖 5-5　輸出迴路的伏安特性曲線

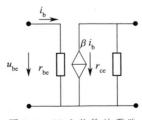

圖 5-6　H 參數等效電路

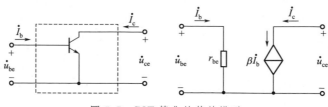

圖 5-7　BJT 簡化的等效模型

簡化的等效模型用於研究放大電路的動態參數是在靜態工作點 q 處求偏導得到的，因此它的應用範圍僅限於小信號工作情況。模型中沒有考慮接面電容和寄生電容、電感的影響，所以只適於低頻小信號的情況，因此該模型又被稱為低頻小信號模型。使用時要注意模型中各電壓、電流的參考方向，參考方向的規定對 NPN 和 PNP 型的三極管均適用。

基本放大電路的分析方法和步驟：首先根據放大電路求直流通路，求出靜態工作點 q 及 r_{be} 的值：$q(i_{bq}, i_{cq}, v_{ceq})$，$r_{be} = r_{bb'} + (1+\beta)26\text{mV}/i_e$，求放大電路的交流通路，根據交流通路，畫微變等效電路。然後再根據微變等效電路求放大電路的動態參數：放大倍數、$\dot{a}_u$、輸入電阻 r_i 和輸出電阻 R_o。

下面以圖 5-8 所示的電路為例，說明電路分析方法，求出微變等效電路的傳遞函數。

首先給出交流通路，給出交流通路的方法主要是去掉電容換成短路線，然後電源等效接地。確切地說，容量大的電容（如耦合電容和射極旁路電容）應視為短路。直流電源應該視為短路，默認與地一樣，交流通路如圖 5-9 所示。

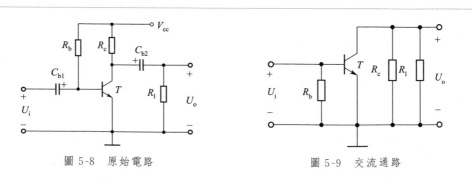

圖 5-8　原始電路　　　　　　圖 5-9　交流通路

然後根據交流通路，給出如圖 5-10 所示的微變。

電壓放大倍數的運算方法如下：

$$\dot{U}_i = I_b r_{be} \tag{5-9}$$

$$\dot{U}_o = -\beta I_b R'_1 \tag{5-10}$$

求解上面的兩式，可得放大倍數為：

$$A_u = -\beta \frac{R'_1}{r_{be}} \tag{5-11}$$

由此可見，放大倍數與負載成正比關係，負載越大，放大倍數越大，其中 R'_1 為並聯負載：

$$R'_1 = R_c /\!/ R_1 \tag{5-12}$$

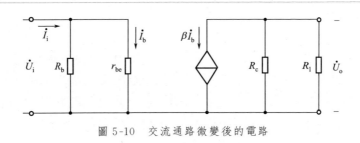

圖 5-10　交流通路微變後的電路

輸入電阻的運算，根據輸入電阻的定義式：

$$R_i = \frac{\dot{U}_i}{\dot{I}_i} = R_b /\!/ r_{be} \tag{5-13}$$

輸入電阻越大，信號源控制電流 I_b 就越大，實際應用中，總是希望輸入電阻為一個較大的值。

輸出電阻的運算常採用加壓求流法（圖 5-11）。該方法的基本思路是斷開電流源，短路電壓源。電壓源分為受控源和獨立電源。獨立電源是相對受控源而言的，非受控源即為獨立電源。所謂歸零就是讓電源的輸出量等於零。電流源的輸出量是電流，歸零就是切斷電流，所以應該斷路。電壓源輸出的是電壓，把它的兩端連在一，即短路，兩端電壓即為零。

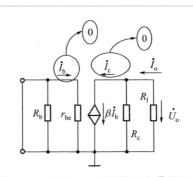

圖 5-11　加壓求流法運算輸出電阻圖示

根據輸出電阻的定義：

$$R_o = \frac{\dot{U}_o}{\dot{I}_o} \bigg|_{R_1 = \infty} \tag{5-14}$$

由於負載是無窮大的，電路可以等效地認為是開路。此時觀察電路，則只有電阻 R_c

$$R_o = R_c \qquad (5\text{-}15)$$

通過上面對小信號放大電路的講解，可以清晰地了解分析的方法以及各電學參數之間的關係。

5.1.2 克希何夫電壓迴路定律

克希何夫電壓迴路定律指出：沿著任意的閉合迴路求其電壓的代數和恆等於零。閉合迴路可以是獨立的迴路，也可以是電路網路中的部分閉合迴路。如圖 5-12所示。

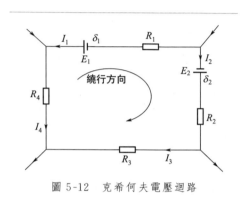

圖 5-12　克希何夫電壓迴路

克希何夫電壓定律實際是電磁學中法拉第電磁感應定律在低頻電路分析中的一個近似成立的方程。法拉第電磁感應定律可以表示為：

$$\int E \dot{\mathrm{d}} l = \frac{\mathrm{d}\psi}{\mathrm{d}t} \qquad (5\text{-}16)$$

當迴路外部無變化的電磁場時，右端為零，所以就得到：

$$\int E \dot{\mathrm{d}} l = 0 \qquad (5\text{-}17)$$

應用該方程時，應先在迴路中選定一個繞行方向作為參考，並進一步選定一個初始點。則電動勢與電流的正負號就可規定為：電動勢的方向與繞行方向一致時取正號，反之取負號；同樣，電流的方向與繞行方向一致時取正號，反之取負號。例如，用此規定可將迴路（圖 5-12）的克希何夫電壓方程寫成：

$$E_1 - I_1 R_1 - E_2 + I_2 R_2 + I_3 R_3 - I_4 R_4 = 0 \qquad (5\text{-}18)$$

找到所有必要的迴路，就能夠求解所有的電壓和電流。但是在分析電路時，首先要進行小信號模型處理，處理後最好根據電路的基本特徵區分出電流和電壓的方向，這對於求解方程是非常必要的[6]。

5.1.3 射頻振盪電路基本理論

振盪器是一種能量轉換器，振盪器無須外部激勵就能自動地將直流電源供給的功率轉換為指定頻率和振幅的交流信號功率輸出。振盪器主要由放大器和選頻網路組成，正弦波振盪器一般是由電晶體等有源裝置和具有某種選頻能力的無源網路組成的一個回饋系統。振盪器的種類很多，從電路中有源裝置的特性和形成振盪的原理來

看，可分為回饋式振盪器和負阻式振盪器；根據產生波形可分為正弦波振盪器和非正弦波振盪器；根據選頻網路又可分為 LC 振盪器、晶體振盪器、RC 振盪器等。振盪器都需要滿足振條件、平衡條件以及穩定條件。

回饋式振盪器原理如圖 5-13 所示。

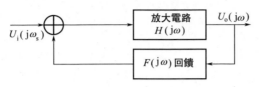

圖 5-13　回饋式振盪器原理

(1) 振過程與振條件

閉合環路中的環路增益：

$$T(j\omega) = u_f(j\omega)/u_i(j\omega) = A(j\omega)F(j\omega) \tag{5-19}$$

式中，$u_f(j\omega)$、$u_i(j\omega)$、$A(j\omega)$、$F(j\omega)$ 分別是回饋電壓、輸入電壓、主網路增益函數、回饋係數函數，均為複函數。振盪器在接通電源後振盪振幅能從小到大不斷增長的條件是

$$u_f(j\omega_0) = T(j\omega_0)u_i(j\omega_0) > u_i(j\omega_0) \tag{5-20}$$

即

$$T(j\omega_0) > 1 \tag{5-21}$$

由於 $T(j\omega_0)$ 為複數，所以上式可以分別寫成

$$|T(j\omega_0)| > 1, \varphi_{T(\omega_0)} = 2n\pi(n = 0,1,2\cdots) \tag{5-22}$$

式(5-22) 中的兩式分別稱為回饋振盪器的振幅振條件和相位振條件。即說明振的過程中，直流電源補充給電路的能量應該大於整個環路消耗的能量。

(2) 平衡過程與平衡條件

回饋振盪器的平衡條件為：

$$T(j\omega_0) = 1 \tag{5-23}$$

又可以分別寫成

$$|T(j\omega_0)| = 1, \varphi_T(\omega_0) = 2n\pi(n = 0,1,2\cdots) \tag{5-24}$$

作為回饋振盪器，既要滿足振條件，又要滿足平衡條件。振時 $|T(j\omega_0)| > 1$，振過程是一個增幅的振盪過程，直到 $|T(j\omega_0)| = 1$ 時，u_i 的振幅停止增大，振盪器進入平衡狀態。

(3) 平衡狀態的穩定性和穩定條件

振盪器在工作過程中，不可避免地要受到各種外界因素變化的影響，如電源

電壓波動、溫度變化、噪音干擾等。這些不穩定因素會引放大器和迴路參數變化，破壞原來的平衡條件。振幅平衡狀態的穩定條件

$$\frac{\partial T(\omega_0)}{\partial U_i}\Big|_{U_i=U_{iA}} < 0 \tag{5-25}$$

相位平衡狀態的穩定條件

$$\frac{\partial \varphi_T(\omega_0)}{\partial \omega}\Big|_{\omega=\omega_0} < 0 \tag{5-26}$$

頻率穩定度又稱頻率準確度，通常用相對頻率準確度表示

$$\delta = \frac{|f-f_s|_{\max}}{f_s}\Big|_{時間間隔} \tag{5-27}$$

目前多用均方誤差來表示頻率穩定度，即

$$\delta = \sqrt{\frac{1}{n}\sum_{i=1}^{n}\left[\left(\frac{\Delta f}{f_s}\right)_i - \overline{\frac{\Delta f}{f_s}}\right]^2} \tag{5-28}$$

　　射頻振盪電路的本質是一個工作在特定頻率上的正回饋環路。同時也可以把振盪電路看作雙通訊埠網路。其數學模型可以由閉環傳遞函數導出，該閉環傳遞函數由放大單位和回饋單位構成。

　　振盪器的基本模型如圖 5-14 所示，圖(a) 表示閉環電路模型，圖(b) 表示網路模型。

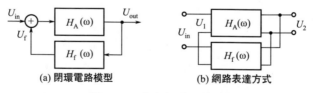

圖 5-14　基本振盪器結構

　　放大單位的傳遞函數表示為 $H_{OA}(\omega)$，回饋單位的傳遞函數表示為 $H_{FB}(\omega)$，則

$$\frac{U_{out}}{U_{in}} = H_{OS}(\omega) = \frac{H_{OA}(\omega)}{1 - H_{FB}(\omega)H_{OA}(\omega)} \tag{5-29}$$

　　振盪器本身並沒有輸入信號，它是在外部電源供電的情況下自振的，也就是 $U_{in}=0$，因此要求公式中的分母必須也為 0。由此得到環路的增益關係為：

$$H_{FB}(\omega)H_{OA}(\omega) = 1 \tag{5-30}$$

　　為了揭示振盪器的工作原理，分析如圖 5-15 所示的壓控源串聯諧振電路。該電路由一個電壓源、一個電阻、一個電感和一個電容組成。

　　使用電磁場基本理論或高頻電路中的相關方法，可以寫出該電路的電壓方程：

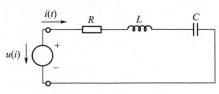

$$L \frac{\mathrm{d}^2 i(t)}{\mathrm{d}t^2} + R \frac{\mathrm{d}i(t)}{\mathrm{d}t} + \frac{1}{C}i(t) = -\frac{\mathrm{d}u(i)}{\mathrm{d}t}$$

$$(5\text{-}31)$$

圖 5-15　壓控源的串聯諧振電路

當方程的右端為零時，可得到一個穩態，此時的解是一個阻尼振動

$$i(t) = \mathrm{e}^{\alpha t}(I_1 \mathrm{e}^{\mathrm{j}\omega_0 t} + I_2 \mathrm{e}^{-\mathrm{j}\omega_0 t}) \tag{5-32}$$

　　式中，阻尼係數為 $\alpha = -\dfrac{R}{2L}$；諧振頻率為 $\omega_0 = \sqrt{1/LC - [R/(2L)]^2}$。

　　振盪器中的有源裝置的作用就是為電路提供補償。這種情況下，相當於源是一個負電阻。如果能夠找到電壓電流響應為 $u(i) = u_0 + R_1 i + R_2 i^2 + \cdots$ 的非線性裝置作為壓控源，那麼就有可能恰好抵消掉電阻 R 消耗的能量。把前兩項代入到 $\dfrac{\mathrm{d}u(i)}{\mathrm{d}t}$ 中，並再次代入到式(5-31) 中可得：

$$L \frac{\mathrm{d}^2 i(t)}{\mathrm{d}t^2} + R \frac{\mathrm{d}i(t)}{\mathrm{d}t} + \frac{1}{C}i(t) = -R_1 \frac{\mathrm{d}i(t)}{\mathrm{d}t} \tag{5-33}$$

　　只需要其中的參數滿足式(5-34)，就能夠滿足衰減為 0 的要求。

$$R_1 + R = 0 \tag{5-34}$$

　　要實現 $u(i)$ 中的第二項係數為負值，則要求該有源裝置存在負微分電阻，實現負阻狀態的一個方案是使用隧道二極體和電壓組成有源裝置。圖 5-16 所示為隧道二極體和小信號等效電路。

　　採用隧道二極體製作的振盪器其頻率可以高達 100GHz。

5.1.4　回饋振盪器設計

　　回饋振盪器設計的關鍵在於回饋傳遞函數的設計，回饋網路對於回饋振盪器的性能決定性作用。首先來看 π 型 ［如圖 5-17(a)所示］ 和 T 型回饋電路 ［如圖 5-17(b)所示］。

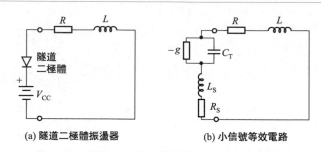

(a) 隧道二極體振盪器　　　　(b) 小信號等效電路

圖 5-16　隧道二極體振盪器電路及其小信號模型

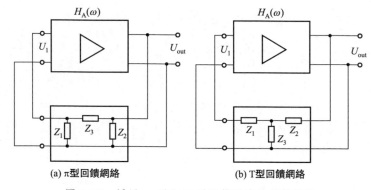

(a) π型回饋網絡　　　　(b) T型回饋網絡

圖 5-17　採用 π 型和 T 型回饋環路的回饋電路

對於回饋振盪器，其輸入和輸出均為高阻抗狀態，因此可以得到其回饋傳遞函數。對於 π 型網路，採用 $ABCD$ 參數矩陣法可以求出：

$$H_{FB} = \frac{U_1}{U_{out}} = \frac{Z_1}{Z_1 + Z_3} \tag{5-35}$$

而放大器的傳遞函數 $H_A(\omega)$ 的運算比回饋傳遞函數要複雜一些，主要原因在於有源裝置模型比被動元件要複雜得多。首先來分析一個電壓增益為 μ_U，輸出阻抗為 R_B 的 FET 型放大電路，其簡化模型如圖 5-18 所示。

相應的環路方程可表示為

$$\mu_U U_1 + I_B R_B + I_B Z_C = 0 \tag{5-36}$$

其中的阻抗

$$Z_C = \frac{1}{Y_C} = \frac{1}{Z_2} + \frac{1}{Z_1 + Z_3} \tag{5-37}$$

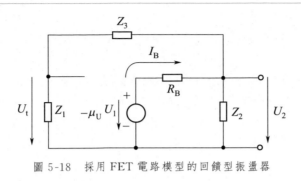

圖 5-18　採用 FET 電路模型的回饋型振盪器

這裡首先求解其中的 I_B 與 Z_C 的乘積可得

$$I_B = \frac{\mu_U U_1}{R_B + Z_C} \tag{5-38}$$

其增益函數可以寫成：

$$H_A(\omega) = \frac{U_{out}}{V_1} = \frac{I_B Z_C}{V_1} = \frac{-\mu_U}{R_B/Z + 1} \tag{5-39}$$

根據增益函數和回饋增益函數可以寫出最終的傳遞函數

$$H(\omega) = H_F(\omega) H_A(\omega) = \frac{-\mu_U Z_1 Z_2}{Z_2 Z_1 + Z_2 Z_3 + R_B(Z_1 + Z_2 + Z_3)} \equiv 1 \tag{5-40}$$

　　式(5-40) 對於所有的回饋環路都是適用的，因為只要調變回饋環路的三個電阻就可以設計出各種類型的振盪器。但以上電路中的回饋環路都是採用電阻這種耗能裝置，而且又處於回饋電路中，因此電路中的歐姆損耗很大，為了減小歐姆損耗，可以採用純電抗元件 $Z_i = jX_i (i = 1, 2, 3)$ 來替代三個電阻，此時只要保障分子為實數，分母中的前兩項為實數。再要求 $X_1 + X_2 + X_3 = 0$，就能夠滿足式(5-40) 中的要求。正值的電抗對應電感裝置，負值對應電容裝置。

　　了解此類回饋振盪電路的工作原理是必要的，但實際上回饋振盪電路設計是一件十分困難的事情，主要原因在於，有源裝置的非線性等效電路隨著頻率的增加其工作電流和電壓變得異常不穩定，分析變得十分複雜。此外，振盪電路必須要輸出一定功率的振盪信號，以驅動後面的電路進行工作，而隨著輸出功率的提高，負載效應反過來對振盪電路有著很大影響，使振盪電路的頻率穩定度和頻譜寬度都受到影響。隨著仿真軟體的完善，仿真軟體參與到電路設計中，設計的複雜程度才得到了良好的改善。

5.1.5　高頻振盪器

(1) 石英晶體振盪器

石英晶體振盪器相對於電子電路具有很多優勢，石英晶體有高達 $10^5 \sim 10^6$ 的品質因子，其頻率穩定性和溫度變換時的穩定性都十分良好。但是由於石英晶體振盪器本身是機械結構，其設計尺寸和諧振頻率都受到一定的限制，諧振頻率不超過 250MHz。晶體振盪器示意圖如圖 5-19 所示，其等效電路模型如圖 5-20 所示。

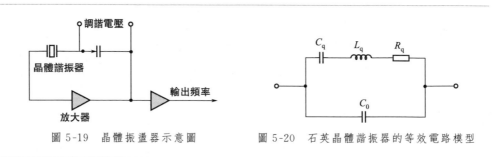

圖 5-19　晶體振盪器示意圖　　　圖 5-20　石英晶體諧振器的等效電路模型

(2) 甘恩二極體振盪器

甘恩二極體具有基於能帶工程的獨特負阻效應，當某些半導體材料的外加電場逐步增強後，其內部的電子會從能帶結構的主能谷轉移到邊能谷中。當90％～95％的電子轉移到邊能谷中時就會引有效載流子遷移率大幅下降。可以應用在高達 100GHz 的工作頻率，工作頻段為 1～100GHz。在微波電路設計中廣泛使用，主要應用在輸出功率 1W 以下的小功率輸出的場合[7]。甘恩裝置及電流-電壓響應如圖 5-21 所示。

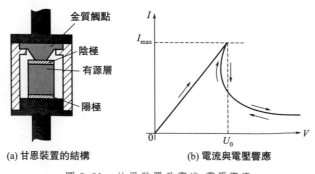

(a) 甘恩裝置的結構　　　　(b) 電流與電壓響應

圖 5-21　甘恩裝置及電流-電壓響應

5.2 混頻器

5.2.1 混頻器的原理

混頻器是一種能夠實現不同頻率信號乘法運算的裝置。混頻器在射頻發射機中實現上變頻，將已調變的中頻信號搬移到信道射頻頻段中，而在接收機中實現下變頻，將接收到的射頻信號搬移到中頻波段。實現上變頻的基本方法是乘法器與濾波器組合，下變頻依靠非線性裝置和濾波器組合方法實現。

在射頻接收模組中，低噪音放大器將天線輸入的微弱信號進行選頻放大，然後送入混頻器。混頻器的作用在於將不同載頻的高頻已調變信號變換為較低的同一個固定載頻（一般為中頻）的高頻已調變信號，但保持其調變規律不變。

圖 5-22 是混頻器的原理示意圖。混頻電路的輸入是載頻為 f_c 的高頻已調變信號 $u_s(t)$。通常取 $f_i = f_l - f_c$，f_i 為中頻。可見，中頻信號是本振信號和高頻已調變信號的差頻信號。以輸入是普通調幅信號為例，若 $u_s(t) = u_{cm}[1+ku\omega(t)]\cos(2\pi f_c t)$，本振信號為 $u_l(t) = u_{lm}\cos(2\pi f_l t)$，則輸出中頻調幅信號為 $u_i(t) = u_{im}[1+ku\omega(t)]\cos(2\pi f_i t)$。可見調幅信號頻譜從中心頻率為 f_c 處到中心頻率為 f_i 處，頻譜寬度不變，包絡形狀不變。

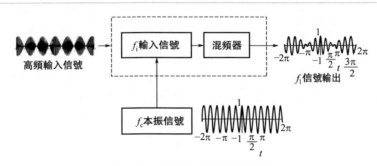

圖 5-22 混頻器的原理示意圖

5.2.2 混頻器的性能指標

混頻器的主要性能指標有變頻增益、噪音係數、隔離度和兩項線性指標。

（1）變頻增益

變頻增益定義為混頻器輸出中頻信號與輸入信號大小之比，有電壓增益和功

率增益兩種，通常用分貝來表示。

（2）噪音係數

混頻器的噪音係數定義為混頻器輸入訊噪功率之比和輸出中頻信號噪音功率比的比值，也是用分貝來表示。

由於混頻器處於接收機前端，因此要求它的噪音係數很小。

（3）隔離度

隔離度表示三個通訊埠（輸入、本振和中頻）相互之間的隔離程度，即本通訊埠的信號功率與其泄漏到另一個通訊埠的功率之比。

例如，本振口至輸入口的隔離度定義為

$$10\lg \frac{\text{本振口的本振信號功率}}{\text{泄漏到輸入口的本振信號功率}}(\text{dB}) \tag{5-41}$$

顯然，隔離度應越大越好。由於本振功率較大，因此本振信號的泄漏更為重要。

（4）線性度

① 1dB 壓縮點　正常情況下，射頻輸入電位準遠低於本振激勵電位準，此時中頻輸出隨射頻輸入線性地增加；當射頻輸入電位準增加到某個電平時，混頻器開始飽和，輸入輸出之間的線性關係開始破壞。定義混頻實際功率增益低於理想線性功率增益 1dB 時對應的信號功率點為 1dB 壓縮點，如圖 5-23 所示。

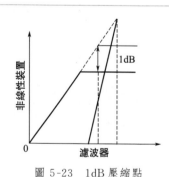

圖 5-23　1dB 壓縮點

② 三階互調節點　當兩個或更多的信號出現在混頻器的輸入通訊埠時，由於混頻器的非線性，在輸出通訊埠將產生互調失真份量。其中重要的是三階互調失真，中頻濾波器不能濾除這些不需要的輸出信號。令三階非線性項為 $a_3U_{\text{in}}^3$，兩個輸入信號為：

$$U_{\text{in}} = U_1\cos(\omega_1 t) + U_2\cos(\omega_2 t) \tag{5-42}$$

則輸出信號：

$$
\begin{aligned}
U_{\text{out3}} = a_3 &[U_1^3\cos^3(\omega_1 t) + U_2^3\cos^3(\omega_2 t) + \\
&3U_1^2U_2\cos^2(\omega_1 t)\cos(\omega_2 t) + 3U_1U_2^2\cos(\omega_1 t)\cos^2(\omega_2 t)] \\
= a_3 &\{U_1^3\cos^3(\omega_1 t) + U_2^3\cos^3(\omega_2 t) +
\end{aligned}
$$

$$\frac{3}{2}U_1^2U_2\left\{\omega_2+\frac{1}{2}\left[\cos(2\omega_1-\omega_2)+\cos(2\omega_1+\omega_2)\right]\right\}+$$

$$\frac{3}{2}U_1U_2^2\left\{\omega_1+\frac{1}{2}\left[\cos(2\omega_2-\omega_1)+\cos(2\omega_2+\omega_1)\right]\right\}\right\}\quad(5\text{-}43)$$

當兩個頻率十分接近的信號輸入到混頻器時，從式 (5-43) 可以看出三階非線性項產生了許多份量，一些是諧波份量，另外一些是互調失真份量，在這些組合頻率份量中，落在帶內的頻率份量除了基波外，還可能有組合頻率 $2\omega_1-\omega_2$ 和 $2\omega_2-\omega_1$，其他的頻率份量則會落到帶外，可用中頻濾波器濾除。

　　GPS 信號使用 L 波段，配有兩種載波，即頻率為 1575.42MHz 的 L1 載波和頻率為 1227.6MHz 的 L2 載波。民用 GPS 接收機只接收 L1 載波，也就是射頻信道的中心頻率為 1575.42MHz。為便於處理，接收機射頻前端電路需要把該射頻信號進行下變頻到一個合適的中頻。採用多次混頻方案，有利於提高鏡像抑制及中頻抑制性能，但是電路複雜。為了得到比較純淨的中頻信號，同時又要兼顧電路不太複雜且體積不要太大，應該合理選擇混頻級數。根據射頻前端電路的要求和後繼相關裝置電路的特點，採用三級混頻結構，如圖 5-24 所示。第一級混頻器把前級低噪音放大器輸出的 1575.42MHz 的射頻信號與鎖相頻率合成器送出的 175MHz 的本機振盪信號混頻，經外接 175MHz 的濾波器濾波後得到 175MHz 的混頻信號；第二級混頻器的 140MHz 的本機振盪信號與第一級輸出的 175MHz 的混頻信號進行二級混頻得到 35.42MHz 的混頻信號；第三級混頻器再把鎖相頻率合成器送出的本機 31.1MHz 的振盪信號與第二級混頻器輸出的 35.42MHz 的信號混頻，經濾波後最終得到系統需要的 4.309MHz 的中頻信號[8]。

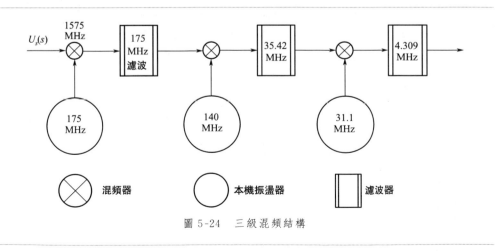

圖 5-24　三級混頻結構

5.2.3　混頻器的分類

混頻器按照不同的標準可以進行不同的分類，根據功能、結構和功耗等不同標準進行的分類如下。

（1）上變頻混頻器和下變頻混頻器

上變頻混頻器和下變頻混頻器的主要區別在於輸出信號的頻率不同。上變頻混頻器用於發射機中，將頻率較低的基帶信號或中頻信號轉換為頻率較高的射頻信號。下變頻混頻器用於接收機中，將頻率較高的射頻信號轉換為頻率較低的中頻信號或基帶信號。

（2）有源混頻器和無源混頻器

有源混頻器和無源混頻器的主要區別在於是否提供轉換增益。有源混頻器首先通過輸入跨導級將射頻輸入電壓信號轉換為電流信號，然後通過控制開關的導通或關斷來控制負載上的電流流向，相當於輸出電流乘以一個方波，從而實現混頻。跨導級將電壓轉換為電流時，提供了增益。無源混頻器結構非常簡單，沒有直流功耗。乘法通過開關直接控制加在負載上的電壓來實現，無源混頻器在開關導通時，輸入電壓在負載和 MOS 管的導通電阻之間分壓，因此無源混頻器沒有增益，而是衰減。為了減小衰減，要求開關 MOS 管具有較小的導通電阻。當MOS 管關斷時，要求 MOS 管有較大的阻抗，從而提高隔離度。

另外混頻器還有非平衡混頻器和平衡混頻器的具體分類方式。在這裡就不一一介紹。

參考文獻

[1]　黃玉蘭．射頻電路理論與設計［M］．北京：人民郵電出版社，2014.

[2]　李福勤，楊建平．高頻電子線路［M］．北京：北京大學出版社，2008.

[3]　蔡宣三，龔紹文．高頻功率電子學［M］．北京：中國水利水電出版社，2009.

[4]　YANG W, et al. Small signal analysis of microgrid with multiple micro sources based on reduced order model in islanding operation［J］. Transactions of China Electrotechnical Society. 2011. 27 (1)：1-9.

[5]　CHANG K, BAHL I J, NAIR V. RF and microwave circuit and component design for wireless systems ［M］. Wiley-Inter science, 2002.

[6]　呂文珍，馮華．電路分析及應用［M］．天

津：天津大學出版社，2009.

[7]   GUO F, et al. Development of an 85-kW
        Bidirectional Quasi-Z-Source Inverter With
        DC-Link Feed-Forward Compensation for
        Electric Vehicle Applications [J]. IEEE
        Transactions on Power Electronics,

2013. 28 (12) : 5477-5488.

[8]   TEODORESCU H N L, COJOCARU V P.
        Complex signal generators based on capaci-
        tors and on piezoelectric loads [J].
        Chaos Theory, 2011: 423-430.

第6章

射頻辨識系統的天線設計與調變

　　射頻前端電路設計對天線的性能有著至關重要的影響，當設備做發射機時，射頻前端電路主要完成信號的調變並驅動天線，使天線具有合適功率的電流信號，電流信號通過天線轉換為空間中的電磁場；當作為接收機時，射頻前端主要完成新信號的接收、放大、濾波和整形。

　　RFID 系統的射頻前端可分別應用到讀取器和電子標籤上，從宏觀來看兩者具有相似的結構，但內部電路是不一樣的。電子標籤的設計目的之一就是降低造價，而且電子標籤的電路發射信號相比於讀取器要弱得多，因此電路相對簡單[1]。

　　RFID 的天線主要分為電感型天線和偶極式天線，電感型天線依靠線圈之間的磁場進行通訊；偶極式天線主要依靠後向反射通訊。電感型天線的本質相當於一個電感，射頻前端在總體上要平衡掉感性，因此驅動電路應該呈現容性。

6.1　天線理論基礎與天線設計

　　天線是一種用來發射或接收電磁波的裝置，是無線電系統的基本組成部分。換句話說，發射天線將傳輸線中的導行電磁波轉換為「自由空間」波，接收天線則與此相反。於是資訊可以在不同地點之間不通過任何連接設備傳輸，用來傳輸資訊的電磁波頻率構成了電磁波譜。人類最大的自然資源之一就是電磁波譜，而天線在利用這種資源的過程中了重要的作用[2]。圖 6-1 給出了幾種天線類型。

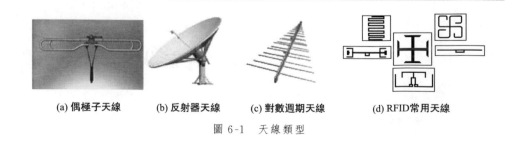

(a) 偶極子天線　　　(b) 反射器天線　　　(c) 對數週期天線　　　(d) RFID常用天線

圖 6-1　天線類型

6.1.1　傳輸線基礎知識

　　在通訊系統中，傳輸線（饋線）是連接發射機與發射天線或接收機與接收天線的裝置。為了更好地理解天線的性能及參數，首先簡單介紹有關傳輸線的基礎知識。

　　傳輸線根據頻率的使用範圍可分為低頻傳輸線和微波傳輸線兩種。這裡重點介紹微波傳輸線中無耗損傳輸線的基礎知識，主要包括反映傳輸線任一點特性的參量：反射係數 Γ、阻抗 Z 和駐波比 ρ。

（1）反射係數 Γ

定義傳輸線上任一處 z' 的電壓反射係數為

$$\Gamma(z') = \frac{U^-(z')}{U^+(z')} = \frac{U^-(z'=0)\,\mathrm{e}^{-\mathrm{j}\beta z'}}{U^+(z'=0)\,\mathrm{e}^{\mathrm{j}\beta z'}} = \Gamma_1 \mathrm{e}^{-\mathrm{j}2\beta z'} \tag{6-1}$$

由式(6-1) 可以看出，反射係數的模是無耗損傳輸線系統的不變量，即

$$|\Gamma(z')| = |\Gamma_1| \tag{6-2}$$

此外，反射係數呈週期性，即

$$\Gamma(z' + m\lambda_{\mathrm{g}}/2) = \Gamma(z') \tag{6-3}$$

（2）阻抗 Z

定義傳輸線上任一處 z' 的阻抗為

$$Z(z') = \frac{U(z')}{I(z')} \tag{6-4}$$

經過一系列推導，可得出阻抗的最終表達式

$$Z(z') = Z_0\,\frac{Z_1 + \mathrm{j}Z_0 \tan\beta z'}{Z_0 + \mathrm{j}Z_1 \tan\beta z'} \tag{6-5}$$

（3）駐波比 ρ

定義傳輸線上任一處 z' 的駐波比為

$$\rho = \frac{|U(z')|_{\max}}{|U(z')|_{\min}} \tag{6-6}$$

經過一系列推導，可得出阻抗的最終表達式

$$\rho = \frac{1 + |\Gamma_1|}{1 - |\Gamma_1|} \tag{6-7}$$

此外，還給出反射係數與阻抗的關係表達式

$$Z(z') = Z_0\,\frac{1 + \Gamma(z')}{1 - \Gamma(z')}$$

$$\Gamma(z') = \frac{Z(z') - Z_0}{Z(z') + Z_0} \tag{6-8}$$

這裡簡單介紹一下傳輸線理論要用到的一些基本參數，如特性阻抗 Z_0 以及相位常數 β，具體表達如式(6-9)所示。

$$Z_0 = \sqrt{\frac{L}{C}} \ , \beta = \omega \sqrt{LC} = \frac{2\pi}{\lambda} \tag{6-9}$$

此外，不同的系統有不同的特性阻抗 Z_0，為了統一並便於研究，提出歸一化的概念，即阻抗 $\dfrac{Z(z')}{Z_0}$ 稱為歸一化阻抗

$$\overline{Z}(z') = \frac{Z(z')}{Z_0} \tag{6-10}$$

將注入高頻電流的平行的傳輸線供電一端固定，張開 180° 後就形成最原始的天線類型。傳輸線理論中的反射係數、阻抗匹配以及駐波比等為高頻電路提供了重要的參數。由此可以認識到高頻電磁場在阻抗變化的情況下，波的反射疊加等機制。

6.1.2　基本偶極的輻射

（1）電基本偶極的輻射

電基本偶極（Electric short Dipole）又稱電流元、無窮小偶極或赫茲電偶極子，它是指一段理想的高頻電流直導線，其長度 l 遠小於波長 λ，其半徑 a 遠小於 l，同時偶極沿線的電流 I 處處等幅同相。通常情況下，導線的末端電流為零，因此電基本偶極難以孤立存在，但根據微積分的思想，實際天線常可以看作是無數個電基本偶極的疊加，天線的輻射場等於所有這些電基本偶極輻射的總和。因而電基本偶極的輻射特性是研究更複雜天線輻射特性的基礎。

如圖 6-2 所示，考慮一個位於坐標原點、沿 z 軸方向、長為 Δz 的電流元，其上載有幅度和相位均勻分布的電流 I，根據電磁場理論，該電流元產生的矢量磁位（只有 z 份量）為：

$$A_z = \mu_0 I \int_{-\Delta z/2}^{\Delta z/2} \frac{\mathrm{e}^{-\mathrm{j}kR}}{4\pi R} \mathrm{d}z' \tag{6-11}$$

從圖 6-2 中可以看到，長度 Δz 與波長 λ、距離 R 相比都比較小，所以電流元上任一點到場點 P 的距離 R（是 z' 的函數）非常接近於坐標原點到場點的距離 r。將式(6-11)中的 R 替換為 r 後，被積函數已不含 z'，所以積分退化為乘法，於是

$$A_z = \frac{\mu_0 I \Delta z}{4\pi} \times \frac{\mathrm{e}^{-\mathrm{j}\beta r}}{r} \tag{6-12}$$

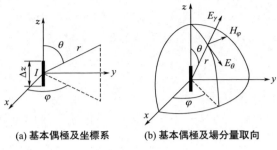

(a) 基本偶極及坐標系　　(b) 基本偶極及場分量取向

圖 6-2　基本偶極參數

得到矢量磁位 A 後，則磁場強度為

$$H = \frac{1}{\mu_0} \nabla \times A \tag{6-13}$$

經過公式替換及推導可得磁場強度（僅有 φ 份量）

$$H_\varphi = \frac{\mathrm{j} I \Delta z}{2\lambda} \left[1 + \frac{1}{\mathrm{j}\beta r} \right] \frac{\mathrm{e}^{-\mathrm{j}\beta r}}{r} \sin\theta \tag{6-14}$$

又根據方程 $E = \dfrac{1}{\mathrm{j}\omega\varepsilon_0} \nabla \times H$，可以得到電場強度（僅有 r 和 θ 份量）

$$E_r = \frac{\mathrm{j}\eta_0 I \Delta z}{2\lambda} \left[\frac{2}{\mathrm{j}\beta r} + \frac{2}{(\mathrm{j}\beta r)^2} \right] \frac{\mathrm{e}^{-\mathrm{j}\beta r}}{r} \cos\theta \tag{6-15}$$

$$E_\theta = \frac{\mathrm{j}\eta_0 I \Delta z}{2\lambda} \left[1 + \frac{1}{\mathrm{j}\beta r} + \frac{1}{(\mathrm{j}\beta r)^2} \right] \frac{\mathrm{e}^{-\mathrm{j}\beta r}}{r} \sin\theta \tag{6-16}$$

1）近區場　如果場點非常靠近電基本偶極，即 βr 遠小於 1 或 r 遠小於 λ，則對應的解為

$$H = \hat{\varphi} \frac{I \Delta z \, \mathrm{e}^{-\mathrm{j}\beta r}}{4\pi r^2} \sin\theta \tag{6-17}$$

$$E = -\mathrm{j} \frac{\eta_0 I \Delta z}{4\pi\beta} \frac{\mathrm{e}^{-\mathrm{j}\beta r}}{r^3} (\hat{r} 2\cos\theta + \hat{\theta}\sin\theta) \tag{6-18}$$

2）遠區場　如果場點遠離電基本偶極：βr 遠大於 1 或 r 遠大於 λ，則對應的解為

$$E_\theta = \frac{\mathrm{j}\eta_0 I \Delta z}{2\lambda} \frac{\mathrm{e}^{-\mathrm{j}\beta r}}{r} \sin\theta \tag{6-19}$$

$$H_\varphi = \frac{\mathrm{j} I \Delta z}{2\lambda} \frac{\mathrm{e}^{-\mathrm{j}\beta r}}{r} \sin\theta \tag{6-20}$$

由電基本偶極遠區場的表達式可看出：

① E_θ、H_φ 均與距離 r 成反比，都含有相位因子 $e^{-j\beta r}$，說明輻射場的等相位面是 r 等於常數的球面，所以電基本偶極發出的是球面波，傳播方向上電磁場的份量為零，故稱其為橫電磁波，即 TEM 波。

② 該球面波的傳播速度（相速）$v_p = \dfrac{\omega}{\beta} = c$（真空光速），$E_\theta$ 與 H_φ 的比值為常數，稱為介質的波阻抗 η。對自由空間來說，$\eta = \eta_0 = 120\pi\Omega$。

③ 遠區場是輻射場，但 E_θ、H_φ 與 $\sin\theta$ 成正比，說明電基本偶極的輻射具有方向性，輻射場不是均勻球面波。

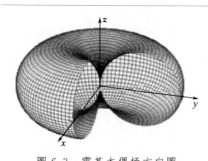

圖 6-3　電基本偶極方向圖

（2）磁基本偶極的輻射

磁基本偶極（Magnetic short Dipole）又稱磁流元、磁偶極子。儘管它是虛擬的，迄今為止還不能肯定在自然界中有孤立的磁荷和磁流存在，但是它可以與一些實際波源相對應，如小環天線或已經建立來的電場波源，因此討論它是有必要的。對於磁基本偶極場的求解，採用對偶原理法。

設磁流元 I_m 長為 Δz，Δz 置於球坐標系原點，根據電磁對偶性原理，需要進行如下變換：

$$\left.\begin{array}{l} E_e \Leftrightarrow H_m \\ H_e \Leftrightarrow -E_m \\ I_e \Leftrightarrow I_m,\ Q_e \Leftrightarrow Q_m \\ \varepsilon_0 \Leftrightarrow \mu_0 \end{array}\right\} \tag{6-21}$$

則磁基本偶極遠區輻射場的表達式為

$$E_\varphi = -\frac{j I_m \Delta z}{2\lambda} \times \frac{e^{-j\beta r}}{r} \sin\theta \tag{6-22}$$

$$H_\theta = \frac{j I_m \Delta z}{2\lambda \eta_0} \times \frac{e^{-j\beta r}}{r} \sin\theta \tag{6-23}$$

6.1.3　天線的電參數

描述天線工作特性的參數稱為天線電參數，又稱電指標。它們是衡量天線性能的尺度。了解天線電參數，以便正確設計或選擇天線。

（1）方向函數

由電基本偶極的分析可知，天線輻射出去的電磁波雖然是一球面波，但卻不

是均勻球面波，因此，任何一個天線的輻射場都具有方向性。所謂方向性，就是在相同距離的條件下，天線輻射場的相對值與空間方向(θ,φ)的關係。

天線在(θ,φ)方向輻射的電場強度$E(\theta,\varphi)$的大小可以寫成

$$|E(\theta,\varphi)| = A_0 f(\theta,\varphi) \tag{6-24}$$

式中，A_0為與方向無關的常數；$f(\theta,\varphi)$為場強方向函數。

則可以得到

$$f(\theta,\varphi) = \frac{|E(\theta,\varphi)|}{A_0} \tag{6-25}$$

為了便於比較不同天線的方向性，常採用歸一化方向函數，用$F(\theta,\varphi)$表示，即

$$F(\theta,\varphi) = \frac{f(\theta,\varphi)}{f_{\max}(\theta,\varphi)} = \frac{|E(\theta,\varphi)|}{|E_{\max}|} \tag{6-26}$$

下面以電基本偶極為例具體介紹方向函數的概念。

若天線輻射的電場強度為$E(r,\theta,\varphi)$，則電場強度的模值$|E(r,\theta,\varphi)|$可寫成：

$$|E(r,\theta,\varphi)| = \frac{60I}{r} f(\theta,\varphi) \tag{6-27}$$

因此，場強方向函數$f(\theta,\varphi)$可定義為

$$f(\theta,\varphi) = \frac{|E(r,\theta,\varphi)|}{\dfrac{60I}{r}} \tag{6-28}$$

將電基本偶極的輻射場表達式$E_\theta = \dfrac{\mathrm{j}\eta_0 I \Delta z}{2\lambda} \times \dfrac{\mathrm{e}^{-\mathrm{j}\beta r}}{r} \sin\theta$代入式（6-28），則電基本偶極的方向函數為

$$f(\theta,\varphi) = f(\theta) = \frac{\pi\Delta z}{\lambda} |\sin\theta| \tag{6-29}$$

因此電基本偶極的歸一化方向函數可寫為

$$F(\theta,\varphi) = |\sin\theta| \tag{6-30}$$

為了分析和對比方便，我們定義理想點源是無方向性天線，它在各個方向上相同距離處的輻射場的大小是相等的，因此，它的歸一化方向函數為

$$F(\theta,\varphi) = 1 \tag{6-31}$$

（2）方向圖

在距天線等距離（$r=$常數）的球面上，天線在各點產生的功率通量密度或場強（電場或磁場）隨空間方向(θ,φ)的變化曲線，稱為功率方向圖或場強方向圖，它們的數學表示式稱為功率方向函數或場強方向函數。天線方向結構示意圖與三維圖見圖 6-4。

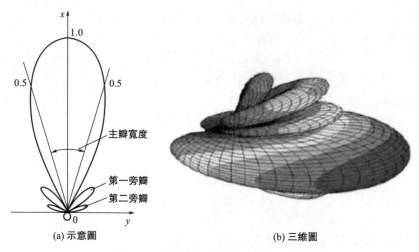

(a) 示意圖　　　　　　　　　　　(b) 三維圖

圖 6-4　天線方向結構示意圖與三維圖

　　研究超高頻天線，通常採用的兩個主平面是 E 面和 H 面。E 面是最大輻射方向和電場矢量所在的平面，H 面是最大輻射方向和磁場矢量所在的平面。

　　此外，方向圖形狀還可用方向圖參數簡單地定量表示。例如，零功率波瓣寬度、半功率波瓣寬度、副瓣電位準以及前後輻射比等。

（3）方向係數

　　為了更明確地從數量上描述天線的方向性，說明天線方向性的定義式：在同一距離及相同輻射功率的條件下，某天線在最大輻射方向上輻射的功率密度 P_{max} 和無方向性天線（點源）的輻射功率密度 P_0 之比稱為此天線的方向係數，用符號 D 表示。

$$D = \frac{P_{max}}{P_0}\bigg|_{P_\Sigma\,相同} = \frac{|E_{max}|^2}{|E_0|^2}\bigg|_{P_\Sigma\,相同} \tag{6-32}$$

由於

$$P_0 = \frac{P_\Sigma}{4\pi r^2} = \frac{|E_0|^2}{240\pi} \tag{6-33}$$

故

$$|E_0| = \frac{\sqrt{60P_\Sigma}}{r} \tag{6-34}$$

將式(6-34) 代入式(6-32)，得

$$D = \frac{r^2\,|E_{max}|^2}{60P_\Sigma} \tag{6-35}$$

（4）輸入阻抗

天線輸入阻抗是指天線饋電點所呈現的阻抗值。顯然，它直接決定了和饋電係數之間的匹配狀態，從而影響了饋入到天線上的功率以及饋電系統的效率等。

輸入阻抗和輸入端功率與電壓、電流的關係是

$$Z_{in} = \frac{2P_{in}}{|I_{in}|^2} = \frac{U_{in}}{I_{in}} = R_{in} + jX_{in} \tag{6-36}$$

式中，P_{in} 一般為複功率；R_{in} 和 X_{in} 分別為輸入電阻和輸入電抗。

為實現和饋線間的匹配，必要時可用匹配消去天線的電抗並使電阻等於饋線的特性阻抗。

（5）天線的效率

對發射天線來說，天線效率用來衡量天線將高頻電流或導波能量轉換為無線電波能量的有效程度，是天線的一個重要電參數。天線效率（輻射效率）η_A 是天線輻射的總功率 P_Σ 與天線從饋線得到的淨功率 P_A 之比，即

$$\eta_A = \frac{P_\Sigma}{P_A} \tag{6-37}$$

（6）天線的增益

表徵天線輻射能量集束程度和能量轉換效率的總效益稱為天線增益。天線在某方向的增益 $G(\theta,\varphi)$ 是它在該方向的輻射強度 $U(\theta,\varphi)$ 同天線以同一輸入功率向空間均勻輻射的輻射強度 $\frac{P_A}{4\pi}$ 之比，即

$$G(\theta,\varphi) = 4\pi \frac{U(\theta,\varphi)}{P_A} = D(\theta,\varphi)\eta_A \tag{6-38}$$

未指明時，某天線的增益通常指最大輻射方向增益

$$G = 4\pi \frac{U_M}{P_A} = D\eta_A \tag{6-39}$$

（7）接收天線的電參數以及弗立斯傳輸公式

通常用互易定理分析接收天線，繼而得到相關的電參數。

① 效率　接收天線效率的定義是：天線向匹配負載輸出的最大功率和假定天線無功耗時向匹配負載輸出的最大功率（即最佳接收功率）的比值，即

$$\eta_A = \frac{P_{max}}{P_{opt}} \tag{6-40}$$

② 增益　接收天線的增益定義為：假定從各個方向傳來電波的場強相同，天線在最大接收方向上接收時向匹配負載輸出的功率和天線在各個方向接收且天線是理想無耗時向匹配負載輸出功率的平均值的比值。不難證明

$$G = \eta_A D \tag{6-41}$$

③ 有效接收面積　接收天線在某方向的有效接收面積是天線在極化匹配和共軛匹配條件下對該方向來波的接收功率與入射平面波功率通量密度之比，即

$$A(\theta, \varphi) = \frac{P_R(\theta, \varphi)}{S} \tag{6-42}$$

經過公式變換，得到

$$A(\theta, \varphi) = \frac{\lambda^2}{4\pi} G F^2(\theta, \varphi) \tag{6-43}$$

天線無耗情況下，最大接收方向的有效接收面積記為

$$A_m = \frac{\lambda^2}{4\pi} D \tag{6-44}$$

④ 弗立斯（Friis）傳輸公式　設兩相距很遠的天線，天線 1 為發射天線，天線 2 為接收天線，則兩天線的功率傳遞比為

$$P_r = \frac{P_t}{4\pi r^2} G_t G_r \frac{\lambda^2}{4\pi} \tag{6-45}$$

6.1.4 天線陣的方向性

為了加強天線方向性，若干輻射單位按某種方式排列形成天線系統，稱之為天線陣。組成天線陣的輻射單位稱為天線元或陣元，可以是任何形式的天線。

（1）二元陣與方向圖乘積定理

設由空間取向一致的兩個形式及尺寸相同的天線構成一個二元陣。通過推導可得到此二元陣的輻射場表達式。繼而得到方向圖乘積定理，即

$$|f(\theta, \varphi)| = |f(\theta, \varphi)| \times |f_a(\theta, \varphi)| \tag{6-46}$$

（2）均匀線性陣列

均匀線性陣列是等間距且各元電流的幅度相等（等幅分布）而相位依次等量遞增的線性陣列。通過推導，得到均匀線性陣列的表達式為

$$|f_a(\theta, \varphi)| = \left| \frac{\sin\left(\frac{N}{2}\psi\right)}{\sin\left(\frac{\psi}{2}\right)} \right| \tag{6-47}$$

繼而得到均匀線性陣列的通用方向圖。接著分析幾種常見的均匀線性陣列，如邊射線性陣列、原型端射線性陣列、相位掃描線性陣列以及強端射線性陣列等。對幾種均匀線性陣列進行方向性分析，如零輻射方向、主瓣寬度、副瓣最大值方向、副瓣電位準以及方向係數等。

通過方向圖乘積定理可以看到陣列天線能夠有效地調整方向圖的特性，可以

通過圖 6-5 感性地認識一下天線呈現陣列後方向圖的改變。

　　以半波偶極天線作為陣元的天線陣列，半波偶極的方向圖被稱為元因子 $E_1 = \left| \dfrac{\cos(\pi\cos\varphi/2)}{\sin\varphi} \right|$，陣列對應的相稱為陣列因子 $E_2 = |\cos\pi[\sin(\varphi/4)/4]|$。

則該天線陣列的方向圖為 $F(\varphi) = \left| \dfrac{\cos(\pi\cos\varphi/2)}{\sin\varphi} \right| \times |\cos\pi[\sin(\varphi/4)/4]|$。圖 6-5 表示了天線方向圖乘積定理。

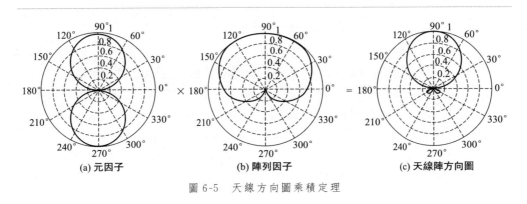

圖 6-5　天線方向圖乘積定理

6.2　RFID 系統中的通訊調變方式

6.2.1　電子標籤通訊過程中的編碼與調變

　　從物聯網的概念可以看出物聯網的組成必須具備三個部分：物品編碼標示系統、自動資訊獲取和感知系統以及網路系統。其中，物品編碼是按一定的規則賦予物品易於機器和人辨識、處理的代碼，它是物品在資訊網路中實現身分標示的關鍵，是將物理與資訊連繫在一的特殊編碼，也可稱為物理編碼。物品編碼實現了物品的數位化，從而為物品實現自動辨識奠定了基礎，是溝通物理世界和資訊世界的橋樑。物品編碼為物品命名了全球唯一的且易於被機器辨識的名稱，是實現物聯網的關鍵技術之一。自動資訊獲取和感知屬於系統解決海量資訊採集的問題，網路技術就是通過通訊技術實現資訊的互動[3]。

　　從物聯網的組成可以看出，物聯網與資訊學關係緊密，物品編碼、自動資訊獲取以及通訊過程都與資訊論的編碼理論密不可分。物聯網的建設必須以科學的物品編碼和解析方法為基礎，物品編碼解決的是物聯網底層數據結構的統一問

題，物品編碼解析解決物聯網資訊傳輸過程中的尋址問題。物品代碼必須通過一定的編碼機制才能對應到特定的網路位址。物聯網是一個高度複雜的網路，應該以科學的方法處理該網路的基本問題，從資訊論和系統論的觀點對物聯網的結構進行解析，立足物聯網的自身特點，發展和改進現有的資訊論、控制論與系統理論，然後才能有效地促進物聯網標準化的建設。

6.2.1.1　編碼與調變

編碼主要包括信源編碼和信道編碼。

（1）信源編碼

主要是利用信源的統計特性，解決信源的相關性，去掉信源冗餘資訊，從而達到壓縮信源輸出的資訊率、提高系統有效性的目的。信源編碼包括語音壓縮編碼、各類圖像壓縮編碼及多媒體數據壓縮編碼。數據是實體特徵（包括性質、形狀、數量等）的符號說明，泛指那些能被電腦接收、辨識、表示、處理、儲存、傳輸和顯示的符號。模擬數據指在給定的定義域內表示為時間的連續函數值的數據，如聲音和影片數據。數位數據是時間離散、幅度量化的數值，可以用二進制代碼 0 或 1 的位元序列表示。

（2）信道編碼

為了保證通訊系統的傳輸可靠性，克服信道中的噪音和干擾，根據一定的（監督）規律在待發送的資訊符號中（人為地）加入一些必要的（監督）符號，在接收端利用這些監督符號與資訊符號之間的監督規律發現和糾正差錯，以提高資訊符號傳輸的可靠性。信道編碼的目的是試圖以最少的監督符號換取最大程度的可靠性。

圖 6-6 所示的通訊模型涉及幾個術語，分別解釋如下。

① 信源　定義為產生資訊和資訊序列的源頭。可以是人、機器或其他事物。信源實際上就是事物各種運動狀態或存在狀態的集合，資訊論對狀態集合往往採用機率統計的方式描述。這裡的資訊可以是文字、圖像、語言等。對信源的研究主要集中在表徵資訊的統計特性以及產生資訊的特徵。

② 接收點　接收點是資訊傳送的物件，如接收資訊的人、機器或其他事物。

③ 信道　信道是指通訊系統把載荷資訊從某地傳送到其他地方的通道。信道從物理的觀點上看對應著光纖、波導、電磁波等傳輸實體。對於廣義的信道來講，往往認為信道是具有一定衰減、色散並附加了噪音的信號通道。信道的特性決定了信號傳輸的距離、接收時誤碼率等特性。

④ 編碼與解碼　編碼是把資訊進行變換以適應通訊系統需要的一種方法。解碼（譯碼）是編碼的反變換。通常信源、接收點產生的信號並不能直接用於通

訊過程，而必須經過編碼才能有效傳輸，經過解碼信號再變回適合接收點讀取或
儲存的信號形式。

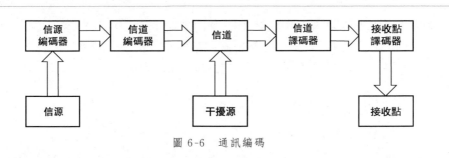

圖 6-6　通訊編碼

　　編碼器可以分為信源編碼器和信道編碼器兩類。信源編碼器是對信源輸出的
資訊進行適當變換和處理，目的是提高資訊傳輸的效率。信道編碼是為提高資訊
傳遞的可靠性而進行的變換和處理。

　　舉例來說，兩個人打電話的過程，首先語音信號通過話筒轉換為電流信
號，電流信號是連續模擬信號，為了傳輸的需要，必須通過編碼的方式變成數
位信號進行傳輸，到了接收端後，再經過解碼等逆過程，變成人能夠聽懂的
信號。

　　對於任意的射頻系統來講，通訊系統數據傳輸過程至少需要三部分的功能模
組：信源、信道和接收點。參考以上的通訊模型，RFID 系統中讀取器與電子標
籤之間也是通過天線發射的電磁波建立信道的，系統通訊模型如圖 6-7 所示。

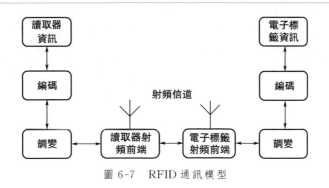

圖 6-7　RFID 通訊模型

　　在射頻辨識系統中，當資訊從標籤流向讀取器時，標籤是信源，讀取器是接
收點，而射頻電磁信號構成了信道。

　　信號編碼系統的作用是使傳輸資訊和它的信號表示形式盡可能地與傳輸信道
相匹配。這樣的處理包括對資訊提供保護，防止資訊受到干擾或者碰撞以及對某

些信號特性的蓄意改變。信號編碼又稱為係帶信號編碼。

調變是改變高頻載波的信號處理過程，使信號的振幅、頻率或相位攜帶係帶信號。

傳輸介質是把信號傳輸一個預定距離的能量載體，可以是聲、光、電磁波等。RFID 系統中採用的就是一定頻率範圍的電磁波信號。

解調的過程是調變的逆過程，可以把載波信號還原為基帶信號。

6.2.1.2　信道編碼分類及其原理

(1) 信道編碼分類

信道編碼的目的是改善通訊系統的傳輸品質。由於實際信道存在噪音和干擾，使發送的碼字與信道傳輸後所接收的碼字之間存在差異，即差錯。一般情況下，信道噪音、干擾越大，碼字產生差錯的機率也就越大。

在無記憶信道中，噪音獨立隨機地影響著每個傳輸符號，因此接收的符號序列中的錯誤是獨立隨機出現的。以高斯白噪音為主體的信道屬於這類信道。太空信道、衛星信道、同軸電纜、光纜信道以及大多數視距微波接力信道也都屬於這一類型信道。

在有記憶信道中，噪音、干擾的影響往往是前後相關的，錯誤是成串出現的，通常稱這類信道為突發差錯信道。實際的衰落信道、碼間干擾信道均屬於這類信道。典型的有短波信道、行動通訊信道、散射信道以及受大的脈衝干擾和串話影響的明線和電纜信道，甚至還包括在磁記錄中劃痕、塗層缺損造成的成串差錯。

有些實際信道既有獨立隨機差錯又有突發性成串差錯，稱它為混合信道。對不同類型的信道，要有針對性地設計不同類型的信道編碼，這樣才能收到良好效果。所以按照信道特性和設計的碼字類型進行劃分，信道編碼可分為糾獨立隨機差錯碼、糾突發差錯碼和糾混合差錯碼。從信道編碼的構造方法看，其基本思路是根據一定的規律在待發送的資訊碼中加入一些多餘的符號，以保證傳輸過程的可靠性。信道編碼的任務就是構造出以最小冗餘度代價換取最大抗干擾性能的編碼。

糾錯編碼的目的是引入冗餘度，即在傳輸的資訊符號後增加一些多餘的符號（稱為校驗元，也稱為監督元），以使受損或出錯的資訊仍能在接收端恢復。從不同的角度出發，糾錯編碼有不同的分類方法。

按碼組的功能分，有檢錯碼和糾錯碼之分。

按監督符號與資訊符號之間的關係可分為線性碼和非線性碼。線性碼是指監督符號與資訊符號之間是線性關係，即它們的關係可用一組線性代數方程連繫來；非線性碼是指二者具有非線性關係。

　　按照對資訊符號處理方法的不同可分為分組碼和卷積碼。分組碼是將 k 個資訊符號劃分為一組，然後由這 k 個符號按照一定的規則產生 r 個監督符號，從而組成一定長度的碼組。在分組碼中，監督符號僅監督本碼組中的資訊符號。分組碼一般用符號表示，並且將分組碼的結構規定為前面 k 位為資訊位，後面附加 r 個監督位。分組碼又可分為循環碼和非循環碼兩種類型。循環碼的特點是：若將其全部碼字分成若干組，則每組中任一碼字的符號循環移位後仍是這組的碼字。非循環碼是任意一個碼字中符號循環移位後不一定是該碼組中的碼字。在卷積碼中，每組的監督符號不但與本碼組的資訊符號有關，而且還與前面若干組資訊符號有關，即不是分組監督，而是每個監督符號對它的前後符號都實行監督，前後相連，因此有時也稱為連環碼。

　　按照資訊符號在編碼後是否保持原來的形式不變，可劃分為系統碼和非系統碼。在誤差控制編碼中，通常資訊符號和監督符號在分組內有確定的位置。在系統碼中，編碼後的資訊符號保持不變，而非系統碼中資訊符號則改變了原來的信號形式。系統碼的性能大致上與非系統碼的相同。但在某些卷積碼中，非系統碼的性能優於系統碼。由於非系統碼中的資訊位已經改變了原有的信號形式，這會給觀察和譯碼都帶來麻煩，因此很少應用，而系統碼的編碼和譯碼相對比較簡單些，所以得到廣泛的應用。

　　按照糾正錯誤類型可分為糾正隨機錯誤碼、糾正突發錯誤碼、糾正混合錯誤碼以及糾正同步錯誤碼等。

　　按照每個符號取值來分，可分為二元碼與多元碼，也稱為二進制碼與多進制碼。目前傳輸系統或儲存系統大都採用二進制的編碼，所以一般提到的糾錯碼都是指二元碼。一般來說，針對隨機錯誤的編碼方法與設備比較簡單，成本較低，且效果較顯著；糾正突發錯誤的編碼方法和設備較複雜，成本較高，效果不如前者顯著。因此，要根據錯誤的性質設計編碼方案和選擇誤差控制的方式。

（2）信道編碼的基本原理

　　在被傳輸的資訊序列上附加一些符號（監督符號），這些多餘的符號與資訊（數據）符號之間以某種確定的規則相互關聯。接收端根據既定的規則檢驗資訊符號與監督符號之間的關係，如傳輸過程中發生差錯，則資訊符號與監督符號之間的關係將受到破壞，從而使接收端可以發現傳輸中的錯誤，乃至糾正錯誤。可見，用糾檢錯控制差錯的方法來提高通訊系統的可靠性是以犧牲有效性來換取的。在通訊系統中，誤差控制方式一般可以分為自動要求重送、前向糾錯、混成式自動重送請求檢錯和資訊回饋四種類型。

　　向農的信道編碼定理指出：對於一個給定的有干擾的信道，如信道容量為 C，只要發送端以低於 C 的速率 R 發送資訊（R 為編碼器輸入的二元符號速率），則一定存在一種編碼方法，使編碼錯誤機率 P 隨著碼長 n 的增加，按指數

下降到任意小的值。這就是說，可以通過編碼使通訊過程不發生錯誤，或使錯誤控制在允許的數值之內。向農理論為通訊誤差控制奠定了理論基礎。

　　碼的檢錯和糾錯能力是用資訊量的冗餘度來換取的。一般資訊源發出的任何資訊都可以用二元信號「0」和「1」表示。例如，要傳送 A 和 B 兩個資訊，可以用「0」碼表示 A，用「1」碼表示 B。在這種情況下，若傳輸中產生錯碼，即「0」錯成「1」，或「1」錯成「0」，接收端發現不了，因此這種編碼沒有檢錯和糾錯能力。如果分別在「0」和「1」後面附加一個「0」和「1」，變為「00」和「11」（分別表示資訊 A 和 B）。這時，在傳輸「00」和「11」時，如果發生一位元錯碼，則變成「01」或「10」，譯碼器即可判為有錯，因為沒有規定位用「01」或「10」碼字。這表明，附加一位元稱為監督碼的碼後，碼字具有了檢出一位元錯碼的能力。但因譯碼器不能判決哪位發生錯碼，所以不能糾正，表明沒有糾錯能力。

　　上述的「01」和「10」稱為禁用碼，而「00」和「11」稱為許用碼。進一步，若在資訊碼後附加兩位監督碼，即用「000」代表 A，用「111」表示 B，碼組成為長度為 3 的二元編碼，而 3 位的二元碼有 $2^3 = 8$ 種組合，選擇「000」和「111」為許用碼，其餘 6 個 001、010、100、011、101、110 為禁用碼。此時，如果傳輸中產生一位元錯誤，接收端將收到禁用碼，因此接收端可以判決傳輸有錯。不僅如此，接收端還可以根據「大數」法則來糾正一個錯碼，即 3 位碼字中如有 2 個或 3 個「0」，可判其為「000」（資訊 A）；如有 2 個或 3 個「1」，也將判其為「111」（資訊 B）。所以，此時還可以糾正一位元錯碼。如果在傳輸中產生兩位錯碼，也將變為上述的禁用碼，譯碼器仍可判為有錯。這說明監督碼可以檢出 2 位和 2 位以下的錯碼以及糾正一位元錯碼的能力。可見，糾錯編碼之所以具有檢錯和糾錯能力，是因為在資訊碼之外附加了監督碼。監督碼不傳遞資訊，它的作用是監督資訊碼在傳輸中有無差錯，對用戶來說是多餘的，最終也不傳送給用戶，但它提高了傳輸的可靠性。監督碼的引入降低了信道的傳輸效率。一般來說，引入監督符號越多，碼的檢錯、糾錯能力越強，但信道的傳輸效率下降也越多。人們研究的目標是尋找一種編碼方法使所加的監督符號最少，而檢錯、糾錯能力強且又便於實現的編碼方法。

　　電子標籤系統常用的編碼方式有不歸零編碼、曼徹斯特編碼、單極性歸零編碼、差分二元編碼、米勒編碼和差分編碼。

　　① 不歸零（NRZ，Non－Return to Zero）編碼　不歸零編碼用高電位準表示二進制「1」，低電位準表示二進制「0」。無線射頻辨識技術中的調變方法一般使用調幅（AM），也就是將有用信號調變在載波的幅度上傳送出去。這裡的「有用信號」指用高低電位準表示數據「0」或「1」。那麼如何用高低電位準表示數據「0」或「1」呢？最簡單的辦法就是用高電位準表示「1」，用低電位準表示

「0」如圖 6-8 所示。

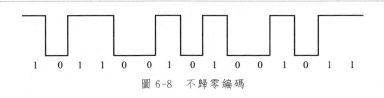

圖 6-8　不歸零編碼

　　這種編碼方式存在的最大缺陷就是數據容易失步。圖 6-8 上的數據可以清晰地看到，但是如果發送方連續發送 100 個「0」或 100 個「1」，就會有 100 個連續高電位準或 100 個連續低電位準。這種情況下，接收方極有可能把數據的個數數錯，把 100 數成 99 或 101，這就是數據失步。所以這種編碼很少直接採用。這就要求使用的編碼既能讓接收方知道發送方傳送的是「1」還是「0」，又能讓接收方正確分辨出每個二進制位元。實際的無線射頻辨識技術中採用的數據編碼主要是其他幾種，它們都能滿足上述要求。

　　② 曼徹斯特（Manchester）編碼　曼徹斯特編碼也被稱為分相編碼（split phase encoding）。在曼徹斯特編碼中，某位的值是用該位長度內半個位週期的電位準變化（上升/下降）表示的，半個位週期時的負跳變表示二進制「1」，半個位週期時的正跳變表示二進制「0」，如圖 6-9 所示。

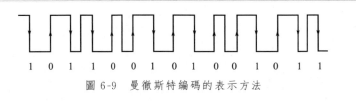

圖 6-9　曼徹斯特編碼的表示方法

　　曼徹斯特編碼採用負載波的負載調變或者反向散射調變時，通常用於從電子標籤到讀取器的數據傳輸，這樣有利於發現數據傳輸的錯誤。這是因為在位長度內，「沒有變化」的狀態是不允許的。當多個電子標籤同時發送的數據位有不同值時，接收的上升邊和下降邊互相抵消，導致在整個位長度內出現不間斷的副載波信號。由於該狀態是不被允許的，所以讀取器利用該錯誤就可以判定碰撞發生的具體位置，如圖 6-10 所示。

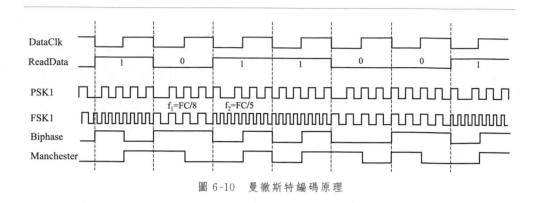

圖 6-10　曼徹斯特編碼原理

　　③ 單極性歸零（Unipolar RZ）編碼　單極性歸零編碼用第一個半個位週期中的高電位準表示二進制「1」，而持續整個位週期內的低電位準信號表示二進制「0」，如圖 6-11 所示。單極性歸零編碼可用來提取位同步信號。

圖 6-11　單極性歸零編碼

　　④ 差分二元（DBP）編碼　差分二元編碼半個位週期中的任意邊沿表示二進制「0」，而沒有邊沿就是二進制「1」，如圖 6-12 所示。此外，在每個位週期開始時，電位準都要反相。因此，對接收器來說，位節拍比較容易重建。

圖 6-12　差分二元編碼

　　⑤ 米勒（Miller）編碼　米勒編碼半個位週期內的任意邊沿表示二進制「1」，而下一個位週期中不變的電位準表示二進制「0」。位週期開始時產生電位準交變。

　　如圖 6-13 所示，米勒碼用數據中心是否有跳變表示數據。數據中心有跳變表示「1」，數據中心無跳變表示「0」。當發送連續的「0」時，則在數據的開始處增加一個跳變防止失步。

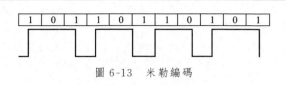

圖 6-13　米勒編碼

⑥ 差分編碼　差分編碼中，每個要傳輸的二進制「1」都會引信號電位準的變化，而對於二進制「0」，信號電位準保持不變。用 XOR 門的 D 觸發器可以很容易地從 NRZ 信號中產生差分編碼，如圖 6-14 所示。

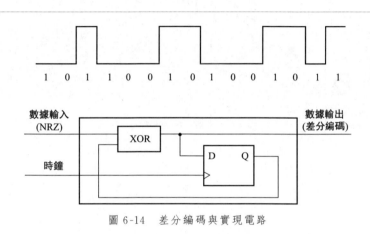

圖 6-14　差分編碼與實現電路

在 RFID 系統中，由於使用的電子標籤常常是無源的，無源標籤需要在 RFID 讀取器的通訊過程中獲得能量供應。為了保證系統的正常工作，信道編碼方式首先必須保證不能中斷讀取器對電子標籤的能量供應。另外，為了保障系統工作的可靠性，還必須在編碼中提供數據一級的校驗保護，編碼方式應該提供這些功能，並根據碼型的變化來判斷是否發生誤碼或有電子標籤衝突發生。

在 RFID 系統中，當電子標籤是無源標籤時，經常要求基帶編碼在每兩個相鄰數據位元間具有跳變的特點，這種相鄰數據間有跳變的碼，不僅可以保證在連續出現「0」時對電子標籤的能量供應，而且便於電子標籤從接收到的碼中提取時鐘資訊串。在實際的數據傳輸中，由於信道中存在干擾，數據必然會在傳輸過程中發生錯誤，這時要求信道編碼能夠提供一定的檢測錯誤的能力。

6.2.2　射頻辨識系統的通訊調變方式

電子標籤與讀取器之間通過天線進行通訊，然而由於天線的種類不同，導致天線之間的耦合方式不同，一種為電感耦合（圖 6-15 所示），另外一種為反向散

射式耦合（圖 6-16 所示）。當讀取器和標籤之間的近距離通訊採用線圈天線時，線圈和線圈之間存在磁場耦合，這種耦合方式稱為電感耦合。無源標籤吸收電磁能量後，激勵內部電路工作，然後再與讀取器通訊，這種通訊方式常被稱為反向散射技術。

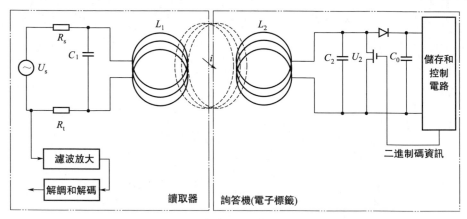

圖 6-15　電感耦合功能框圖與電路圖

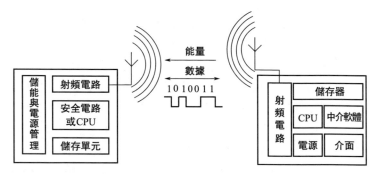

圖 6-16　反向散射調變電子標籤功能框圖

（1）負載調變

電感耦合屬於一種變壓器耦合，即作為初級線圈的讀取器和作為次級線圈的標籤之間的耦合。只要兩線圈之間的距離不大於 0.16λ（電磁波波長），並且標籤處於發送天線的近場內，變壓器耦合就是有效的。如果把諧振的標籤（標籤的固有諧振頻率與讀取器的發送頻率相符合）放入讀取器天線的交變磁場中，那麼該標籤就從磁場中獲得能量。標籤天線上負載電阻的接通和斷開使讀取器天線上的電壓發生變化，實現遠距離標籤對天線電壓的振幅調變。如果通過數據控制負載電壓的接通和斷開，那麼這些數據就能從標籤傳輸到讀取器，這種數據傳輸方

式稱為負載調變。但是在這種工作方式下，讀取器天線與標籤天線之間的信號很弱，讀取器天線輸入有用信號的電壓波動在數量級上比讀取器的輸出電壓小，因此很難檢測出來。此時，如果標籤的附加電阻以很高的頻率接通或斷開，那麼在讀取器的發送頻率上會產生兩條譜線，很容易檢測到，這種新的基本頻率稱為副載波，這種調變稱為副載波調變[4]。

（2）反向散射調變

電磁反向散射耦合方式一般用於高頻系統，對高頻系統來說，隨著頻率上升，信號的穿透性越來越差，而反射性卻越來越明顯。在高頻電磁耦合的 RFID 系統中，當讀取器發射的載頻信號輻射到標籤時，標籤中的調變電路通過待傳輸的信號來控制電路與天線的匹配，以實現信號的幅度調變。當匹配時，讀取器發射的信號被吸收。反之，信號被反射。在時序法中，讀取器到標籤的數據和能量傳輸與標籤到讀取器的數據傳輸在時間上是交錯進行的。讀取器的發送器交替工作，其電磁場週期性地斷開或連通，這些間隔被標籤辨識出來，並被應用於標籤到讀取器的數據傳輸。在讀取器發送數據的間歇時刻，標籤的能量供應中斷，必須通過足夠大的輔助電容進行能量補償。在充電過程中，標籤的晶片切換到省電或備用模式，從而使接收的能量幾乎完全用於充電電容的充電。充電結束後，標籤晶片上的振盪器被啟動，其產生的弱交變磁場能被讀取器接收，當所有的數據發送完後，啟動放電模式以使充電電容完全放電[5]。

6.2.3　反射式射頻辨識系統的通訊方式

反向散射調變技術是標籤和讀取器通訊方式之一。這一技術原理基於電磁波的反射，利用了標籤天線和標籤輸入電路之間反射係數的變化改變信號的振幅和相位。處於工作狀態的電子標籤上有一個連接到負載的天線，如圖 6-17 所示。如果天線與其負載匹配，則在介面處沒有反射發生［圖 6-17(a)］；如果負載開路或者短路將出現全反射［圖 6-17(b)］，標籤的接收功率為標籤天線發射功率。通過在這兩種狀態之間進行切換，讀取器收到的功率會以 ASK 的方式進行調變。PSK 是基於反射係數相位的調變，在這種情況下，相位被改變 π［圖 6-17(c)和(d)］。

讀取器發射的射頻信號功率一部分被標籤吸收用於晶片供電，另外一部分被標籤反向散射實現標籤與讀取器之間的通訊。前一部分功率影響系統的有效辨識距離，後一部分功率影響通訊的誤碼率。標準的 ASK 獲得的最大吸收功率為天線接收功率的 50%，通過工作週期功耗管理可以提高這一值。在 PSK 方式下，最大吸收功率為 50% 是可能的。相較 ASK，PSK 調變狀態下電路獲得的吸收功率是常數，即穩定的供電。但是當採用反向散射調變的遠距離供電時，提供給標

籤電源的功率部分與提供給通訊的功率部分存在嚴格折中。理論推導表明，最佳的 ASK 和最佳的 PSK 之間並沒有很大區別。就標籤可獲得的吸收功率而言，ASK 更具優勢，而當比較誤碼率時，PSK 性能更好[6,7]。

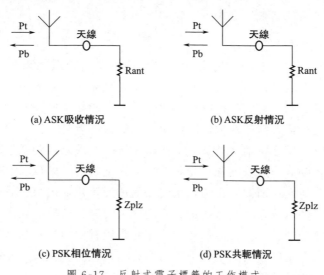

圖 6-17　反射式電子標籤的工作模式

　　讀取器的天線是實現發射和接收電磁波的重要設備。傳統的固定式讀取器一般採用圓極化天線，原因是標籤基本是線極化的，而且標籤相對讀取器的位置是不確定的，使用圓極化的天線能夠提高有效的辨識率。當然，在使用近距離、可行動 RFID 讀取器的場合也可以採用線極化的讀取器天線。具體選用的天線的類型、增益等需要結合實際應用場合來考慮。

6.3　電子標籤及標準概述

6.3.1　電子標籤

6.3.1.1　電子標籤體系結構

　　電子標籤是攜帶物品資訊的數據載體。根據工作原理的不同，電子標籤這個數據載體可以劃分為兩大類，一類是利用物理效應進行工作的數據載體，一類是以電子電路為理論基礎的數據載體。電子標籤體系結構的分類如圖 6-18 所示。

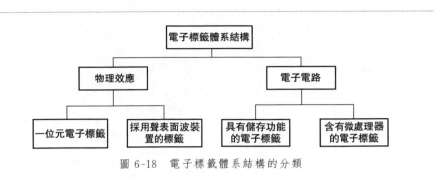

圖 6-18　電子標籤體系結構的分類

當電子標籤利用物理效應進行工作時，屬於無晶片的電子標籤系統。這種類型的電子標籤主要有「一位元電子標籤」和「聲表面波裝置」兩種工作方式[8~10]。

當電子標籤以電子電路為理論基礎進行工作時，屬於有晶片的電子標籤系統。這種類型的電子標籤主要由模擬前端（射頻前端）電路和控制電路、儲存電路構成，主要分為具有儲存功能的電子標籤和含有微處理器的電子標籤兩種結構。

6.3.1.2　電子標籤的儲存器結構

各個廠商生產的電子標籤其儲存器的結構是相同的，但會存在容量大小的差別。

（1）電子標籤儲存器

從邏輯上來說，一個電子標籤分為四個儲存體，每個儲存體可以由一個或一個以上的儲存器組成[25]。其儲存邏輯如圖 6-19 所示。

從結構圖中可以看到，一個電子標籤的儲存器分成四個儲存體。

儲存體 00：保留記憶體（Reserver）；

儲存體 01：EPC 儲存器；

儲存體 10：TID 儲存器；

儲存體 11：用戶自定義儲存器。

1）保留記憶體　保留記憶體為電子標籤儲存密碼（口令）的部分。包括滅活口令和存取口令。滅活口令和存取口令都為 4 個字節。其中，滅活口令的位址為 00H～03H（以字節為單位），存取口令的位址為 04H～07H。

2）EPC 儲存器　EPC 儲存器用於儲存電子標籤的 EPC 號、PC（協定-控制字）以及這部分的 CRC-16 校驗碼。其中，CRC-16 儲存位址為 00H～03H，4 個字節，CRC-16 為本儲存體中儲存內容的 CRC 校驗碼。

　　PC 是電子標籤的協定-控制字，儲存位址為 04H～07H，4 個字節。PC 表明本電子標籤的控制資訊，包括如下內容。

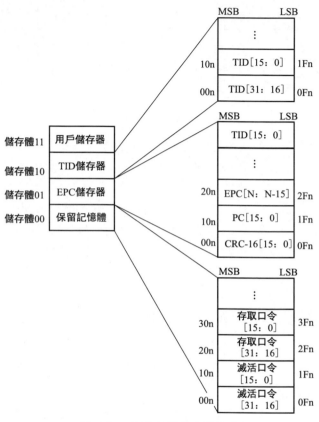

圖 6-19　電子標籤儲存器結構

　　① PC 為 4 個字節，16 位，其每位的定義如下。

00H～04H 位：電子標籤的 EPC 號的數據長度；

＝000002：EPC 為一個字，16 位；

＝000012：EPC 為兩個字，32 位；

＝000102：EPC 為三個字，48 位；

...

＝111112：EPC 為 32 個字；

05H～07H 位：RFU＝0002；

08H～0FH 位：＝000000002；

　　② EPC 號　若干個字，由 PC 的值來指定。

EPC 為辨識標籤物件的電子產品碼。EPC 儲存在以 20h 開始的儲存位址，MSB 優先。用於儲存本電子標籤的 EPC 號的長度在以上 PC 值中指定。每類電子標籤（不同廠商或不同型號）的 EPC 長度可能會不同。用戶通過讀該儲存器內容命令讀取 EPC 號。

3）TID 儲存器　該儲存體指電子標籤的產品類辨識號，每個生產廠商的 TID 號都會不同。用戶可以在該儲存區中儲存產品分類數據及產品供應商的資訊。一般來說，TID 儲存的長度為 4 個字，8 個字節。但有些電子標籤的生產廠商提供的 TID 區會為 2 個字或 5 個字。用戶在使用時，需根據自己的需要選用相關廠商的產品。

4）用戶儲存器　該儲存區用於儲存用戶自定義的數據。用戶可以對該儲存區進行讀、寫操作。該儲存器的長度由各個電子標籤的生產廠商確定。各個生產廠商提供的電子標籤，其用戶儲存區的長度不同。儲存長度大的電子標籤會貴一些。用戶應根據應用的需要來選擇相應長度的電子標籤，以降低標籤的成本。

（2）儲存器的操作

由電子標籤供應商提供的標籤為空白標籤，用戶在電子標籤發行時，通過讀取器將相關數據儲存在電子標籤中。然後在標籤的流通過程中，通過讀取標籤儲存器的相關資訊，或將某狀態資訊寫入電子標籤中，完成系統的應用。

讀取器提供的儲存命令都能支持對四個儲存區的讀取操作。但有些電子標籤在出廠時就已由供應商設定為只讀，不能由用戶自行改寫，這點在選購電子標籤時需特別注意。

6.3.1.3　電子標籤的操作命令集

在實際應用電子標籤時，需要用戶對電子標籤的命令集有一個了解，這樣才能有效地進行系統的設計及應用。這些命令集是編程開發的基礎，對電子標籤的操作就是調用這些封裝好的命令集。包括電子標籤的儲存命令、電子標籤的狀態及其轉換命令、電子標籤的操作及命令說明、電子標籤的使用步驟。

下面簡要介紹電子標籤的一些重要的概念。這些是在應用電子標籤的命令中經常遇到的，真正開發的過程中需詳細了解這些概念。

在對電子標籤進行操作時，有三組命令集用於完成相關的操作。這三組命令集分別是選擇、盤存及存取，這三組命令集均由一個或多個命令組成。

（1）選擇（SELECT）

由一條命令組成。讀取器對電子標籤進行讀取操作前，需應用相關的命令選擇符合用戶定義的標籤。使符合用戶定義的標籤進入相應的狀態，而其他不符合用戶定義的標籤仍處於非活動狀態，這樣可有效地將所有的標籤按各自的應用分

成幾個不同的類，以利於進行標籤操作。

（2）盤存（INVENTORY）

盤存由多條命令組成。盤存是將所有符合選擇條件的標籤循環掃描一遍，標籤分別返回其 EPC 號。用戶利用該操作可以將所有符合條件的標籤的 EPC 號讀出來。並將標籤分配到各自的應用塊中。盤存操作中有許多參數，並且是一個掃描的循環，在一個盤存掃描中，會組合應用到幾條不同的盤存命令，故一個盤存又被稱為一個盤存週期。

因為讀取器與標籤之間對盤存命令數據交換的時間響應有嚴格的要求，故讀取器會將一個盤存週期操作設計成一個盤存循環算法提供給用戶使用，而不需要用戶去設計盤存算法及盤存步驟。一般讀取器會根據各種不同的盤存需要設計幾個最佳化的盤存算法命令，供用戶使用。

（3）操作（ACCESS）

用戶應用該組命令完成對電子標籤的讀取或寫入操作。該命令集包括電子標籤的密碼校驗、讀標籤、寫標籤、鎖定標籤及滅活標籤等。

6.3.1.4　標籤命令相關概念

（1）會話

電子標籤的工作區域有 4 個，稱為 4 個會話（S0、S1、S2、S3），一個標籤在一個盤存週期中只能處於其中的一個會話中。例如，可以用 SELECT 選擇命令使某個應用的標籤群進入 S0 會話（稱之為工作區域），再用另一個 SELECT 選擇命令使另一個應用的標籤群進入 S1 會話。這就相當於將標籤群按不同的應用分在不同的工作區域中。然後分別在不同的工作區域中，應用盤存命令將其標籤進行盤存操作或其他讀取操作。

（2）已盤存標記

當一個標籤處於某個通話（工作區域）時，用戶可以應用盤存命令對其進行盤存，標籤會返回其 EPC 值，並且為其設置一個已盤存標記。這樣對於以後的盤存，如果其參數與標籤的已盤標記不符，標籤就不會再響應該盤存命令。電子標籤的已盤存標記值有 A 和 B。

用戶在應用 SELECT 命令時，會有一個參數確定符合選擇條件的標籤在進入一個通話後初始的已盤存標記。當一個標籤被盤存後，標籤會按照用戶盤存命令中的參數要求，更改其已盤存標記。

下面舉例說明兩個讀取器如何利用通話和已盤存標記獨立交錯地盤存共用標籤群。

① 打開讀取器 1♯ 電源，然後啟動一個盤存週期，使通話 S2 中的標籤從 A

轉化為 B。

②　關閉電源。

③　打開詢問機 2♯ 電源。

④　然後啓動一個盤存週期，使通話 S3 中的標籤從 B 轉化為 A。

⑤　關閉電源。

反覆操作本過程直至詢問機 1♯ 將通話 S2 的所有標籤均放入標籤 B，然後將通話 S2 的標籤從 B 盤存為 A。同樣，反覆操作本過程直至詢問機 2♯ 將通話 S3 的所有標籤放入 A，然後再將通話 S3 的標籤從 A 盤存為 B。通過這種多級程式，各詢問機可以獨立地將所有標籤盤存到它的欄位中，無論其已盤標記是否處於初始狀態。

標籤的已盤標記持續時間如表 6-1 所示。

標籤應採用以下規定的已盤標記打開電源：

①　S0 已盤存標記應設置為 A。

②　S1 已盤存標記應設置為 A 或 B，視其儲存數值而定，如果以前設置的已盤存標記比其持續時間要長，則標籤應將其 S1 已盤存標記設置為 A，打開電源。由於 S1 已盤存標記不是自動刷新，因此可以從 B 回覆到 A，即使在標籤上電時也可以如此。

③　S2 已盤存標記應設置為 A 或 B，視其儲存的數值而定，若標籤斷電時間超過其持續時間，則可以將 S2 已盤存標記設置到 A，打開標籤。

④　S3 已盤存標記應設置為 A 或 B，視其儲存的數值而定，若標籤斷電時間超過其持續時間，則可以將 S3 已盤存標記設置到 A，打開標籤。

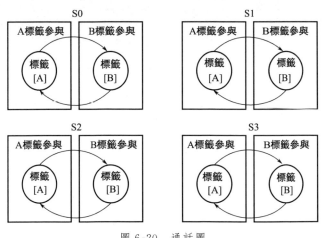

圖 6-20　通話圖

無論初始標記值是多少，標籤應能夠在 2ms 或 2ms 以下的時間將其已盤存標記設置為 A 或 B。標籤應在上電時更新其 S2 和 S3 標記，這意味著每次標籤斷開電源，其 S2 和 S3 已盤存標記的持續時間如表 6-1 所示。當標籤正參與某一盤存週期時，標籤不應讓其 S1 已盤存標記失去持續性。相反，標籤應維持此標記值直至下一個 Query 命令，此時，標記可以不再維持其連續性（除非該標記在盤存週期更新，這種情況下標記應採用新值，並保持新的持續性）。

（3）選定標記

標籤具有選定標記，讀取器可以利用 Select 命令予以設置或取消。

Query 命令中的 Sel 參數使讀取器對具有 SL 標記或無 SL 標記（～SL）的標籤進行盤存，或者忽略該標記和盤存標籤。SL 與任何通話無關，SL 適用於所有標籤，無論是哪個通話。

標籤的 SL 標記的持續時間如表 6-1 所示。標籤應以其被設置的或取消的 SL 標記開啓電源，視所儲存的具體數值而定，無論標籤斷電時間是否大於其 SL 標記持續時間。若標籤斷電時間超過 SL 持續時間，標籤應以其被取消確認的 SL 標記開啓電源（設置到～SL）。標籤應能夠在 2ms 或 2ms 以下的時間內確認或取消其 SL 標記，無論其初始標記值如何。

打開電源時，標籤應刷新其 SL 標記，這意味著每次標籤電源斷開，其 SL 標記的持續時間均如表 6-1 所示。

表 6-1　標籤標記和持續值

標記	應持續時間	
S0 已盤標記	通電標籤	不確定
	未通電標籤	無
S1 已盤標記 1	通電標籤	標稱溫度範圍:500ms＜持續時間＜5s 延長溫度範圍:未規定
	未通電標籤	標稱溫度範圍:500ms＜持續時間＜5s 延長溫度範圍:未規定
S2 已盤標記 1	通電標籤	不確定
	未通電標籤	標稱溫度範圍:2ms＜持續時間 延長溫度範圍:未規定
S3 已盤標記 1	通電標籤	不確定
	未通電標籤	標稱溫度範圍:2ms＜持續時間 延長溫度範圍:未規定

續表

標記	應持續時間	
選定標記 1	通電標籤	不確定
	未通電標籤	標稱溫度範圍：2ms＜持續時間 延長溫度範圍：未規定

註：對於隨機選擇的足夠大的標籤群，95％的標籤持續時間應符合持續要求，且應達到90％的置信區間。

（4）標籤狀態

標籤在使用過程中，會根據讀取器發出的命令處於不同的工作狀態，在各個狀態下，可以完成各自不同的操作。即標籤只有在相關的工作狀態下才能完成相應的操作。標籤亦是按照讀取器命令將其狀態轉換到另一個工作狀態。

標籤的狀態包括：就緒狀態、仲裁狀態、應答狀態、確認狀態、開放狀態、保護狀態和滅活狀態。

① 標籤在進入讀取器天線有效激勵射頻場後，未滅活的標籤就進入就緒狀態。在此狀態下，標籤等待選擇命令，按照其參數進入相應的工作區域（通話），並設置初始已盤存標記（A、B、SL），等待某盤存命令，當一個盤存命令中的參數符合當前標籤所處的工作區域（通話）和已盤存標記，則匹配的標籤就進入了一個盤存週期。標籤會從其隨機數發生器中抽出 Q 位數（參見槽計數器），將該數字載入槽計數器內，若該數字不等於零，則標籤轉換到仲裁狀態；若該數字等於零，則標籤轉換到應答狀態。對於掉電後的標籤，當其電源恢復後，亦進入就緒狀態。

② 在一個盤存週期中，各個標籤的槽計數器值是不同的。所有標籤會根據當前盤存掃描週期中的命令，完成其計數器的減 1 操作。當某個標籤的槽計數器等於零時，表明該標籤進入應答狀態。而其他的標籤則仍然處於仲裁狀態。通過這種方式就會分別使所有的標籤進入應答狀態，從而完成對標籤更進一步的操作。

③ 標籤進入應答狀態後，標籤會發回（實際上是反向散射，但為敘述簡便，在今後的描述中會說成是標籤的響應或發射）一個 16 位的隨機數 RN16。讀取器在收到標籤發射的 RN16 後，會向該標籤發送一條含有該 RN16 的 ACK 命令。若標籤收到有效的 ACK 命令，則該標籤會轉換到確認狀態，並發射標籤自身的 PC、EPC 和 CRC-16 值。若標籤未能接收到 ACK，或收到無效 ACK，則應返回仲裁狀態。

④ 標籤進入確認狀態後，讀取器可以發出存取命令，使標籤進入以後的開放狀態或保護狀態。

⑤ 如果該標籤的存取口令不等於零，標籤在讀取器發出存取命令後，會進入開放狀態。在此狀態下，讀取器需進一步發出存取口令的校驗命令，當該命令

有效時，標籤進入保護狀態。

⑥ 如果標籤的存取口令等於零，則標籤在確認狀態下接收到存取命令後，即進入保護狀態。

⑦ 如果標籤的存取口令不等於零，標籤在開放狀態下，接收到讀取器的校驗存取口令後，如果該命令有效，則標籤進入保護狀態。標籤在保護狀態下，讀取器可以完成對標籤的各項存取操作，包括讀標籤、寫標籤、鎖定標籤和滅活標籤等。

標籤在開放狀態或保護狀態下，接收到讀取器的滅活標籤命令，會使其進入滅活狀態。表明該標籤已被殺滅，不能再被使用。滅活操作具有不可逆性，即一個標籤被滅活後不能再用。

（5）槽計數器與標籤隨機或虛擬亂數產生器

每個標籤中都含有一個 15 位的槽計數器，標籤在準備狀態下，收到盤存命令後，該盤存命令中含有一個參數 Q 值，標籤會由自身的隨機數產生器產生一個 $0 \sim 2^{Q-1}$ 之間的數值，載入標籤的槽計數器。隨後，該槽計數器的值會在一個盤存週期中隨著盤存命令減 1，當其值為零時，標籤就自動進入應答狀態。而其他不為零的標籤仍然處於仲裁狀態。

標籤自身含有一個 16 位的隨機數或偽隨機數發生器（RNG），可以響應讀取器命令中的密鑰參數等。

6.3.1.5　標籤命令集

讀取器與電子標籤之間數據交換是由讀取器先發出命令，標籤根據自己的狀態響應該命令，如該命令有效，標籤在執行完該命令後，向讀取器反向散射返回數據。為描述方便，將標籤的反向散射描述為向讀取器發送數據。

讀取器對標籤的操作包括如下三大類命令。

1）盤存標籤　下面對 SELECT 命令進行介紹，其參數包括以下六個。

① 目標　值為 0～4，分別表示：0－通話 S0；1－通話 S1；2－通話 S2；3－通話 S3；4－選擇標記 SL。該參數表示應用選擇命令後，使符合用戶需要的標籤進入相應的工作區域（通話）中。

② 動作　值為 0～7，表示的含義見表 6-2，該參數表明對被選擇的符合條件的標籤設定其已盤存標記。

表 6-2　標籤對動作參數的響應

動作	匹配	不匹配
000	確認 SL 標記或已盤存標記→A	取消 SL 標記或已盤存標記→B
001	確認 SL 標記或已盤存標記→A	無作為

續表

動作	匹配	不匹配
010	無作為	取消 SL 標記或已盤存標記→B
011	否定 SL 標記或(A→B,B→A)	無作為
100	取消 SL 標記或已盤存標記→B	確認 SL 標記或已盤存標記→A
101	取消 SL 標記或已盤存標記→B	無作為
110	無作為	確認 SL 標記或已盤存標記→A
111	無作為	否定 SL 標記或(A→B,B→A)

③ 儲存體　0～3，分別表示：0－RFU，未用；1－EPC，EPC 儲存體；2－TID，TID 儲存區；3－User，用戶儲存區。該參數與其他參數組合在一，構成一個遮罩值，用於選擇符合遮罩值內容的電子標籤。

④ 指針　1 個字節。該參數說明遮罩數據的始位址。

⑤ 長度　1 個字節。該參數說明遮罩數據的數據長度。

⑥ 遮罩數據　若干字節。該參數表示遮罩數據。

遮罩值的意義在於：當 SELECT 命令設置了有效的遮罩值後，符合該遮罩值的標籤才算是本次選擇的有效匹配標籤，而其他的標籤為未匹配標籤。

對於有效匹配標籤，則作相應的已盤存標記動作，並進入 SELECT 命令中設定的通話（工作區域中）。對於無效的標籤也會按照已盤存標記動作參數的要求進入相應的動作和相應的工作區域。

2）喚醒標籤/休眠標籤

喚醒標籤：只使一張標籤處於開放狀態或保護狀態，在此狀態下，該標籤可以執行進一步的存取操作，而對其他標籤的存取無效。

休眠標籤：使一張被喚醒的標籤處於省電模式。在此說明的是，實際上標籤在使用過程中並沒有省電模式，而是在使用過程中為方便用戶的操作，人為地增加了一個喚醒狀態，而與其對應地增加了一個省電模式。

下面對參數進行介紹，其參數如下。

① SEL　1 個字節，值為：0－全部；1－全部；2－～SL；3　SL；該參數與 SELECT 參數中的「目標」參數相對應，表明本盤存週期只針對相應的選定標籤，而對其他標籤無效。

② 通話　1 個字節，值為：0－S0；1－S1；2－S2；3－S3；該參數與 SELECT 參數中的「目標」參數相對應，表明本盤存週期只針對相應的選定標籤，而對其他標籤無效。

③ 目標　1 個字節，0－A；1－B；該參數表明對已盤存標記為 A 或 B 的標籤進行盤存。

④ Q值　1個字節，0～15；該參數表明盤存命令的 Q 值。

⑤ 盤存算法　針對各種不同的盤存需要，一般讀取器會提供用戶幾種不同的盤存算法，供用戶在不同的盤存情況下使用，用戶可以根據自己的要求選擇相應的算法，使效率達到最高。

⑥ 盤存週期　該參數表明在一個盤存週期中執行幾次盤存命令。

3）存取標籤　包括對標籤的讀、寫、鎖定、滅活等操作。

本命令集用於對已被喚醒的標籤進行進一步的讀、寫操作。本部分的操作只對已被喚醒的標籤有效。存取命令集包括如下基本命令。

① 校驗存取口令　該命令用於將 16 位的存取口令以及 16 位的滅活口令設置在讀取器中，以用於對標籤進行進一步的校驗和滅活操作。

② 讀標籤數據　該命令用於讀取標籤的某個儲存塊的數據。

③ 寫標籤數據　該命令用於將某個字的數據寫入到標籤中。

④ 鎖定標籤數據　該命令用於將標籤的讀取、寫入等狀態進行鎖定。對於已被鎖定的狀態，則只有在符合鎖定狀態的條件下，才能對標籤進行讀、寫操作。

⑤ 滅活標籤　本操作命令將滅活標籤，使符合條件的標籤不再可用。在執行滅活命令前，必須先將滅活口令設置到讀取器中。

⑥ 塊寫入數據　本命令是將一個資料區塊一次性寫入到標籤中。

⑦ 塊擦除數據　用於一次性擦除標籤中的某個資料區塊。

在進行標籤操作的過程中，因參數設置不當會返回錯誤碼。這些錯誤碼對開發人員非常有用。對標籤的存取操作，如果命令碼不正確或其他一些錯誤出現，標籤將無法有效地執行相關的操作，標籤會返回出錯資訊，用戶可以利用這些資訊判別錯誤的原因。常見的標籤錯誤代碼如表 6-3 所示。

表 6-3　標籤錯誤代碼

錯誤代碼支持	錯誤代碼	錯誤代碼名稱	錯誤描述
特定錯誤代碼	000000002	其他錯誤	全部捕捉未被其他代碼覆蓋的錯誤
	000000112	儲存器超限或不被支持的 PC 值	規定儲存位置不存在或標籤不支持 PC 值
	000001002	儲存器鎖定	規定儲存位置鎖定和/或永久鎖定,且不可寫入
	000010112	電源不足	標籤電源不足,無法執行儲存寫入操作
非特定錯誤代碼	000011112	非特定錯誤	標籤不支持特定錯誤代碼

6.3.2　電子標籤相關標準

6.3.2.1　EPC 標籤

EPC 標籤是電子產品碼的資訊載體，其中儲存的唯一資訊是 96 位或 64 位產品 EPC。根據基本功能和版本號的不同，EPC 標籤有類（Class）和代（Gen）的概念，Class 描述的是 EPC 標籤的基本功能，Gen 是指 EPC 標籤規範的版本號。

（1）EPC 標籤的類

為了降低成本，EPC 標籤通常是被動式電子標籤，根據功能級別的不同，EPC 標籤可以分為 Class 0、Class 1、Class 2、Class 3 和 Class 4 五類[11,12]。

1）Class 0　該類 EPC 標籤一般能夠滿足供應鏈和物流管理的需要，可以用於超市結帳付款、超市貨品掃描、集裝箱貨物辨識及倉庫管理等領域。Class 0 標籤主要具有以下功能：

① 包含 EPC、24 位自毀代碼以及 CRC；

② 可以被讀取器讀取，可以被重疊讀取，但儲存器不可以由讀取器寫入；

③ 可以自毀，自毀後電子標籤不能再被讀取。

2）Class 1　該類 EPC 標籤又稱為身分標籤，是一種無源、後向散射式的電子標籤。該類 EPC 標籤除了具備 Class 0 標籤的所有特徵外，還具備以下特徵：

① 具有一個電子產品碼標識符和一個標籤標識符（Tag Identifier，TID）；

② 能夠通過 Kill 命令實現標籤自毀功能，使標籤永久失效；

③ 具有可選的保護功能；

④ 具有可選的用戶儲存空間。

3）Class 2　該類 EPC 標籤也是一種無源、後向散射式電子標籤，它是性能更高的電子標籤，除了具有 Class 1 標籤的所有特徵外，還具有以下特徵：

① 具有擴展的標籤標識符 TID；

② 擴展的用戶記憶體和選擇性讀取功能；

③ 存取控制中加入了身分驗證機制，使標籤永久失效。

4）Class 3　該類 EPC 標籤是一種半有源、後向散射式標籤，它除了具有 Class 2 標籤的所有特徵外，還具有以下特徵：

① 標籤帶有電池，有完整的電源系統，片上電源可為標籤晶片提供部分邏輯功能；

② 有綜合的感測電路，具有感測功能。

5）Class 4　該類 EPC 標籤是一種有源、主動式標籤，它除了具有 Class 3 標籤的所有特徵外，還具有以下特徵：

① 標籤到標籤的通訊功能；

② 主動式通訊功能；

③ 特別組網功能。

（2）EPC 標籤的代（Gen）

EPC 標籤的 Gen 和 EPC 標籤的 Class 是兩個不同的概念，EPC 標籤的 Class 描述標籤的基本功能，EPC 標籤的 Gen 是指主要版本號。例如，EPC Class 1 Gen2 標籤指的是 EPC 第 2 代 Class 1 類別的標籤，這是目前使用最多的 EPC 標籤。

EPC Gen1 標準是 EPC 無線射頻辨識技術的基礎，主要是為了測試 EPC 技術的可行性。

EPC Gen2 標準主要是使這項技術與實踐結合，滿足現實的需要。EPC Gen2 標籤於 2005 年投入使用，Gen1 到 Gen2 的過渡帶來了諸多的益處，EPC Gen2 可以制定 EPC 統一的標準，讀取準確率更高。EPC Gen2 標籤提高了 RFID 標籤的品質，追蹤物品的效果更好，同時提高了資訊的安全保密性。EPC Gen2 標籤減少了讀卡器與附近物體的干擾，並且可以通過加密的方式防止駭客的入侵[13,14]。

美國沃爾瑪連鎖超市 2005 年開始在貨箱和托盤上應用無線射頻辨識技術。沃爾瑪最早使用的是 EPC Gen1 標籤，沃爾瑪 EPC Gen1 標籤於 2006 年 6 月 30 日被停止使用，從 2006 年 7 月開始，沃爾瑪要求供應商採用 EPC Gen2 標籤。零售大廠沃爾瑪的這一要求意味著許多公司（如 Metrologic 儀器和 MaxID 公司等）需要將其技術由 EPC Gen1 標準升級到 EPC Gen2 標準。

EPC Gen2 標籤不適合單品，因為標籤面積較大（主要是標籤的天線尺寸大），大致超過了 2 平方英吋（1 英吋＝2.54 公分），另外就是 Gen2 標籤相互干擾。EPC Gen2 技術主要面向托盤和貨箱級別的應用，在不確定的環境下，EPC Gen2 標籤傳輸同一信號，任何讀取器都可以接收，這對於托盤和貨箱來說是很合適的。EPC Gen3 標準可以實現單品辨識與追蹤，解決 EPC Gen2 技術無法解決的問題。

（3）現有的 EPC 標籤標準

EPC 原來有 4 個不同的標籤製造標準，分別為英國技術集團（BTG）的 ISO-18000-6A 標準、美國 Intermec 科技公司的 ISO-18000-6B 標準、美國 Matrices 公司（現在已經美國符號科技公司收購）的 Class0 標準和 Alien Technology 公司的 Class1 標準。上述每家公司都擁有自己標籤產品的知識產權和技術專利，EPC Gen2 標準是在整合上述 4 個標籤標準的基礎上產生的，同時

EPC Gen2 標準擴展了上述 4 個標籤標準。

EPC Gen2 標準的一個問題是特權許可和發行。Intermec 科技公司宣布暫停任何特權來鼓勵標準的執行和技術的推進，BTG、Alien、Matrics 和其他大約 60 家公司簽署了 EPCglobal 的無特權許可協定，這意味著 EPC Gen2 標準及使用是免版稅的。但 UHF RFID 產品（如電子標籤和讀取器等）並非免版稅，Intermec 科技公司聲稱，基於 EPC Gen2 標準的產品包含了自己的幾項專利技術[15,16]。

EPC Gen2 標準詳細描述了第二代 EPC 標籤與讀取器之間的通訊，EPC Gen2 是符合「EPC Radio Frequency Identity Protocols/Class 1 Generation2 UHF/RFID/Protocol for Communications at 860MHz～960MHz」規範的標籤。EPC Gen2 的特點如下。

① 開放和多協定的標準　EPC Gen2 的空中介面協定綜合了 ISO/IEC 18000-6A 和 ISO/IEC-18000-6B 的特點和長處，並進行了一系列修正和擴充，在物理層數據編碼、調變方式和防碰撞算法等關鍵技術方面進行了改進，並促使 ISO/IEC-18000-6C 標準在 2006 年 7 月發布。

EPC Gen2 的基本通訊協定採用了「多方菜單」。例如，調變方案提供了不同方法來實現同一功能，給出了雙邊帶幅移鍵控（DB-ASK）、單邊帶幅移鍵控（SS-ASK）和反相幅移鍵控（PA-ASK）3 種不同的調變方案，供讀取器選擇。

② 全球頻率　Gen2 標籤能夠工作在 860～960MHz 頻段，這是 UHF 頻譜所能覆蓋的最寬範圍。世界不同地區分配了不同功率的電磁頻譜用於 UHF RFID，Gen2 的讀取器能滿足不同區域的要求。

③ 讀取速率更大　EPC Gen2 具有 80Kbps、160Kbps 和 640Kbps 3 種數據傳輸速率，Gen2 標籤的讀取速率是原有標籤的 10 倍，這使 EPC Gen2 標籤可以實現高速自動作業。

④ 更大的儲存能力　EPC Gen2 最多支持 256 位的 EPC 編碼，而 EPC Gen1 最多支持 96 位的 EPC 編碼。EPC Gen2 標籤在晶片中有 96B 的儲存空間，並有特有的口令，具有更大的儲存能力以及更好的安全性能，可以有效地防止晶片被非法讀取[17,18]。

⑤ 免版稅和兼容　EPC Gen2 宣布暫停任何特權來鼓勵標準的執行和技術的推進，這意味著 EPC Gen2 標準及使用是免版稅的，廠商在不繳納版稅的情況下可以生產基於該標準的成品。

EPC Gen2 標籤可從多管道獲得，不同銷售商的設備之間將具有良好的兼容性，它將促使 EPC Gen2 價格快速降低。

⑥ 其他優點　EPC Gen2 晶片尺寸小，將縮小到原有版本的 1/2 到 1/3。EPC Gen2 標籤具有滅活功能，標籤收到讀取器的滅活指令後可以自行永久銷

燬。EPC Gen2 標籤具有高讀取率，在較遠的距離測試具有近 100％的讀取率。EPC Gen2 具有實時性，容許標籤延後進入讀取區仍然被讀取，這是 Gen1 所不能達到的。EPC Gen2 標籤具有更好的安全加密功能，讀取器在讀取資訊的過程中不會把數據擴散出去。EPC Gen2 標籤的特點如圖 6-21 所示。

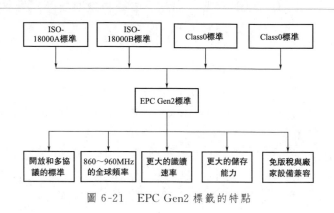

圖 6-21　EPC Gen2 標籤的特點

6.3.2.2　RFID 技術標準

　　目前 RFID 技術標準主要定義了不同頻段的空中介面及相關參數，包括基本術語、物理參數、通訊協定和相關設備等。UHF 頻段（300～3000MHz）的射頻辨識協定主要分為兩大陣營：一是 ISO/IEC（國際標準化組織）標準體系，另一個是 EPCglobal 標準體系。

　　ISO/IEC18000 是國際標準化組織的一個覆蓋目前可用頻段的 RFID 空中介面標準。目前支持 ISO/IEC18000 標準族的 RFID 產品最多，技術最為成熟。其中，ISO/IEC18000-6 標準定義了 860～960MHz 頻段下的 RFID 空中介面標準。EPC 規範由 Auto－ID 中心及後來成立的 EPCglobal 負責制定。EPC Class1 Gen2 標準是 EPCglobal 基於 EPC 和物聯網概念推出的，是為每件物品賦予唯一標識代碼的電子標籤和讀取器之間的空中介面通訊技術標準。2006 年 6 月 EPCglobal Class1 Gen2 標準正式進入 ISO/IEC18000-6 標準，成為 ISO/IEC18000-6C。

　　根據出現的時間順序，ISO18000-6 標準可分為 Type A、Type B 和 Type C 三代，它們之間的主要區別見表 6-4，其各自的通訊機制見圖 6-22～圖 6-24。表 6-4 中歸納的各項是設計 Gen2 標準的讀取器電路和軟體時必須遵循的規範。概括地說，Type A 特點是儲存容量大，防衝突能力弱，指令類型多。Type B 特點是儲存容量小，防衝突能力強，指令簡單。Type C，即 EPCglobal Gen2 標準，讀取器具有較高的讀取率和讀取速度，與以往的讀取器相比，讀取速率要快

5～10 倍；兼容全球的 RFID 頻率；有靈活的編碼空間；有良好的安全性和隱私保護性等特點。除此之外，Gen2 標準還增加了密集讀取器模式下工作的功能[19]。

表 6-4　ISO18000-6 各標準比較

比較項	TypeA	TypeB	TypeC（Gen2）
前向鏈路編碼	PIE	Manchester	PIE
後向數據編碼	FM0	FM0	FM0、Millersubcarrier
調變方式	ASK	ASK	DSB-ASK、SSB-ASK、PR-ASK
調變深度	27％～100％	30％或 100％	80％～100％
位速率	33Kbps	10～40Kbps	26.7～128Kbps
防衝突算法	ALOHA	二叉樹	時隙隨機算法
前進鏈路錯誤校驗	所有命令採用 5 位 CRC 校驗	16 位 CRC	16 位 CRC 除 Query 命令採用 5 位 CRC
後向鏈路錯誤校驗	16 位 CRC	16 位 CRC	除 RN16 採用 16 位 CRC

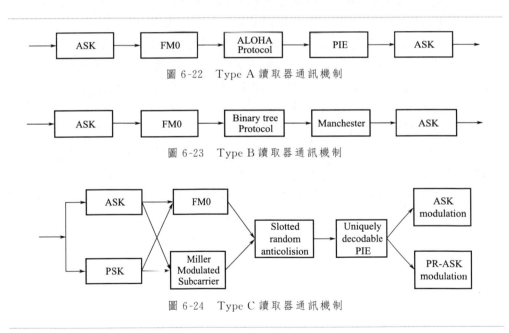

圖 6-22　Type A 讀取器通訊機制

圖 6-23　Type B 讀取器通訊機制

圖 6-24　Type C 讀取器通訊機制

6.3.2.3　EPC Gen2 UHF 標準的介面參數

各個公司生產的符合 EPC Gen2 UHF 標準的電子標籤，均應符合 EPC Gen2 UHF 相關無線介面性能的標準。從應用電子標籤的角度來說，用戶不必

詳細了解該標準的各項參數及讀取器與電子標籤之間的無線通訊介面性能指標。但是，對以下重要的技術參數有一個大致了解，會對用戶使用電子標籤時的裝置選型及系統設計有較大幫助[20]。

首先是 EPC Gen2 UHF 物理介面概念及其說明。EPC 系統是一個針對電子標籤應用的系統，一般包括讀取器、電子標籤、天線以及上層應用介面程式等。每家廠商提供的產品應符合相關標準，所提供的設備在性能上有所不同，但功能是相似的。系統工作過程可簡單表述為：讀取器向一個或一個以上的電子標籤發送資訊，採用無線通訊的方式調變射頻載波信號。標籤通過相同的方式調變射頻載波接收功率。讀取器通過發送未調變射頻載波和接收由電子標籤反射（反向散射）的資訊來接收電子標籤中的數據。

EPC Gen2 UHF 標準規定了系統的射頻工作頻率為 860～960MHz。但各個國家在確定自己的使用頻率範圍時，會根據情況選擇某段頻率作為使用頻段。中國目前暫訂的使用頻段為 920～925MHz。用戶在選用電子標籤和讀取器時，應選用符合國家標準的電子標籤及讀取器。一般來說，電子標籤的頻率範圍較寬，而讀取器在出廠時會嚴格按照國家標準規定的頻率來限定。

跳頻展頻模式讀取器在有效的頻段範圍內，將該頻段分為 20 個頻道，在某個使用時刻，讀取器與電子標籤只占用一個頻道進行通訊。為防止占用某個頻道時間過長或該頻道被其他設備占用而產生干擾，讀取器使用時會自動跳到下一個頻道。用戶在使用讀取器時，如發現某個頻道在某地已被其他設備占用或某個頻道上的信號干擾很大，可在讀取器系統參數設定中先將該頻道封鎖掉，這樣讀取器在自動跳頻時會自動跳過該頻道，以避免與其他設備的應用衝突。

讀取器的發射功率是一個很重要的參數。讀取器對電子標籤的操作距離主要由發射功率確定，發射功率越大，則操作距離越遠。中國的暫訂標準為 2W，讀取器的發射功率可以通過系統參數的設置進行調整，可分為幾級或連續可調，用戶需根據自己的應用調整該發射功率，使讀取器能在用戶設定的距離內完成對電子標籤的操作。對於滿足使用要求的，可將發射功率調低，以減少能耗。

天線是讀取系統非常重要的一部分，它對讀取器與電子標籤的操作距離有很大的影響。天線的性能越好，則操作距離可能會越遠。用戶在選用時應根據需要確定。天線介面阻抗為 50Ω，範圍為 860～960MHz[21]。

讀取器與天線的連接有兩種情況，一種是讀取器與天線裝在一，稱為分體機，另一種是通過 50Ω 的同軸電纜與天線相連，稱為分體機。天線的指標主要有使用效率（天線增益）、有效範圍（方向性選擇）、匹配電阻（50Ω）、介面類型等。用戶在選用時，需根據自己的需要選用相關的天線[22]。

一個讀取器可以同時連接多個天線，在使用這種讀取器時，用戶需先設定天線的使用序列。數據傳輸速率有高、低兩種。一般的廠商都選擇高速數據傳輸

速率。

參考文獻

[1]   LANDT J. The history of RFID[J]. IEEE Potentials, 2005, 24 (4)：8-11.

[2]   NUMMELA J, et al. 13. 56 MHz RFID antenna for cell phone integrated reader[J]. Antennas and Propagation Society International Symposium, 2007 IEEE. 2007.

[3]   LU S, YU S. A fuzzy k-coverage approach for RFID network planning using plant growth simulation algorithm[J]. Journal of Network and Computer Applications, 2014. 39 (1)：280-291.

[4]   PRERADOVIC S, KARMAKAR N C. RFID Readers—Review and Design. 2010.

[5]   占小波. 基於環境反向散射的無源無線通信系統研究與實現 [D]. 南昌：東華理工大學. 2017.

[6]   FU X, et al. A low cost 10. 0 ~ 11. 1 GHz X-band microwave backscatter communication testbed with integrated planar wideband antennas[C]. 2016 IEEE International Conference on RFID (RFID). 2016.

[7]   萬小磊. 無源 UHF RFID 標籤晶片射頻模擬前端關鍵技術研究 [D]. 北京：國防科學技術大學. 2016.

[8]   CHEN M, CHEN S, FANG Y. Lightweight Anonymous Authentication Protocols for RFID Systems[C]. IEEE/ACM Transactions on Networking, 2011, 14 (1)：11.

[9]   RASOLOMBOAHANGINJATOVO A H, et al. Custom PXIe-567X software defined interrogation signal generator for surface acoustic wave based passive rfid[J]. IEEE sensor journal, 2015.

[10]   LI F, et al. Wireless Surface Acoustic Wave Radio Frequency Identification (SAW-RFID) Sensor System for Temperature and Strain Measurements [C]. Ultrasonics Symposium (IUS). 2011 IEEE International. 2011.

[11]   SANG H L, JIN I S. A System Implementation for Cooperation between UHF RFID Reader and TCP/IP Device [C]. International conference on future generation communication and networking, 2010.

[12]   BURMESTER M, MEDEIROS B D. The security of EPC Gen2 compliant RFID protocols [C]. Applied Cryptography and Network Security, 6th International Conference, ACNS 2008, New York, NY, USA, June 3-6, 2008. Proceedings. 2008.

[13]   MANDAL K, GONG G. Filtering Nonlinear Feedback Shift Registers using Welch-Gong Transformations for Securing RFID Applications[J]. Security & Safety, 2016. 3 (7)：1517-26.

[14]   REN N F, WANG X J, LI Y. Development of Pharmaceutical Production Management System Based on RFID[J]. Key Engineering Materials. 522：810-813.

[15]   BRADY M J, et al. Magnetic tape storage media having RFID transponders [J]

. Internec, 2001.

[16]　　ZHANG X, LIAN X. Design of warehouse information acquisition system based on RFID[C]. Autonation and logistics conference, 2008.

[17]　JEON K Y, CHO S H. Performance of RFID EPC C1 Gen2 Anti-collision in Multipath Fading Environments[J]. IEEE Computer Society, 2009.

[18]　黃奇津. The Principles for RFID Gen2 UHF Reader and Tag. 2012.

[19]　PARK J, NA J, KIM M. A Practical Approach for Enhancing Security of EPCglobal RFID Gen2 Tag[C]. Future generation communication and networking, 2007.

[20]　NOMAGUCHI H, MIYAJI A, SU C. Evaluation and Improvement of Pseudo-Random Number Generator for EPC Gen2 [C]. 2017 IEEE Trustcom/BigDataSE/ICESS, 2017.

[21]　COSTA F C d, et al. Impedance measurement of dipole antenna for EPC Global compliant RFID tag[C]. Microwave & Optoelectronics Conference (IMOC), 2013 SBMO/IEEE MTT-S International, 2013.

[22]　UKKONEN L, et al. Performance comparison of folded microstrip patch-type tag antenna in the UHF RFID bands within 865-928 MHz using EPC Gen 1 and Gen 2 standards [J]. International Journal of Radio Frequency Identification Technology & Applications, 2007. 1 (2)：187-202.

[23]　KIM S C, KIM S K. An enhanced anti-collision algorithm for EPC Gen2 RFID system[C]. the 5th FTRA International Conference on Multimedia and Ubiquitous Engineering, MUE 2011, Crete, Greece, 2011.

第7章

射頻辨識物聯網的網路安全

隨著物聯網應用的廣泛開展，物聯網安全成了一個極其重要的問題。廣義的物聯網安全是包括網路安全、操作系統安全、軟體安全、資料庫安全、通訊安全、應用安全等在內的所有安全問題。而狹義的物聯網安全是針對物聯網系統特有的安全形式提出的安全方法和策略。物聯網已經發展演化為一個傳統網路、辨識技術、感測網路、無線網路、普適運算和雲端運算等多個資訊行業高度融合的資訊產業鏈。系統高度複雜化、高度開放性和資訊量極其巨大對物聯網安全提出了新的挑戰[1,2]，也是當前物聯網研究關注的一個焦點問題。物聯網安全領域與安全需要見圖 7-1。

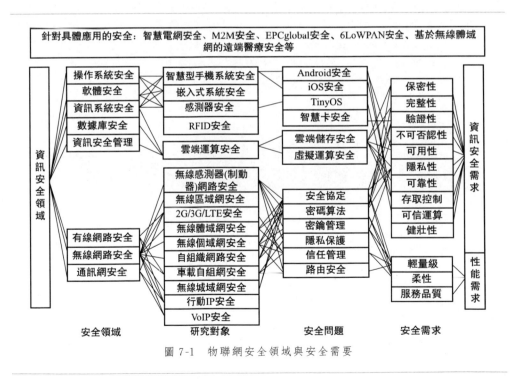

圖 7-1　物聯網安全領域與安全需要

物聯網安全的形勢不容樂觀。一方面全球物聯網市場增長十分迅速，全球網際網路設備數量以指數形式增長，萬物互聯的設想已然成為現實。2017 年物聯

網設備的聯網數量已達到 63 億，據權威預測，2025 年物聯網設備將達到 252 億。5G 通訊、NB-IoT、LoRa 通訊技術的發展讓如此龐雜的物聯網設備進行互聯互通成為可能。另一方面物聯網安全問題時有發生，而且呈現上升趨勢，安全問題所引發的支出不斷增加，嚴重影響和制約著物聯網進一步發展。某互聯網企業 2017 年度安全報告顯示，全球物聯網上半年網路攻擊同比增長 280％，2017 年 9 月發現的 8 個安全漏洞能夠對全球 5 億多個物聯網設備產生影響，2017 年 10 月 WiFi 設備的重要安全協定 WAP2 曝出了安全漏洞，將對全部的行動終端產生影響[3,4]。

7.1　物聯網所面臨的安全問題

物聯網安全是指保護物聯網的軟硬體及其系統中的數據不被惡意或者偶然的因素破壞、更改和泄露，保證物聯網系統連續可靠工作。它包含一切預防、緩解和解決物聯網系統中的安全威脅的技術手段和管理策略。

為了直觀地理解物聯網安全問題，分別從物聯網終端、網路和雲端平臺三個部分所面臨的威脅介紹（圖 7-2）。

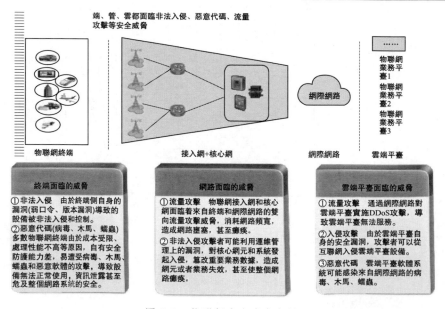

圖 7-2　物聯網安全威脅分析

（1）物聯網終端所面臨的安全問題

物聯網終端要實現的根本目標是萬物互聯，決定了物聯網終端設備不僅數量極大，而且分布區域很廣，多數設備是敷設在室外的，因而管理極其困難。而且終端因造價限制本身的安全驗證機制被大幅削弱，物聯網終端面臨的安全問題比以往任何網路的安全問題都嚴峻。因為終端自身的弱口令或版本漏洞的存在，終端存在非法入侵和控制的危險。物聯網設備同時面臨病毒、木馬和蠕蟲病毒等惡意代碼攻擊的危險。終端的漏洞甚至會危害整個系統安全，但是鑑於終端的資訊處理能力，終端安全防護措施的實施手段是相當有限的。

（2）接入網和核心網所面臨的安全問題

物聯網的傳輸層是構建在現有的網際網路基礎上的，因此現有的網際網路攻擊手段對物聯網仍然是有效的。接入網和核心網仍然面臨著來自網際網路的攻擊威脅，這些威脅會消耗大量的網路頻寬，造成網路壅塞甚至癱瘓。非法用戶也可以利用網路中的協定或軟體漏洞對系統發動攻擊，獲取口令和篡改數據。

（3）雲端平臺所面臨的安全問題

網際網路上的雲端平臺依然不能完全避免常規的攻擊手段，來自網際網路的攻擊依然有效，例如，DDoS 攻擊可以導致雲端平臺業務通訊埠的阻塞，雲端平臺軟體依然面臨著安全漏洞，攻擊者可以利用這些漏洞對雲端平臺展開攻擊。同時，網際網路所帶來的病毒、木馬和蠕蟲等惡意代碼隨時會對雲端平臺發致命的攻擊。

物聯網安全威脅逐漸顯露了幾大特性。首先，物聯網安全威脅具有必然性，基於物聯網系統的複雜性和開放性以及不可預知的人為因素，物聯網的安全威脅必然存在。其次，物聯網的系統複雜性決定了網路安全品質與投入的資金之間呈現的強關聯性、正相關性。再次，物聯網的安全呈現相對性，物聯網的規模和系統複雜性決定了絕對的安全是很難保證的，全面的防護措施付出的代價是高昂的，因此將安全目標定義為安全可靠的服務，而非整體的防護。最後，隨著技術和應用環境的變換，新的物聯網安全威脅會不斷呈現出來，因此安全具有動態特性。

然而隨著物聯網應用領域的拓展，物聯網不僅被應用到一般的企業環境中，而且在涉及國計民生的一些關鍵領域也開始推廣使用，智慧電網、遠端醫療以及智慧製造、公共安全等領域目前也有了大量應用。而這些領域對物聯網的安全要求非常嚴苛。在物聯網的感知層，物聯網終端的安全需要可以理解為物理安全、接入安全、運行環境安全、業務數據安全、有效的統一管理。

以下是物聯網面臨的新威脅及其攻擊方法[5~7]：

① 控制系統、車輛甚至人體都可以通過物理感知、執行和控制系統的未經授權存取（包括車輛、SCADA、可植入和非植入式醫療設備、製造生產線和其

他物聯網的資訊物理實現），造成傷害或更嚴重的後果。

　　② 醫療服務人員可能根據修改的健康資訊或被操縱的感測器數據對患者做出不正確地診斷和治療。

　　③ 入侵者可以通過對電子遙控門鎖系統的攻擊來獲許進入家庭住所或商業機構的辦公場地。

　　④ 對內部總線通訊的阻斷服務攻擊可能造成車輛失控。關鍵的安全資訊，如輸氣管線破損的警報，可能因 IoT 感測器遭受 DDoS 攻擊而未被察覺。

　　⑤ 通過重載關鍵安全特徵值或能源供應/溫度規則損壞重要基礎設施。

　　⑥ 惡意方可以根據泄露的個人健康資訊（PHI）等敏感資訊竊取身分和金錢。

　　⑦ 通過非授權存取車輛、SCADA、植入和非植入設備、製造和其他 IoT 實現裝置的物理感測器、執行和控制系統，實現非法使用和操縱控制系統、車輛甚至人體，導致人身傷害甚至更嚴重的危害。

　　⑧ 利用基於資產使用時間和時長的使用模式追蹤技術，實現對人員位置的非法追蹤。

　　⑨ 通過蒐集暴露的和允許行為分析的位置數據，對人的行為和活動進行未經授權的追蹤，而這些蒐集活動通常在沒有明確通知個人的情況下進行。

　　⑩ 通過小規模物聯網設備提供的持續遠端監控功能進行非法監控。

　　⑪ 通過查看網路和地理的追蹤和物聯網元數據，創建不恰當的個人資料和分類。

　　⑫ 通過未經授權的 POS 和 mPOS 存取操縱金融交易。停止提供服務可能造成錢財損失。

　　⑬ 缺乏物理安全控制會使部署在偏遠地區的物聯網資產容易遭到盜竊或破壞。

　　⑭ 通過利用嵌入式設備（如汽車、房屋、醫療嵌入設備）軟體和韌體更新操作，能夠在未經授權的情況下存取 IoT 邊界設備並操控數據。

　　⑮ 通過入侵物聯網邊界設備並利用信任關係，在未經授權的情況下存取企業網路。

　　⑯ 通過入侵大量的物聯網邊界設備來創建殭屍網路。

　　⑰ 通過入侵基於軟體的信任儲存設備中儲存的密鑰資料能夠仿冒 IoT 設備。

　　⑱ 基於物聯網供應鏈安全問題的未知設備入侵行為。

7.2　端管雲架構下的安全機制

　　端管雲物聯網架構下的安全機制分為感知層的終端安全、網路傳輸層的網路

安全、應用處理層的雲端安全三個層次[8]。

7.2.1　終端感知層的安全

物聯網閘道分為輕量型閘道和複雜終端兩類，輕量型閘道功能單一，物理用途單一，成本很低，如射頻辨識終端、ZigBee 單位。而複雜終端為多功能、可運行多個應用的終端。如網路互聯設備、智慧家電、工業控制器、以及智慧汽車檢測設備等。終端感知層的安全內容涉及各個方面：

(1) 物理安全

物理安全是當今物聯網系統安全非常急需也是相當豐富的部分，涉及設備防盜、防水和防電磁干擾。物聯網終端設備分布廣泛，因此管理十分困難。

(2) 接入安全

由於物聯網的終端管理困難，所以接入安全也變得異常重要，終端的異常分析、過濾和加密通訊為終端設備到核心網之間的資訊加上了一道安全牆。

對於終端設備來說，射頻辨識的安全通訊仍然是一個十分棘手的問題，雖然有很多新的射頻辨識安全通訊技術被提出，但電子標籤極其簡單的電路無法保證通訊安全。無線通訊接入協定本身存在安全問題，WiFi 存在 DDoS 攻擊，而且安全驗證協定被證明是非常脆弱的，藍牙允許不同設備使用相同密鑰，偽裝入侵非常容易。ZigBee 通訊明文傳輸的機率極大，非常容易被攻擊。

接入安全需要對現有的接入協定和接入機制重新進行規劃。終端設備從弱安全過渡到輕量級的驗證機制以及分散式驗證和區塊鏈技術，可作為物聯網接入中選用的新的安全機制。

(3) 運行環境安全

運行環境安全包括終端的系統缺陷、操作系統安全、軟體安全以及防惡意代碼。系統缺陷可稱為系統漏洞，是指應用軟體、操作系統或者系統硬體在邏輯設計上的缺陷或錯誤。操作系統安全主要是針對物聯網設備中的操作系統安全配置或者功能缺失，物聯網設備需要一個新的方法來執行韌體、軟體和補丁的版本管理和及時更新，依靠程式的雲推送技術能夠有效地對系統軟體或應用軟體進行管理和升級。惡意代碼是指木馬或病毒軟體對資訊系統的破壞。

系統安全的隱患主要針對外部網路攻擊以及非授權和非法驗證存取。外部網路對系統攻擊方法很多，例如，採用大量 TCP 連結占用系統通訊通訊埠資源的 TCP 洪水攻擊（TCP flood）；將回覆位址設置成受害網路的廣播位址的 ICMP 應答請求（Ping）數據包，以淹沒受害主機，導致該網路的所有主機都對此 ICMP 應答請求做出答覆，使網路阻塞的 Smurf 攻擊；通過大量網際網路流量對

目標伺服器進行流量攻擊、正常服務或流量卻無法完成的 DDoS 攻擊，DDoS 通常採用多個感染電腦構成的殭屍網路作為攻擊流量來實現攻擊的有效性；利用欺騙性的電子郵件或偽造的 Web 站點來進行網路欺騙，被釣魚的物件會洩露自己重要的私密數據的釣魚攻擊。非授權和驗證存取，指攻擊者使用未經授權的 IP 位址來使用網上資源或隱匿身分進行非法破壞活動。攻擊方法主要是利用系統漏洞獲得主機系統的控制權。一旦獲取控制權後可清除記錄和留下後門。

由於 IoT 設備是硬體、操作系統、韌體和軟體的集合，邊緣的設備與其他設備和系統互聯互通，從而交織成一個相關的網路。但邊緣 IoT 設備安全處理能力很弱，安全開發就成了物聯網工程師必須考慮的技術，對於物聯網設備應進行安全測試，甚至考慮建立完備的安全測試實驗室。考慮 IoT 設備在所有的層次上可能暴露出來的安全問題和安全漏洞，注意強化底層的操作系統，減少硬體特有的漏洞，也包括使用代碼分析工具來分析代碼漏洞，對軟體進行滲透測試，以盡量避免系統漏洞。開放網路應用安全專案（Open Web Application Security Project，OWASP）組織以及中國的華為、騰訊等公司都致力於安全開發指導工作。其中 OWASP 就提出了 IoT 設備開發應避免的前十名的安全問題。

Top1　弱密碼、可猜測密碼或硬編碼密碼。

使用輕易可遭暴力破解的、可公開獲取的或無法更改的憑證，包括韌體或用戶端軟體中存在允許對已部署系統進行未經授權存取的後門。

Top2　不安全的網路服務。

設備本身運行的不必要的或不安全的網路服務，尤其是暴露在網際網路的，攻陷資訊機密性、完整性、真實性、可用性或允許未授權遠端控制的服務。

Top3　不安全的生態介面。

設備外生態系統中不安全的 web、後端 API、雲端或行動介面，導致設備或相關組件遭攻陷。常見的問題包括缺乏驗證/授權、缺乏加密或弱加密以及缺乏輸入和輸出過濾。

Top4　缺乏安全的更新機制。

缺乏安全更新設備的能力，包括缺乏對設備韌體的驗證、缺乏不安全的交付（未加密的傳輸）、缺乏反回滾機制以及缺乏對更新的安全變更的通知。

Top5　使用不安全或已遭棄用的組件。

使用已遭棄用的或不安全的易導致設備遭攻陷的軟體組件/庫，包括操作系統平臺的不安全定製以及使用來自受損供應鏈的第三方軟體或硬體組件。

Top6　隱私保護不充分。

不安全地、不當地或未經授權使用儲存在設備或生態系統中的用戶個人資訊。

Top7　不安全的數據傳輸和儲存。

對生態系統中任何位置的敏感數據缺乏加密或存取控制，包括未使用時、傳輸過程中或處理過程中的敏感數據。

Top8　缺乏設備管理。

缺乏對生產過程中的設備的安全支持部署，包括資產管理、更新管理、安全解除、系統監控和響應能力。

Top9　不安全的默認設置。

設備或系統的默認設置不安全，或缺乏通過限制操作者修改配置的方式讓系統更加安全的能力。

Top10　缺乏物理加固措施。

缺乏物理加固措施，導致潛在攻擊者能夠獲取敏感資訊以便後續進行遠端攻擊或對設備進行本機控制。

(4) 業務數據安全

物聯網業務數據安全需要創建企業數據安全策略，這個策略在任務明確的那一刻就開始了，通過辨識資料元對數據進行分類，並考慮設備或程式的屬性。對設備或應用程式的屬性跟資料元的類別進行匹配管理，也就是設定設備或程式調用數據的權限。數據安全還包括設備發送、接收或者儲存過程，同時也包括固有的物理世界數據安全，這些固有的物理裝置所對應的數據表面上看似乎是毫不相干的，也看不出敏感性或私密性，但是在合適的條件下，將會變得很有價值。

對物聯網建立數據所有權的策略應包括數據儲存安全、數據傳輸安全、數據處理安全、數據泄露安全、數據完整性和聚合安全[9]。

① 數據儲存安全指針對物聯網設備數量龐大、種類繁多、成網複雜的特點，資料元可能需要更加可靠的加密手段。現有的許多物聯網應用程式只對資料元儲存進行了加密，但是在程式運行過程中並沒有進行數據加密。對物聯網來說，在軟體的生命週期內使用密鑰加密這些數據和參數是非常必要的。加密密鑰在設備內應放置於加密模組中，採用物理加固的方式進行安全儲存。對所有的敏感數據和應用數據以及密鑰、身分驗證、存取控制等都盡可能加密儲存，防止設備被盜或遺失時敏感資訊泄露。

② 數據傳輸安全是指在發送或接收數據時，要盡可能包含加密保護、完整性檢查和身分驗證算法，並由專門的晶片來執行。除非物聯網設備中預先設置了對稱密鑰，否則設備控制和數據收集系統盡可能地建立一次性或有限使用次數的密鑰來加密設備的數據。一個完全的或靜態的相互認可的數位證書有助於解決此類問題。

③ 數據處理安全是建立在物聯網邊緣設備的一個可信代碼執行環境。受信的執行環境提供了可在各種處理器上使用的功能。基於 ARM 設備可以利用信任域（TrustZone）類似的技術。該技術是 ARM 針對消費電子設備設計的一種硬

體架構，其目的是構建一個安全框架來抵禦各種可能的攻擊。它將片上系統的硬體和軟體資源虛擬出安全和非安全兩個世界，所有需要保密的操作在安全世界執行，這些保密操作一般包括指紋辨識、密碼處理、數據加密解密和安全驗證等，其餘操作在非安全世界執行，如用戶操作系統和各種應用程式等，見圖 7-3。

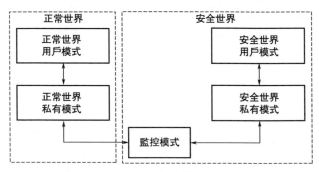

圖 7-3　在 ARM 上虛擬的兩個世界

　　④ 數據泄露保護。在規劃和執行物聯網部署時應該考慮數據泄露的問題，預防數據泄露對物聯網本身來說至關重要。數據泄露保護保證敏感數據不會在限定的用戶群或網路之外泄露。對於適當的數據泄露，保護資料元素標記是一個關鍵的策略，並使用安全策略強化終端、XML 衛士、單向二極體和其他設備過濾和監管敏感數據的後續轉移。

　　⑤ 數據聚合保護和策略。物聯網設備產生大量的數據，這些數據集在各種數據分析系統中很有用。數據聚合時確保不違反用戶或系統的隱私規則。

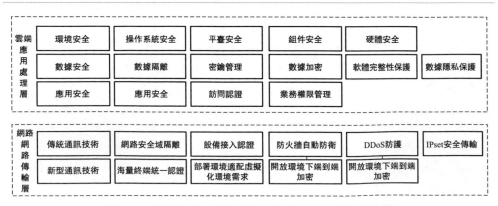

圖 7-4　端管雲協同的智慧安全態勢感知防護安全需要

　　圖 7-4 所示為端管雲協同的智慧安全態勢感知防護安全需要。

在很多安全要求較高的工業領域，如電力、供水等涉及國計民生的領域，終端感知層設備的物理層安全是一個強制要求的項目。對進入關鍵任務的設備和設備的存取權限及作用區域進行嚴格控制，因為任意一個安全違規都可能導致災難性後果。與軟體系統一樣，物理身分驗證和存取管理措施應該設立，保證只有授權人員可以進入安全存取的區域，這些區域包括數據中心、伺服器、工作場所以及其他關鍵設備區域。可以採用物理鑰匙的授權分發機制，在核心區域加入全面監控也是一項必須考慮的技術，並且在條件允許的情況下，開發基於 GIS 的物聯網資產管理系統，定期對資產進行巡檢，能夠更有效地管理設備。室外環境的圍欄也可以考慮在內，但應考慮造價。對暴露在外的物理設備要考慮加裝防篡改外殼和一次性標籤，並考慮篡改證據記錄和篡改告警響應機制。考慮為設備添加嵌入的防篡改模組和加密模組。固定的設備貼上告警牌和標語，防止未經許可對設備進行拆除破壞。

定期對設備的韌體進行升級更新和安全修補，在更新檔案的來源上進行把控，確保安裝到設備的檔案的來源安全以及檔案的完整性。完整性校驗一般採用散列函數，在設備執行代碼之前要進行軟體測試，用正確數據和錯誤數據對設備進行全面測試，盡可能找到存在的缺陷。對設備必須進行定期測試，確保設備正常運行。

另外，更改網路設備的默認密碼，執行強密碼策略，限制閘道收集、儲存或彙總數據的範圍，都是非常良好的安全策略，方法簡單。但實際上這些環節是實踐中最容易出問題的環節。

在很多重要的物聯網應用領域，為了防止攻擊者發送未經授權的無線通訊命令對設備進行重新編程，或注入阻斷服務攻擊、關閉電源等破壞性程式或指令，可以考慮設備的抗干擾裝置，能夠主動探測和干擾攻擊者建立未經授權的無線鏈路。

7.2.2 網路安全

物聯網通過通訊網路進行資訊的獲取、傳遞和處理。所依賴的網路就是現有的 Internet 或蜂窩網路，而且隨著設備逐漸演化，自身又有了新的接入方式，如窄頻物聯網網路、無線自組織網路等。涉及的網路通訊種類繁多，網路協定自然是多樣化的。物聯網網路所面臨的威脅更為複雜，網路漏洞更多。

物聯網面臨的網路安全威脅概括來有以下四個方面[10]。

① 無線通訊傳輸具有很大的安全漏洞　物聯網採用了大量的無線通訊，而且多數通訊協定為了使節點的造價降低使用了簡化的通訊方案，這使無線通訊系統的安全性能大大降低。另外，無線網路通訊暴露在自由空間中，本身固有通訊

脆弱性。如空中介面的安全性一直是一個難題。

② 傳輸網路容易阻塞　物聯網中節點數量極其龐大，而且多以集群形式存在，網路頻寬很容易被大量業務占用，因此，一旦收到類似阻斷服務之類的攻擊，很容易造成網路阻塞、癱瘓。

③ 非法接入和存取網路資源　節點配置對安全的要求不一樣，物聯網並沒有統一的安全標準，所以很多節點更容易被操控，一旦被利用，將成為網路的整體突破口，可以獲取口令或用戶資訊、配置資訊和路由資訊等。

④ 網路管理十分困難　簡訊、數據、語音、影片等通訊業務複雜多樣，對通訊業務的管控依賴於獨立的管控設備，但隨著物聯網設備規模不斷增加，業務組合的多樣性也在增加，管控的成本指數增加，因此物聯網呈現了管控成本急遽上升的趨勢。

防火牆是基於類型、通訊埠和目的地過濾流量的。防火牆已經發展到通過更深層次的分析，如 IPS 和流量檢測服務，能夠深入到數據包更好地檢測惡意流量。這樣的設備是實施分層防禦最容易的點之一[11]。

經常掃描防火牆和路由器的開放通訊埠。開放通訊埠可以稱得上是駭客的邀請函。檢查路由器是否錯誤地配置了 NAT-埠對映協定（NAT-PMP）服務。NAT-PMP 是一個沒有內置的驗證機制的協定，並且信任所有屬於路由器區域網路的主機，從而允許它們自由地「衝」出防火牆。錯誤配置路由器 NAT-PMP 服務是 OWASP 10 大物聯網威脅之一[12]。

使用網路存取控制來統一終端安全技術，如防病毒和主機入侵防禦。防病毒產品通過諸如檔案簽名比較來保護電腦免受惡意軟體破壞。

定期執行漏洞評估，以確保用戶和系統對網路的驗證符合組織的安全策略。包括強密碼策略、密碼管理和定期更改密碼。

在路由器和閘道等網路設備中禁用「Guest」和默認密碼。這應該在打開一個新的網路設備後立即完成，然後才將設備接入到網路中。

為每個設備記錄所有 MAC 位址，並且使路由器只對這些設備分配 IP 位址。所有未知設備將被阻止存取網路。

對於無線網路，使用無線保護存取 2（WPA2）代替無線加密協定（WEP）。WPA2 使用更強大的無線加密，始終在無線網路中使用強複雜密碼策略。

對無線網路，使用多個服務集辨識符（SSID），而不是只使用一個 SSID。這允許網路管理員為每個 SSID 分配不同的策略和功能，並基於風險和關鍵性將設備分配到不同的 SSID。以這種方式分割無線網路，如果一個設備被駭客攻擊，其他設備在不同的分段將不會受到損害。

使用專用的預共享密鑰（PPSK）確保每個感測器或設備能安全地連接到 WiFi。管理員可以為網路上的每個用戶和用戶端分配唯一的可撤銷密鑰。這些

密鑰定義分配給與該密鑰連接的設備的權限。許多技術公司能夠提供這種能力。

　　越來越多的物聯網設備將它們的數據儲存在雲端中進行分析，通過加密和其他手段適當地保護這些數據。

7.2.3　雲端安全

　　由於雲端運算不必購置硬體，可以通過定製和定義的方法獲得應用軟體，因此雲端運算在靈活性、彈性和經濟性方面有巨大的優勢，可以為企業節省資金，減少因軟硬體管理問題而出現不必要的業務停止，同時雲端運算也為企業的網路安全提供了額外的收益。越來越多的企業認識到雲端運算帶來的好處。物聯網技術因業務量的問題，應用層採用雲端運算技術成為了最佳的選擇。然而關於雲端安全的問題，自雲端運算產生之日就相伴而生了，雲端安全問題目前呈現了愈演愈烈的趨勢。

　　雲端安全聯盟主要以雲端運算的 NIST 模型和 ISO/IEC 模型為參考，制定雲端運算模型如圖 7-5 所示。

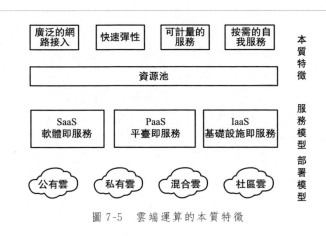

圖 7-5　雲端運算的本質特徵

　　物聯網並不需要一套全新的對任何傳統應用層上的指導原則都適用的應用安全準則。

　　如果某組織正在編寫自己的應用程式，應使用適當的身分驗證和授權機制。掃描任何遺留在程式裡的密碼和明碼（如在測試中留下的 Telnet 登錄密碼）。

　　如果該組織正在使用第三方或開源庫，那麼建議保留這些庫的清單，並保持更新。此外，檢查版本和相應的漏洞，以避免使用這些有安全漏洞的版本。確保安全補丁可以應用到第三方或開源庫。

　　檢查是否存在跨站腳本（XSS）或跨站請求偽造（CSRF）漏洞。CSRF 可

以通過惡意網站、電子郵件、部落格攻擊、即時資訊或程式使瀏覽器在可信站點上執行危險操作。XSS 攻擊允許攻擊者向用戶查看的 web 頁面注入用戶端腳本，或繞過存取控制。OWASP 建議使用如 ZED 攻擊代理（ZAP）或動態應用安全測試（DAST）工具來進行檢查。

物聯網部署中發現的任何脆弱問題，都需要供應商提供安全代碼審查報告以及相關的修復措施。從靜態應用安全測試（SAST）的視角來看，此步驟將作為盡職調查。如果消費者正在開發一個將託管在物聯網頂層平臺的應用程式，那麼靜態應用安全測試（SAST）和動態應用安全測試（DAST）必須執行。

應用程式也可以被託管或作為其他組織提供的服務。培訓用戶在使用服務時需要更改服務的默認密碼。

不安全的雲端介面是 OWASP 物聯網十大風險之一。確保使用 HTTPS，超過允許驗證重試次數、最大空閒時間時應該強制退出。

在保存數據時使用加密。使用強加密確保傳輸期間數據的機密性。加入隨機散列數據使它更難破解。

傳輸過程中的數據加密必須要考慮資源受限的設備，因此必須有一個小的覆蓋區是輕量級的，以避免性能瓶頸。

「正常」的行為基線化，使異常行為可以被檢測到。流量基線的來源可以是防火牆、路由器、交換機、流量收集器和網路分流器。防火牆和路由器是一個理想的始點，因為網路流量都通過這些設備。

物聯網設備的 Web 應用程式的一個挑戰是，他們傾向於使用非標準通訊埠，而不是通常的 80 或 443。設備被用來偵聽其他通訊埠。最好使用標準通訊埠掃描器來發現特定設備提供的 web 服務。在物聯網設備上掃描非標準通訊埠，因為許多通訊埠不使用標準通訊埠。

除了可選的篡改機制外，物理物聯網設備介面還需要額外的保護。在大規模部署前，JTAG、不需要的序列埠和其他製造商的介面應該被刪除或篡改。私有或祕密密鑰應儲存在「安全元件」晶片中，該晶片運行在非易失性儲存器中，並限制僅被授權用戶存取。

7.3　下一代物聯網安全方案

物聯網溝通了資訊和物理兩個不同的世界，溝通是通過廣泛採用由感測器和射頻辨識晶片構成的智慧塵埃。這些智慧塵埃又通過通訊技術和雲端運算結合在一，這必然會引深刻的技術革命。也正如之前的構想，物聯網發展十分迅速。物聯網技術首先從感測的角度出發，帶動通訊技術和雲端運算技術迅速發展。但當

所有技術進展迅速時，物聯網安全問題出現了。物聯網期望的萬物互聯必然要求感測層的裝置簡單，這樣才能更廉價，但是簡單的設備意味著協定疊和通訊方面安全性能的降低。物聯網安全主要解決以下幾種類型的安全威脅。

① 系統完整性的破壞　如果系統組件被篡改，系統將無法按照設計運行，植入的惡意軟體將對系統產生持續擴散的威脅。

② 系統入侵　攻擊者突破邊界保護和身分驗證機制，利用系統漏洞或者使用其他攻擊手段侵入系統。然後攻擊者惡意使用系統資源，破壞系統數據或進程，或者竊取重要的系統數據。

③ 惡意濫用權限　用戶或進程利用系統漏洞發越權攻擊，利用規則獲取未經授權的存取權限，由此產生了特權濫用，對系統安全造成嚴重威脅。

④ 數據安全的威脅　是指對數據完整性、機密性和可用性以及對隱私資訊的威脅。

⑤ 網路服務攻擊引的業務中斷　攻擊者攻擊系統提供的網路服務，導致系統無法正常工作。這些攻擊手段有來自網際網路的，也有針對物聯網出現的新的攻擊手段。

目前有很多端管雲的安全機制方案被提出，以華為公司的《物聯網安全白皮書》提出的「3T＋1M」物聯網安全架構安全方案為例說明[12,13]。端管雲的物聯網架構下的安全應是一個組合協同的概念，只有協同的安全管理系統才能夠應對物聯網感知層、網路層和應用層的安全威脅。

7.3.1　物聯網安全面臨的問題

由於物聯網終端的資源有限，很容易受到惡意的攻擊。被攻擊的節點能夠通過網路進行擴散，從而導致網路出現大面積的病毒感染。從網路角度上來說，物聯網的設備暴露在室外環境，管理十分困難，很難防範網路節點不被注入病毒。物聯網網路協定也是比較新穎的通訊協定，協定的安全性能有待時間的檢驗。從雲端的角度來看，大量的客戶數據被託管到雲端上，數據的價值被進一步提高，數據的安全性需要變得越來越重要。

為應對物聯網形勢日趨嚴峻的安全問題，華為提出了「3T＋1M」的安全架構（圖7-6）。其中的3T分別為適度的終端防禦能力、惡意終端檢測和隔離以及平臺及數據保護。1M是指安全營運和管理。

對物聯網技術在安全領域內進行多層次審視，可以看出物聯網內在的一些安全問題挑戰。

① 嵌入式設備　物聯網設備大多是小型設備，但也有在較大系統中的應用，例如車聯網和智慧工業中的設備控制單位往往嵌入了物聯網設備。這些設備與核

心且關鍵的裝置連接到一，分布在空間中的各個部件或者設備中。有些設備處於行動狀態或者長期暴露於空間中，終端存在被替換或者被植入病毒的風險。

② 終端的差異性　物聯網終端本身在用途、形態、硬體能力、數據格式、通訊協定等方面存在差別。物聯網必須充分考慮終端和服務的多樣性及網路通訊的異構性，這對物聯網安全提出了巨大的挑戰。

圖 7-6　華為的「3T＋1M」安全架構

③ 實體分布　物聯網系統分布區域是非常廣泛的，甚至可以跨越不同的地理區域。不同的位置和地理區域給物聯網端到端安全帶來了新的挑戰，不僅讓連接變得不可靠，而且使跨信任邊界的管理流程變得更為複雜。

④ 驗證和授權　物聯網自身安全能力有限，因此物聯網應始終採取相互驗證的方式來降低篡改之類的風險。在這樣的異質且控制鬆散的系統中，任何一個網路單位都不能通過自身證明身分是真實的，但這種驗證顯然對設備的性能提出了要求。另外就是物聯網系統上的設備為了節能省電，在大多數時間內是處於省電模式的，處於省電模式的設備讓網路連接變得更加複雜，重新恢復通訊意味著設備需要儲存額外的狀態資訊，而避免複雜的驗證手段。

⑤ 數據安全　在物聯網中，同一數據可能會用在多個場景中，因而基於單一目的來保護數據這種常見做法是不可取的。一些常見的具有嚴格隱私要求的場合，對於數據關聯性（即數據源頭、數據處理動作和數據路徑）和數據溯源方面有更多的安全需要。例如 GPS 數據可應用於追蹤定位一個人的行動軌跡，這些隱私涉及該人員可能到達某些敏感環境，例如銀行、醫院等。

⑥ 靈活性　人們憧憬的物聯網世界是在萬物之間實現自動化和智慧化，讓萬物具有一定的運算能力從而變得聰明來。但這種願景並非全部能夠規劃出來，系統自身就具有演進能力，應用場景必然會生出千萬種變化。一個場景的安全漏洞可以影響其他場景應用安全。物聯網特定層面的漏洞既可以被縱向的跨協定層利用，又可以被橫向的跨相鄰系統利用。沒有人能夠預測攻擊者對所有受控的物聯網設備下達的指令，因此物聯網安全架構的重要設計原則便是劃分安全域且多層次的保護。

⑦ 攻擊規模　物聯網存在多個應用場景之間的聯動，一個場景中的安全漏洞可能導致多個場景中的設備受到攻擊，因此一旦被攻擊，業務受到影響的規模必然是空前的。

7.3.2　物聯網安全架構

針對以上安全威脅，華為提出了「3T＋1M」縱深防禦體系架構，該架構涵蓋了端管雲及平臺數據隱私安全保護，同時加上端到端安全管控與運維，多道防線縱深防禦。

（1）終端適度的防禦能力

針對終端資源（記憶體、儲存和 CPU 運算）受限情況，對終端設備安全進行等級劃分，分別提供基礎安全和高級安全，例如對工業終端提供 X.509 驗證與簽名安全，關鍵業務要具有密鑰等更高等級的安全能力。圖 7-7 所示為華為提供的具有安全性能的 LiteOS 操作系統架構，該架構可作為終端安全的設計參考。

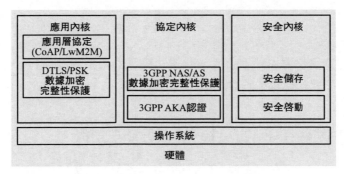

圖 7-7　華為 LiteOS 安全操作系統架構

（2）惡意終端檢測與隔離

網路管道側可以防海量終端浪湧式風暴，NB-IoT 場景無線連接遵從 3GPP 相關安全標準提供的鑑權與完整性檢查。IoT 閘道具有安全傳輸、協定辨識、入侵檢測等安全能力及視覺化安全分析與管理能力，提供邊界物理和虛擬化基礎設施安全保護、物聯協定辨識與過濾、黑白名單。構建原生的安全組件進行網路隔離且相應平臺提供惡意終端檢測與隔離功能。圖 7-8 所示為終端操作系統具有的適度的防攻擊能力。

（3）平臺與數據保護

雲端平臺擔負數據儲存、處理、傳輸等重要任務。數據安全尤其重要，數據

隱私保護、數據生命週期管理、數據的 API 安全授權、用戶數據隔離備份都屬於數據安全內容。採用雲端技術中的原生安全與大數據保護技術結合的雲端平臺能夠為物聯網安全構築第三道防線。

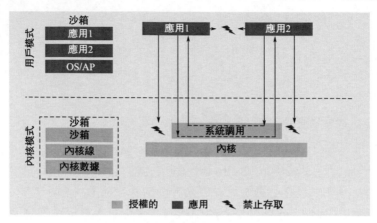

圖 7-8　終端操作系統適度的防攻擊能力

（4）安全管控與運維

通過人工方式對物聯網進行專業化施工指導和定期安全巡檢，學習和掌握最佳安全實踐策略仍然是安全系統保障的關鍵一環。

7.4　物聯網中 RFID 的安全技術

7.4.1　物聯網中 RFID 面臨的安全問題

物聯網安全技術是一種整體提高物聯網安全性策略的綜合技術，因為沒有一種技術能夠獨立地確保物聯網是安全的，因此需要多個技術疊加來。

在任何網路安全中都存在攻擊和防禦的問題，研究防禦從研究攻擊入手是比較便捷的，攻擊往往是簡單有效的，然而防禦是涉及眾多網路安全問題的系統理論。因此，應先從簡單的攻擊入手說明物聯網存在的問題。

物聯網相較於 Internet、ZigBee、行動通訊等網路是很脆弱的。物聯網中的任何裝置都可能成為攻擊的目標。關於 RFID 已經有很多攻擊方法，如零售行業標籤複製攻擊。對於任意的零售行業，駭客可以通過隨身攜帶的讀取器對電子標籤的內容進行修改，或者直接使用一個帶靜電封鎖的東西（例如一個帶金屬鍍膜

的塑膠袋）可以很方便地對基於 RFID 物聯網的自動支付系統進行欺騙。當將電子標籤內的金額由 200 元修改成 2 元時，可以騙過自動支付系統。

再如對門禁卡片的複製。現有的門禁都是基於 ID 卡的，只有一個代表身分的證號，是不加密的，因此，駭客可以很容易地實現在一個空白的卡上複製。

密鑰破解，這是真正需要理論和技術的，通過系統的某些漏洞可以得到密鑰。很多時候這種密鑰的獲取並不困難，例如，很多廠家不按照規範操作，不修改初始密碼，但這些初始密碼是公開的。

射頻操控又稱為空中攻擊，利用射分頻析工具可以很容易實現射頻信號的擷取、偽造，並對系統發攻擊。簡單的例子就是被稱為阻斷服務的攻擊，網際網路上也有很多關於拒絕攻擊的例子。

物聯網中可以被攻擊的目標從攻擊範圍的角度可以大致分為完整系統攻擊和對部件的攻擊（圖 7-9），一般完整系統攻擊的目標是摧毀整個商業，而對於部件的攻擊往往集中在非法獲取某個商品上。

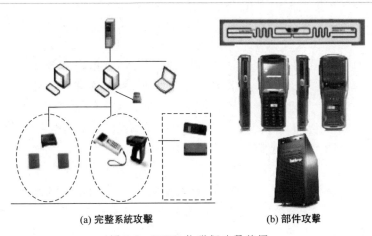

(a) 完整系統攻擊　　　　　　　　(b) 部件攻擊

圖 7-9　RFID 物聯網攻擊範圍

7.4.2　物聯網 RFID 中潛在的攻擊目標

在分析一些潛在的攻擊之前，有必要確定一些潛在的攻擊目標。潛在的攻擊目標可能是一個完整的 RFID 系統（如果攻擊者的攻擊目的是想破壞整個商業），也可能是 RFID 系統的某一部分（從零售庫存資料庫到實際的零售商品）。

對那些從事資訊系統技術安全工作的人來說，在 RFID 安全評估和項目實施過程中，一般只注重數據的保護。但是值得說明的是，某些實物資產比實際數據更重要，比如企業可能會遭受重大損失而數據並未受到任何影響。

　　首先來看零售行業方面的一個實例。RFID 安全攻擊者只需偽造 RFID 電子標籤就可以導致在收款時系統獲取的某件商品的價格由 200 美元減少到 19.95 美元，這家超市損失的貨值約為零售價的 90％，但系統庫存數據沒有受到任何影響。資料庫沒有受到直接攻擊，資料庫中的數據沒有任何更改或刪除，但是，部分 RFID 系統被偽造已經導致系統欺騙。

　　很多場合採用 RFID 卡片來進行門禁控制，這種 RFID 卡片稱為非接觸近距離卡。如果卡片被複製了，而基礎數據沒有更改，任何人只要出示該複製卡，就能得到和持卡人一樣的待遇和特權，能夠進行門禁控制操作。

　　人們在迎接一項新技術到來的同時，往往會忽略其安全問題。對於某項技術來講，安全問題往往被擺在次要位置。RFID 技術已經在相當廣泛的領域得到了應用，但是對於 RFID 系統的安全卻沒有或者只給予很少的關注。

　　RFID 雖然是一項較新的應用技術，但是某些 RFID 應用系統已經暴露出了較大的安全隱患。例如，埃克森石油公司（ExxonMobil）的速結卡（SpeedPass）系統和 RFID POS 系統就被約翰霍普金斯大學（Johns Hopkins University）進行教學實踐的一組學生攻破，其原因就是系統沒有採取有效的安全保護手段。以色列魏茲曼大學（Weizmann University）的電腦教授阿迪薩莫爾（Adi Shamir）宣布他能夠利用一個極化天線和一個示波器來監控 RFID 系統電磁波的能量水準。他指出，可以根據 RFID 場強波瓣的變化來確定系統接收和發送加密數據的時間。根據這些資訊，RFID 系統安全攻擊者可以對 RFID 的安全雜湊演算法（Secure Hashing Algorithm 1，SHA-1）進行攻擊，而這種散列算法在某些 RFID 系統中是經常使用的。按照 Shamir 教授的研究成果，普通的蜂窩電話就可能危害特定應用場合的 RFID 系統。荷蘭的阿姆斯特丹自由大學（Amsterdam Free University）的一個研究小組研究成功了一種被稱為概念驗證（Proof Of Concept，POC）的 RFID 蠕蟲病毒。這個研究小組在 RFID 晶片的可寫記憶體內注入了這種病毒程式，當晶片被讀取器喚醒並進行通訊時，病毒通過晶片最後到達後臺資料庫，而感染了病毒的後臺資料庫又可以感染更多的標籤。這個研究課題採用了 SQL、緩衝區溢位攻擊等常用的伺服器攻擊方法。

　　由於 RFID 系統是基於電磁波基礎的一種應用技術，因此總是存在潛在的無意識的信號偵聽者。即使 RFID 系統的電磁波場強很小，電磁波傳輸的距離也是系統設計的最大讀取距離的很多倍。例如，在拉斯維加斯舉辦的第 13 次國際安全（DefCon 13 Security Convention）會議的演示試驗中，試驗人員在距離 RFID 讀取器 69 英呎（1 英呎＝30.48 公分）遠的地方接收到了讀取器的電磁波信號，而這個演示系統的最大設計讀取距離不超過 10 英呎。

　　此外，電磁波的傳播沒有固定的方向。電磁波可能會被某些物質反射，也可能會被另外一些物質吸收。這種不確定性可能會使系統的讀取距離遠遠大於預期

的水準，也可能會對信號的正常接收產生影響。

在系統設計的距離之外可以觸發 RFID 標籤對系統阻斷服務，從而產生系統阻斷服務攻擊。在這種情況下，電磁信號由於攜帶大量的數據資訊，往往會造成數據堵塞。在數據堵塞的情形下，雜波信號往往會造成頻率壅堵。數據堵塞在現代 RFID 系統中仍然是一種具有很強的破壞性的系統安全攻擊方式。

7.4.3 攻擊方法

為了確定 RFID 系統攻擊的類型，必須了解 RFID 系統潛在的攻擊目標，這有助於確定 RFID 系統安全攻擊的性質。

某些人攻擊 RFID 系統的目的可能只是偷東西，而另外某些人的目的則是為了阻止單獨的店鋪或者連鎖店的銷售業務順利進行。一些攻擊者很可能是使用偽造的資訊去替代後臺資料庫中的數據而導致系統癱瘓。某些攻擊者只是想獲得對系統真正的控制權而對數據沒有任何興趣。對任何考慮 RFID 系統安全的人來說，弄清楚資產是如何保護的以及它們是如何成為安全攻擊的目標的是非常重要的。

正如 RFID 系統是由幾個基本部分組成的一樣，RFID 系統攻擊也有幾種不同的方法。每一種 RFID 系統安全攻擊方法都指向 RFID 系統的某一部分。這些系統攻擊方法包括空中攻擊（On-the-air Attacks）、篡改電子標籤數據（Manipulating Data on the Tag）、偽造中介軟體數據（Manipulating Middleware Data）、攻擊後臺數據（Attacking the Data at the Backend）。下面簡要討論一些攻擊方法。

（1）空中攻擊

攻擊 RFID 系統最簡單的方法之一是阻止讀取器對標籤進行探測和讀取。大多數金屬能夠封鎖射頻信號，因此要對付 RFID 系統，只需要將物品用鋁箔包裹或者把它放進有金屬塗層的塑膠袋中就可以避免電子標籤被讀取。

從 RFID 空中攻擊的角度來看，標籤和讀取器可以看作是一個實體。儘管它們的工作方式相反，但實質上都是系統的同一射頻單位部分的兩個不同的側面。

從標籤和讀取器的空中介面進行攻擊的技術方法目前主要有欺騙、插入、重播以及阻斷服務（Denial of Service，DOS）。

① 欺騙。欺騙攻擊是系統攻擊者向系統提供和有效資訊極其相似的虛假資訊以供系統接收。具有代表性的欺騙攻擊有網域名稱欺騙、IP 欺騙、MAC（Media Access Code）欺騙。在 RFID 系統中，當需要得到有效的數據時，經常使用的欺騙方法是在空中廣播一個錯誤的電子產品碼（EPC）。

② 插入。插入攻擊是在通常輸入數據的地方插入系統命令。這種安全攻擊

方法攻擊成功的原因是假定數據都是通過特殊路徑輸入，沒有無效數據的發生。插入攻擊常見於網站上，一段惡意代碼被插入到網站的應用程式中。這種安全攻擊的一個典型的應用是在資料庫中插入 SQL 語句。同樣的攻擊方式也能夠應用到 RFID 系統中。在標籤的數據儲存區中保存一個系統指令而不是有效數據，比如電子產品碼。

③ 重播。在重播攻擊中，有效的 RFID 信號被中途截取並且把其中的數據保存下來，這些數據隨後被發送給讀取器並不斷地被重播。由於數據是真實有效的，所以系統對這些數據就會以正常接收的方式來處理。

④ 阻斷服務攻擊。阻斷服務攻擊也稱為淹沒攻擊，當數據量超過其處理能力而導致信號淹沒時發生阻斷服務攻擊。因為曾經有人利用這種系統攻擊方法對微軟和雅虎的系統成功地進行過攻擊而使其深受影響，因而使這種系統攻擊方法被大家熟知。這種攻擊方法在 RFID 領域的變種就是眾所周知的射頻阻塞，當射頻信號被噪音信號淹沒時就會發生射頻阻塞。還有另外一種情況，結果也是非常相似的：就是使系統喪失正確處理輸入數據的能力。這兩種 RFID 系統攻擊方法都能使 RFID 系統失效。

(2) 篡改標籤數據

我們已經了解了那些企圖偷盜單一商品的人是如何阻止射頻系統工作的。然而，對於想偷盜多種商品的人來說，更為有效的方法就是修改貼在商品上的標籤的數據。依據標籤的性質，價格、庫存號以及其他任何數據都可以被修改。通過更改價格，小偷可以獲得巨大的折扣，但是系統仍然顯示為正常的購買行為。對標籤數據的修改還可以使顧客購買諸如 X-或 R-類等限制購買的影視製品。

當標籤數據被修改的商品通過自助收銀通道時，沒有人會發現數據已經被修改了。只有庫存清單才能夠顯示某一商品的庫存和通過結算系統的銷售記錄不相符。

2004 年，盧卡斯·格林沃德（Lukas Grunwald）演示了他編寫的一個名叫 RF 垃圾（RF Dump）的程式。該程式是用 Java 語言編寫的，能夠在裝有 Debian Linux 或 Windows XP 的 PC 機上運行。該程式通過連接在電腦序列埠上的 ACG 牌的 RFID 讀取器掃描 RFID 標籤。當讀取器辨識到一張卡時，該程式將卡上的數據添入到電子表格中，使用者可以輸入或修改電子表格中的數據然後重新寫入 RFID 標籤中。該程式通過添加零或者適當截斷數據確保寫入數據的長度符合標籤要求。

另外，出現了一個可以應用在掌上電腦（如 Hewlett-Packard iPAQ Pocket）上的名叫 PDA RF 垃圾（RF Dump-PDA）的程式。該程式用 Perl 語言編寫，能夠運行在裝有 Linux 系統的筆電機上。應用一個帶有 RF Dump-PDA 程式的 PDA，小偷可以毫不費力地更改商店商品標籤上的數據。

Grunwald 也演示了對應用相同的基於 EPC 的 RFID 系統的德國萊茵伯格（Rheinberg）城市未來商店的攻擊。未來商店被設計成為工作中的超級市場和動態技術展示商店，該商店由德國最大的零售商 Metro AG 擁有和經營。

（3）中介軟體攻擊

中介軟體攻擊發生在讀取器到後臺數據處理系統的任何一個環節，首先來考慮埃克森美孚公司的快易通系統中介軟體攻擊的場景。顧客的快易通 RFID 標籤由安裝在空中的讀取器啟動，該讀取器與油泵或者收款機相連，讀取器和標籤握手並將加密的序列號讀出來。

讀取器和油泵與加油站的數據網路相連，該數據網路又和位於加油站的甚小口徑天線終端的衛星信號發射機相連。甚小口徑天線終端的發射機將該序列號發送給衛星，該衛星又將該序列號中繼給衛星地面站。衛星地面站將該序列號發送給埃克森美孚公司的數據中心，數據中心驗證該序列號並確認與帳號相連的信用卡的授權。授權資訊通過相反的路徑發送給泵。收款機或油泵收到該授權資訊後才允許顧客加油。

在上述環節的任何一處，系統都有可能受到外部的攻擊。但是這種攻擊需要非常複雜的發射系統，對衛星系統的攻擊可以追溯到 1980 年代。然而，上述場景中最薄弱的環節可能還是本機網路。系統攻擊者可以相對容易地在本機網路中竊取有效數據，並用來進行重播攻擊，或者將該數據重新輸入到本機網路，從而導致阻斷服務攻擊，破壞加油站的支付系統。這種設備也能夠用於非授權的信號發射。

另一種可能性是技術比較嫻熟的人員在得到在該系統服務的一份工作後而對中介軟體採取的攻擊。這些人為了有機會接觸該目標系統，可以接受較低的薪水待遇。一旦他們得到了接觸目標的機會，就會發生一些所謂的社會工程（Social Engineering）攻擊。另一個中介軟體攻擊的地方是衛星地面站和儲存快易通序列號的數據中心節點。數據中心和信用卡連接的節點也是中間數據易受攻擊的地方。

（4）後臺攻擊

無論是從數據傳輸的角度還是從物理距離的角度來講，後臺資料庫都是距離 RFID 標籤最遠的節點，這似乎能夠遠離那些對 RFID 系統的攻擊。但是，必須指明的是它仍然是系統攻擊的目標之一，正如威利薩頓（Willy Sutton）所說，因為它是整個系統「錢所在的地方」。

如果資料庫包含顧客信用卡序列號方面的資訊，那就變得非常有價值了。一個資料庫可能保存有諸如銷售報告或貿易機密等有價值的資訊，這些資訊對於競爭對手來講可以說是無價之寶。資料庫受到攻擊的公司可能會面臨失去顧客信任

以致最終失去市場的危險，除非他們的資料庫系統具有較強的容錯能力或者能夠快速恢復。很多報紙和雜誌曾經報導過許多商店因為與內部 IT 系統相關的失誤而導致客戶對它們信任度下降從而遭受巨大損失的事例。

篡改資料庫也可能會造成實際的損失而不僅是失去顧客的購買能力。例如，更改醫院的病歷系統可能會造成病人的死亡，或者更改病人資料庫中病人的數據也可能帶來致命的危險。假如該病人需要輸血，而其血型中的字母被修改了，這樣，就會使該病人步入死亡的邊緣，醫院必須經過多次核對資訊的準確性來應付這種問題的發生。但是，這種多次核對並不能完全阻止因數據被篡改而導致的事故發生，只能是降低風險。

（5）混合攻擊

攻擊者可以綜合應用各種攻擊手段來對系統進行混合攻擊。可以採用對 RFID 系統的各種攻擊手段來對付某單個的子系統。但是，隨著那些攻擊 RFID 系統的攻擊者的技術水準的提高，他們可能會採取混合攻擊的方法來對 RFID 系統進行混合性攻擊。一個攻擊者可能用帶有病毒的標籤攻擊零售商的射頻介面，該病毒就有可能由此進入中介軟體體系，最終使後臺系統把信用卡帳號通過匿名伺服器發向一個祕密網路，從而造成顧客和企業的損失。

7.4.4　電子標籤的數據安全技術

ISO/IEC18000 標準定義了讀取器與標籤之間的雙向通訊協定，其基本通訊模型如圖 7-10 所示。

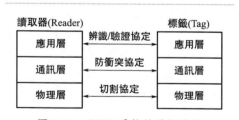

圖 7-10　RFID 系統的通訊模型

① 應用層。包括驗證、辨識以及應用層數據的表示、處理邏輯等，它用於解決和最上層應用直接相關的內容。通常情況下，我們所說的 RFID 安全協定就是指應用層協定，RFID 安全協定都屬於應用層範疇。

② 通訊層。定義了 RFID 讀取器和標籤之間的通訊方式。防衝突協定就位於該層，解決多個標籤同時和一個讀取器通訊的衝突問題。

③ 物理層。定義了物理的空中介面，包括頻率、物理載波、數據編碼、分時等問題。

RFID 系統的標籤設備具有一些局限性，例如有限的儲存空間，有限的運算能力（RFID 標籤的儲存空間極其有限，最便宜的標籤是只有 64～128bit 的 ROM，僅可容納唯一標識符），外形很小，電源供給有限等。所有這些局限性和

特點都對 RFID 系統安全機制的設計有特殊的要求，當然也就使設計者對密碼機制的選擇受到非常多限制。所以，設計高效、安全、低成本的 RFID 安全協定成為了一個新的具有挑戰性的問題。目前針對上述問題以及安全需要，實現 RFID 安全性機制所採用的方法主要有物理安全機制和密碼安全機制兩種。

（1）物理安全機制

使用物理方法來保護 RFID 系統安全性的方法主要有如下幾類：滅活命令機制、靜電封鎖、主動干擾等。這些方法主要用於一些低成本的標籤中，之所以如此主要是因為這類標籤有嚴格的成本限制，因此難以採用複雜的密碼機制來實現與標籤讀取器之間的安全通訊。但是，這些物理方法需要增加額外的物理設備或元件，也就相當於增加了一定的成本，而且帶來了設計上的不便。

（2）基於密碼技術的安全機制

由於物理安全機制存在諸多的問題和缺點，因此在最近的 RFID 安全協定研究中提出了許多基於密碼技術的驗證協定，而基於 Hash 函數的 RFID 安全協定的設計更是備受關注。RFID 安全協定屬於前面章節介紹的 RFID 通訊模型的最上層應用層協定，本章重點介紹的現有安全協定屬於這一層。無論是從安全需要還是從低成本的 RFID 標籤的硬體執行為出發點（塊大小 64bits 的 Hash 函數單位只需大約 1700 個門電路即可實現），Hash 函數都是非常適合 RFID 安全驗證協定的。

EPC 系統跟其他的任何網路系統一樣都會受到安全攻擊，而且由於 EPC 網路中分布著大量的加密級別較輕甚至沒有加密保護措施的電子標籤，因此更容易遭受攻擊。EPC RFID 系統的應用正在接受來自系統安全的嚴峻考驗。

參考文獻

[1] DVM M F, ORIMA H. EFFECT AND SAFETY OF MEGLUMINE IOTROXATE FOR CHOLANGIOCYS-TOGRAPHY IN NORMAL CATS [J]. Veterinary Radiology & Ultrasound, 2005. 35 (2)：79-82.

[2] ATLAM H F, WILLS G B. IoT Security, Privacy[J], Safety and Ethics. 2019.

[3] ZHAO J. A Security Architecture for Cloud Computing Alliance[J]. Recent Advances in Electrical & Electronic Engineering, 2017, 10 (3).

[4] Arun Kumar Bediya, Rajendra Kumar. A Layer-wise Security Analysis for Internet of

Things Network: Challenges and Counter-measures[J]. International journal of management, IT& engineering, 2019, 9 (6) : 118-133.

[5] LEE Y, PARK Y, KIM D. Security Threats Analysis and Considerations for Internet of Things[C]. 2015 8th international conference on security technology, 2016.

[6] MAGRANI E, MAGRANI E. Threats of the internet of things in a techno-regulated society: a new legal challenge of the information revolution [J] . The ORBIT journal, 2017. 47 (3) : 124-138.

[7] ZIEGLER S, et al. Privacy and Security Threats on the Internet of Things [M]. springer, 2019.

[8] YANG G, et al. Security threats and measures for the Internet of Things[J]. Journal of Tsinghua University, 2011. 51 (10) :

1335-1340.

[9] TANG C, YANG N. A Monitoring and Control System of Agricultural Environmental Data Based on the Internet of Things[J]. Journal of Computational and Theoretical Nanoscience, 2016.

[10] ZHONG D, et al. A Practical Application Combining Wireless Sensor Networks and Internet of Things: Safety Management System for Tower Crane Groups [J]. Sensors. 14 (8) : 13794-13814.

[11] 譚軍. OWASP 發布十大 Web 應用安全風險[J]. 計算機與網絡, 2017 (23) : 52-53.

[12] 朱常波, 張曼君, 馬錚. 物聯網安全體系思考與探討 [J]. 郵電設計技術, 2019 (1) .

[13] 張曼君, 等. 物聯網安全技術架構及應用研究[J]. 信息技術與網絡安全. 38 (02) : 8-11.

第8章

射頻辨識網路技術

物聯網資訊通訊技術將是資訊傳遞的革命，從人到人，從人到物，從物到物。智慧設備可以連接、傳輸資訊並作出決定。它可以隨時隨地連接，包括人與物、物與物之間的連接。物聯網環境包括大量智慧設備，數據是高度異構的，同時有許多限制。數據產生的突發性和稀疏性、通訊協定的多樣性、資訊儲存能力、功率壽命和無線電範圍都是限制因素。因此，不同於以往的通訊，物聯網通訊技術有著特殊的要求。

物聯網的通訊環境有 Ethernet、WiFi、RFID、NFC（近距離無線通訊）、ZigBee、6LoWPAN（IPv6 低速無線版本）、Bluetooth、GSM、GPRS、GPS、4G/5G 等網路，而每一種通訊應用協定都有一定適用範圍。AMQP、JMS、REST/HTTP 工作在以太網，COAP 協定是專門為資源受限設備開發的協定，DDS 和 MQTT 的兼容性則強很多。物聯網架構在現有的眾多網路之上，通訊協定紛紜複雜，從各個協定的層次上分析物聯網通訊是非常費時費力的。另外，按照功能進行劃分也容易引混亂。

隨著物聯網部署，物聯網的接入網路向著低功耗和長距離傳輸的方向發展，NB-IoT[1~3]（已被 5G 通訊標準收入）和 LoRa 通訊[4] 脫穎而出。鑑於發展趨勢的影響，本章將重點介紹 5G 通訊中的 NB-IoT 技術和 LoRa 通訊。

8.1　5G 通訊

5G 通訊是第 5 代行動通訊標準，是一個具有大頻寬、低延遲和寬範圍業務覆蓋特性的網路。5G 通訊使用 BDMA（Beam division multiple access）[5,6] 技術和毫米波通訊技術，能夠提供的速率在 $10\sim100$Gbps 之間。

近年來，網際網路技術的發展對人類社會產生了巨大影響，人類社會的資訊化進入新的高潮。在資訊化驅動下，各種技術促使網際網路的頻寬有了長足的發展。對頻寬有更大需要的應用開始產生，物聯網、虛擬實境、自動駕駛、智慧城市、工業物聯網等新的應用被推到人們的視野中。人們對通訊提出了新要求。第五代通訊技術應運而生，以應對未來社會全面和深入的資訊化，提供全連接服

務。近年來，5G 通訊從技術之爭、標準之爭逐漸演化為國家層次上核心利益之爭，這足以表明 5G 通訊的重要性。從目前的技術成熟度和市場占比預期來講，中國華為公司、德國西門子公司為業界的領頭羊。

8.1.1　5G 通訊的應用

目前各個國家提供了很多 5G 方案，但對 5G 通訊仍然很難給出統一的定義。5G 通訊相較於現有的通訊具有三個明顯的特徵：大頻寬、滿足海量機器類通訊、超高可靠低延遲，能從根本上解決全面資訊化社會對網路速度、連接數量和連接密度以及峰值速率和低延時、高可靠性的要求。

具備以上三個特徵的 5G 通訊將完全滿足 GBPS 通訊、智慧家居、語音、智慧城市、3D 和超高畫質影片、雲端辦公和遊戲、增強現實、工業自動化、高可靠應用（如行動醫療）、自動駕駛等方面的應用，5G 應用的三大場景如圖 8-1 所示。

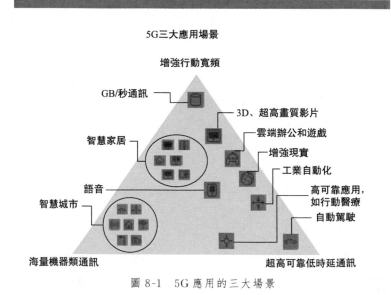

圖 8-1　5G 應用的三大場景

5G 通訊有八大關鍵能力指標，如圖 8-2 所示。峰值速率達到 10Gbps，頻譜效率比 IMT-A 提升 3 倍，行動性達 500km/h，連接密度達到 10^6 個/平方公里，能效比 IMT-A 提升 100 倍，流量密度達 10Mbps/m^2。其中前四個是傳統指標，後四個為新增指標。

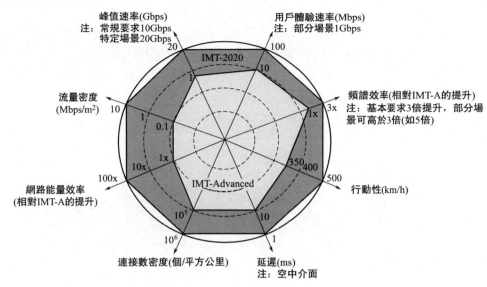

圖 8-2　5G 八大關鍵能力指標

　　由於關鍵指標多元化，相對 4G 的單一場景，5G 能夠支持 eMBB（增強行動寬頻）、mMTC（增強型機器通訊）、uRLLC（超可靠低延遲通訊）三大場景。這使 5G 能夠滿足 VR、超高畫質影片等極致體驗，支持海量的物聯網設備接入，滿足車聯網與工業控制的嚴苛要求。

　　與現有的 4G 通訊進行對比，5G 頻寬在 4G 的基礎上提高 10 倍以上；通過引入新的體系結構，如超密集小區結構和深度的智慧化能力將整個系統的吞吐率提高 25 倍左右；進一步探勘新的頻率資源（如高頻段、毫米波與可見光等），使未來無線行動通訊的頻率資源擴展 4 倍左右；5G 技術相比 4G 技術，其峰值速率將增長數十倍，從 4G 的 10Mbps 提高到幾十 Gbps。因此，相較於 4G 通訊，5G 通訊具有更高的時間解析度、巨大的頻寬、更高的數據速率和更高的服務品質（Quality of Service，QoS）[7]。

8.1.2　5G 通訊的關鍵技術

　　從技術方面來說，5G 通訊絕不是某一項技術的突破，而是資訊領域各個方面技術的突破，並進行了有效融合、演化和創新。其技術特徵表現為：大規模天線陣列、新型多址接入、全雙工和靈活雙工工作模式、增強多載波技術以及先進的編碼調變技術。在以上技術的驅動下，5G 網路將具備超密集組網、超可靠低延遲性、高頻通訊和頻譜共享以及滿足 M2M 和 D2D 通訊的特點。下面對 5G 通訊的關鍵技術展開說明。

（1）大規模天線技術

該技術的關鍵是提高基站中天線的數量，採用大規模天線陣列，每個陣列天線數量將達到幾十乃至數百根。當基站天線數量遠大於用戶所需的天線數量時，基站到每個用戶的信道將趨於正交，用戶之間的干擾被取消，而且陣列天線的增益提高了用戶的訊噪比。用戶信道高度正交將在相同的時、頻信道內實現更多用戶的調度。圖 8-3 所示為單一天線傳輸與大規模天線技術效果對比。

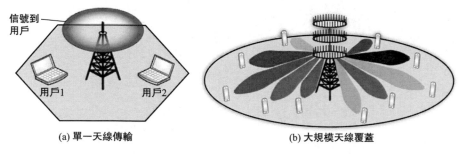

信號到用戶

用戶1   用戶2

(a) 單一天線傳輸

(b) 大規模天線覆蓋

圖 8-3　單一天線輸出與大規模天線覆蓋技術效果對比

用戶信道問題本身是建立在統計基礎上的，當天線陣列的數量達到一定程度，可調用的信道數量就趨於穩定。例如，某個基站配置了 400 根天線，在 20MHz 頻寬的同頻複用分時系統中，每個小區用 MU-MIMO 方式服務 42 個用戶時，即使小區間無協作，而且接收和發送採用簡單的 MRC/MRT 通訊方式，小區的平均容量也可高達 1800Mbps，通過大規模用戶使用，系統容量和能量效率大幅度提升。不僅如此，陣列天線因為有更大的天線增益，所以上行和下行能量都將減少。面向 5G 應用的天線系統傳輸原理如圖 8-4 所示，大規模天線系統架構如圖 8-5 所示。

大規模天線的本質在於：大量天線為相對少的用戶提供同時傳輸服務。與傳統的 4G 天線相比，系統容量提高 10 倍，能量效率提高 100 倍，但發生功率降低到 $\dfrac{1}{\sqrt{M}}$，其中的 M 是天線的數量。大規模天線是公認的 5G 關鍵技術之一。

（2）新雙工技術與靈活雙工技術

區別於以往的雙工技術，這裡的全雙工通訊是指上下鏈路同頻且同時，這樣做的一個重要目的就是實現自干擾抑制。圖 8-6 所示為同時同頻全雙工技術的系統模型，同時同頻全雙工技術是指設備的發射機和接收機占用相同的頻率資源同時進行工作，使通訊雙方上、下行可以在相同時間使用相同的頻率，突破了現有的分頻雙工（FDD）和分時雙工（TDD）模式，是通訊節點實現雙向通訊的關

鍵之一。採用同時同頻全雙工無線系統，所有同時同頻發射節點對非目標接收節點都是干擾源，同時同頻發射機的發射信號會對本機接收機產生強自干擾，因此同時同頻全雙工系統的應用關鍵在於干擾的有效消除。

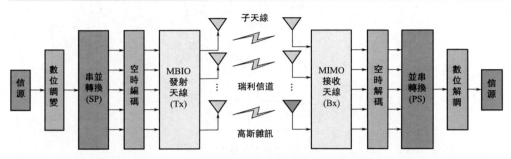

圖 8-4　面向 5G 應用的大線系統的傳輸原理

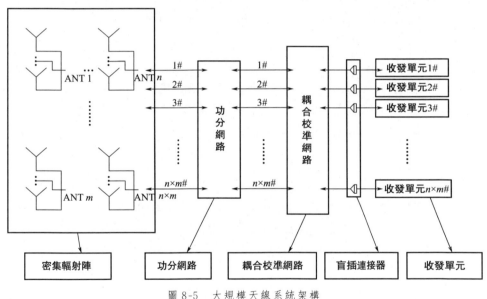

圖 8-5　大規模天線系統架構

靈活雙工的基本工作原理是：隨著在線影片業務的增加以及社交網路的推廣，未來行動流量呈現出多變特性，上下行業務需要隨時間、地點而變化，目前通訊系統採用的相對固定的頻譜資源分配將無法滿足不同小區變化的業務需要。靈活雙工能夠根據上下行業務變化情況動態分配上下行資源，有效提高系統資源利用率。

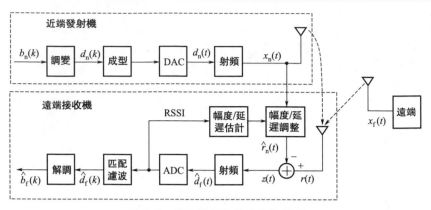

圖 8-6　同時同頻全雙工系統模型

　　同時同頻全雙工釋放了收發控制的自由度，改變了網路頻譜使用的傳統模式，會帶來用戶的多址方式、無線資源管理等技術的革新，需要匹配高效的網路體系架構。

（3）超密集組網

　　超密集組網（圖 8-7）可理解為增加小基站的密度，通過在異構網路中引入超大規模低功率節點實現焦點增強，消除盲點，改善網路覆蓋，提高系統容量。但是超密集組網的概念絕對不是簡單地增加小基站的密度。在焦點高容量密集場

圖 8-7　超密集組網

景下，電磁環境十分複雜，相互干擾增強且變化迅速。基站的超密集組網可以在一定程度上提高系統的頻譜效率，並通過快速資源調度實現快速無線資源調配，提高系統無線資源利用率和頻譜效率，但同時也帶來了許多問題。

① 系統干擾問題。在複雜、異構、密集場景下，高密度的無線接入站點共存可能帶來嚴重的系統干擾問題，甚至導致系統頻譜效率惡化。

② 行動信令負荷加劇。隨著無線接入站點間距進一步減小，小區間切換將更加頻繁，會使信令消耗量大幅度激增，用戶業務服務品質下降。

③ 系統成本與能耗。為了有效應對焦點區域內高系統吞吐量和用戶體驗速率要求，需要引入大量密集無線接入節點、豐富的頻率資源及新型接入技術，需要兼顧系統部署營運成本和能源消耗，盡量使其維持在與傳統行動網路相當的水準。

④ 低功率基站即插即用。為了實現低功率小基站的快速靈活部署，要求具備小基站即插即用能力，具體包括自主回傳、自動配置和管理等功能。

(4) 低延時高可靠物聯網設計

為滿足行動聯網和物聯網的應用場景，5G無線網對延遲和可靠性提出了新的要求。低延遲網路不是單一同構網路，而是在統一網路架構下，針對行動聯網和行動物聯網不同場景的特性部署的多元化網路。低延遲網路包括蜂窩網和分散式動態網路，分散式網路相比傳統蜂窩網具有明顯優勢。低延時網路設計的目標已經被提出，端端通訊的延遲控制在ms級，以滿足物聯網對資訊的實時性要求。實現資訊的可靠性應高達99.999％，並實現永遠在線。這種低延遲和高可靠性物聯網，在多種工業環境中有重要應用，如實時雲端運算、增強現實、在線遊戲、遠端醫療領域，智慧交通和智慧電網以及其他緊急通訊領域對資訊的實時性和可靠性有著特殊的要求。

超可靠低延遲是滿足5G用戶極致業務體驗和應對新興業務需要的一個技術體系。超可靠低延遲技術思路在於盡可能降低空口和網路側延遲，同時以先進技術提升單次傳輸可靠性，以滿足極高的延遲和可靠性要求。5G網路具有多樣性，超可靠低延遲技術在統一架構下，針對不同延遲可靠性需要場景，可以有不同的組網和傳輸方案設計。可以從四個方面對5G網路進行設計和最佳化：①重新設計網路架構；②新的空中介面設計；③新的高層信令過程設計；④新的接入過程和方法設計。5G通訊將從採用短幀資訊、最佳化流程和靈活本機網路架構三個方面提高資訊的實時性和可靠性。

1) D2D通訊技術　D2D技術可在基站的幫助下或無須藉助基站的幫助就能實現通訊終端之間的直接通訊，拓展網路連接和接入方式。由於是短距離直接通訊，信道品質高，D2D能夠實現較高的數據速率、較低的延遲和較低的功耗；通過廣泛分布的終端，能夠改善覆蓋，實現頻譜資源的高效利用；支持更靈活的

網路架構和連接方法，提升鏈路靈活性和網路可靠性。

目前，D2D 採用廣播、組播和單播技術方案，未來將發展其增強技術，包括基於 D2D 的中繼技術、多天線技術和聯合編碼技術等。蜂窩網中的 D2D 通訊示意圖如圖 8-8 所示。

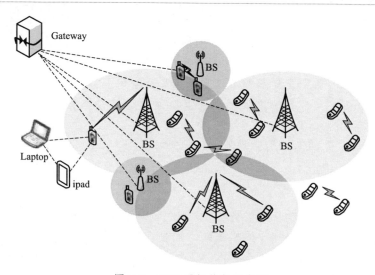

圖 8-8　D2D 通訊技術示意圖

現有的網路完全控制的結構，不能有效地發揮端到端通訊的靈活性，同時會產生大量的信道、信令開銷。而端端通訊的真正優勢在於短距離通訊，頻譜空間可被重複利用，功耗小，產生的噪音對通訊影響較小，組網靈活等。只有把網路完全控制方式變為網路輔助自主方式，才能將這些優勢發揮出來，從而節省網路資源，並提供短延遲、高可靠通訊。

2）分散式動態網路　低延遲網路不僅是對傳統蜂窩網路的改造，而且也是對動態自組織網路的重新規劃。分散式動態網路（圖 8-9）具有如下特點：

① 基於蜂窩網控制或使用蜂窩網資源；

② 具有區域自主性，包括控制、管理和傳輸功能本機化；

③ 區域內靈活自組織、自管理；

④ 網路功能和角色、網路拓撲動態配置（如控制中心功能位置的靈活化等）。

（5）認知無線電（Cognitive Radio，CR）與高頻段信號

1）認知無線電　統計發現，為現有的通訊分配的頻率空間，即 5GHz 以下頻段，並沒有想像的那麼高。國家無線電檢測中心和全球行動通訊系統協會對北

京、深圳、成都等城市部分無線電頻譜占用進行統計，發現 5GHz 使用率遠遠低於 10％，說明已經分配使用的電磁頻率利用率很低，還有很大的提升空間。為了能夠充分利用這些頻段，人們提出了認知無線電技術。它可以通過學習、理解等方式自適應地調整內部的通訊機理、實時改變特定的無線操作參數（如功率、載波調變和編碼等）來適應外部無線環境，自主尋找和使用空閒頻譜。它能幫助用戶選擇最好的、最適合的服務進行無線傳輸，甚至能夠根據現有的或即將獲得的無線資源延遲主動發起傳送。認知無線電具有以下特點：

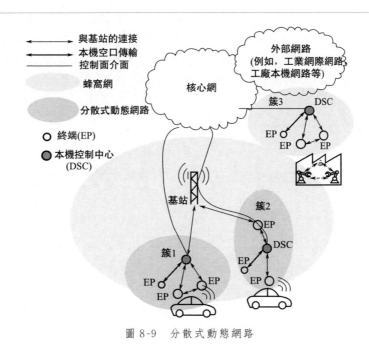

圖 8-9 分散式動態網路

① 對環境的感知能力　此特點是 CR 技術成立的前提，只有在環境感知和檢測的基礎上，才能使用頻譜資源。頻譜感知的主要功能是監測一定範圍的頻段，檢測頻譜空洞。

② 對環境變化的學習能力、自適應性　此特點體現了 CR 技術的智慧性，在遇到主用戶信號時，能儘快主動退避，在頻譜空洞間自由切換。

③ 通訊品質的高可靠性　要求系統能夠實現任何時間任何地點的高度可靠通訊，能夠準確地判定主用戶信號出現的時間、地點、頻段等資訊，及時調整自身參數，提高通訊品質。

④ 系統功能模組的可重構性　CR 設備可根據頻譜環境動態編程，也可通過硬體設計，支持不同的收發技術。可以重構的參數包括工作頻率、調變方式、發射功率和通訊協定等。

2）高頻段信號　增加頻譜資源最直接的方法就是充分利用高頻段的頻譜，6GHz 以上的頻譜資源豐富，隨著技術的發展，從微波高頻段到毫米波範圍內的電磁波（頻率在 6～60GHz）已經被逐漸開發和利用。這些波段應用基本上是空白的，所以充分利用高頻段增加頻譜資源成了 5G 通訊的重要特徵。這裡要說的是對高頻段的利用，頻譜分配原則是優先保障行動通訊的頻譜資源。

毫米波指頻率為 30～300GHz、波長為 1～10mm 的電磁波，毫米波通訊具有很多優勢：可用頻帶很寬，可提供幾十 GHz 頻寬；波束集中能夠充分提高能效；方向性好，受干擾影響小等。另外，從載波的角度上說，毫米波能夠提供更高的傳輸速率。基於以上的特點，目前毫米波被用於室內短距離通訊。

但是毫米波通訊固有的缺點也是十分明顯的：路徑損耗跟波長有關，路徑損耗大，因此不適合遠端通訊；受環境、天氣等因素影響大；繞射能力差；毫米波通訊的硬體實現複雜度很高。

（6）先進的編碼技術

1）低密度奇偶檢查碼－LDPC 碼　信道編碼與多址接入技術、多輸入多輸出（MIMO）技術是構成 5G 空中介面的三大關鍵技術。編碼理論由向農公式決定：

$$C = B \log_2 \left(1 + \frac{N}{S} \right) \tag{8-1}$$

式中，B 是信道頻寬；S 是信號功率；N 是噪音功率；C 是傳輸速率或信道容量。該公式是所有編碼理論的基礎。它指出了噪音存在的情況下，數據傳輸速率與頻寬之間的關係。頻寬越大則相同的信道容量下，訊噪比可以越小，這是展頻通訊的工作原理。

低密度奇偶檢查碼（Low-density parity-check code，LDPC 碼），是線性區塊碼（linear block code）的一種，是由 MIT 的教授 Robert Gallager 1962 年提出的。低密度奇偶檢查碼是基於具有稀疏矩陣性質的奇偶檢查矩陣建構的。對 (n, k) 的低密度奇偶檢查碼而言，每 k 位元數據會使用 n 位元的碼字編碼。圖 8-10 是一個被（16，8）的低密度奇偶檢查碼使用的奇偶檢查矩陣 H。矩陣內的元素 1 數量遠少於元素 0 數量，所以具有稀疏矩陣性質，也就是低密度的由來。

低密度奇偶檢查碼的解碼可對應成二分圖。圖 8-11 所示的二分圖是依照上述奇偶檢查矩陣 H 建置，其中 H 的行對應 check node，而 H 的列對應 bit node。check node 和 bit node 之間的連接，由 H 內的元素 1 決定；H 中第一行和第一列的元素 1，使 check node 和 bit node 兩者各自左邊的第一個彼此連接[8]。

$$H = \begin{bmatrix} 1 & 1 & 1 & 1 & 0 & 0 & 0 & 0 & 0 & 0 & 0 & 0 & 0 & 0 & 0 & 0 \\ 0 & 0 & 0 & 0 & 1 & 1 & 1 & 1 & 0 & 0 & 0 & 0 & 0 & 0 & 0 & 0 \\ 0 & 0 & 0 & 0 & 0 & 0 & 0 & 0 & 1 & 1 & 1 & 1 & 0 & 0 & 0 & 0 \\ 0 & 0 & 0 & 0 & 0 & 0 & 0 & 0 & 0 & 0 & 0 & 0 & 1 & 1 & 1 & 1 \\ 1 & 0 & 0 & 0 & 0 & 0 & 1 & 0 & 0 & 1 & 0 & 0 & 1 & 0 & 0 & 0 \\ 0 & 1 & 0 & 0 & 1 & 0 & 0 & 0 & 0 & 0 & 0 & 1 & 0 & 0 & 1 & 0 \\ 0 & 0 & 1 & 0 & 0 & 1 & 0 & 0 & 1 & 0 & 0 & 0 & 0 & 0 & 0 & 1 \\ 0 & 0 & 0 & 1 & 0 & 0 & 1 & 0 & 0 & 1 & 0 & 0 & 1 & 0 & 0 & 0 \end{bmatrix}$$

圖 8-10　奇偶檢查矩陣

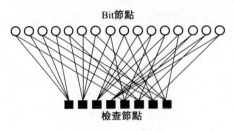

圖 8-11　二分圖

　　低密度奇偶檢查碼的解碼算法主要基於有疊代性的置信傳播，整個解碼流程如圖 8-12 所示。

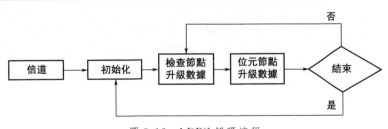

圖 8-12　LDPC 解碼流程

解碼算法：

① 當接收數據 R 從通訊頻道進入低密度奇偶檢查碼的解碼器時，解碼器會初始化資訊。

② 檢查節點對互相連接的多個位元節點內的數據做更新運算。

③ 位元節點對相連接的多個檢查節點內的數據做更新運算。

④ 終止條件決定是否繼續疊代運算。

通常 LDPC 碼有兩類，一類是隨機碼，它由電腦搜尋得到，優點是具有靈活的結構和良好的性能。但是，通常長的隨機碼生成矩陣沒有明顯的特徵，因而編碼複雜度高。另一類是結構碼，它通過幾何、代數和組合設計等方法構造。隨機方法構造 LDPC 碼的典型代表有 Gallager 和 Mackay，用隨機方法構造的 LDPC 碼的碼字參數靈活，具有良好性能，但編碼複雜度與碼長的平方成正比。後來提出的採用幾何、圖論、實驗設計、置換方法設計的 LDPC 編碼，極大地降低了編碼的複雜度，使編碼複雜度與碼長接近線性關係。

2）極化碼（Polar 碼）　Polar 碼是由土耳其比爾肯大學教授 E. Arikan 在 2007 年提出的，2009 年開始引起通訊領域的關注。Polar 碼是一種新的信道編碼方案，是基於信道極化理論提出的一種線性區塊碼。理論上，它在低譯碼複雜度下能夠達到信道容量且無錯誤平層，而且當碼長 N 增大時，其優勢更加明顯。

信道極化理論是 Polar 編碼理論的核心，包括信道組合和信道分解。信道極化過程本質上是一種信道等效變換。當組合信道的數目趨於無窮大時，會出現極化現象：一部分信道將趨於無噪音通道，另一部分則趨於噪音通道。無噪音通道的傳輸速率將達到信道容量 $I(W)$，而噪音通道的傳輸速率趨於零。Polar 碼的編碼策略正是應用了這種現象的特性，利用無噪音通道傳輸用戶有用的資訊，噪音通道傳輸約定的資訊或者不傳資訊[9]。

3）Turbo 碼　Turbo 碼是由法國科學家 C. Berrou 和 A. Glavieux 發明的。1993 年，通訊領域開始對其研究。隨後，Turbo 碼被 3G 和 4G 標準採納，開始了長達十幾年的統治[10]。

Turbo 碼由兩個二元卷積碼並行級聯而成。Turbo 編譯碼器採用流水線結構，其編譯碼基本思想是：採用軟輸入/軟輸出的疊代譯碼算法，編碼時將短碼構成長碼，譯碼時再將長碼轉為短碼。Turbo 碼的編碼原理如圖 8-13 所示。Turbo 編碼器的結構包括兩個並聯的相同遞迴系統卷積碼編碼器，二者之間用一個交織器分隔。編碼器Ⅰ直接對信源的資訊序列分組進行編碼，編碼器Ⅱ為經過交織器交織後的資訊序列分組進行編碼。

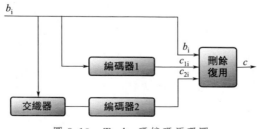

圖 8-13　Turbo 碼編碼原理圖

編碼的全過程是：資訊位一路直接進入複接器，另一路經兩個編碼器後得到兩個資訊冗餘序列，再經恰當組合，在資訊位後通過信道。為使編碼器初始狀態置於全零狀態，需在資訊序列後添加尾資訊（未必全是 0）；但由於交織器的存在，編碼器 II 在資料區塊結束時不能回到零狀態（要使兩個編碼器同步歸零，必須設計合適的交織器）。

(7) 靈活的頻譜共享技術

為了充分利用頻譜，採用不同系統共享特定頻譜。改變以往的固定分配頻譜資源的方法，而是按需動態利用頻譜，採用授權共享、非授權共享和機會式使用頻譜。其技術的關鍵是採用無線環境檢測技術，實現動態分配頻率。

無線資源管理（Radio Resource Management，RRM)[11~13]的目標是在有限頻寬的條件下，為網路內無線用戶終端提供業務品質保障，其基本出發點是在網路話務量分布不均勻、信道特性因信道衰弱和干擾而起伏變化等情況下，靈活分配和動態調整無線傳輸部分和網路的可用資源，最大程度地提高無線頻譜利用率，防止網路壅塞和保持盡可能小的信令負荷。無線資源管理（RRM）的研究內容主要包括功率控制、信道分配、調度、切換、接入控制、負載控制、端到端的 QoS 和自適應編碼調變等。

8.2 MQTT 協定

物聯網的初衷是實現萬物互聯，而實現這一目標的根本在於為物品添加智慧晶片，即所謂的智慧塵埃，但是如此龐雜的智慧晶片實現互聯互通，僅僅依靠現有的網際網路通訊是不可能實現的。究其原因在於現有的網際網路建立在 TCP/IP 通訊協定之下，這種協定不僅對智慧晶片的儲存空間有較高的要求，而且會使網路通訊產生大量的冗餘資訊，其 IP 資源也將很快消耗殆盡。即使採用 IPv6 也無法滿足物聯網的需要。在物聯網應用驅動下，為實現萬物互聯的智慧地球，IBM 在 1999 年提出了資訊佇列遙測傳輸（Message Queuing Telemetry Transport，MQTT)[14,15]協定。它是在 TCP 網路通訊基礎上的發布訂閱協定，是為那些具有很小的記憶體空間的設備和網路頻寬很小的不可靠設備通訊而專門設計的網路通訊協定，特別適合物聯網包括工業物聯網和 M2M（Machine to Machine）互聯應用。MQTT 中存在著三種角色，分別是訂閱者（Subscribe）、資訊代理伺服器（Broker）和發布者（Publisher）。MQTT 的網路層結構如圖 8-14 所示。

MQTT 是一種發布訂閱協定，它可實現由代理進行的一對多通訊。用戶端

可以將資訊發布到代理和/或訂閱代理並接收某些資訊。資訊是按主題組織的，這些主題本質上是「標籤」，充當向訂戶發送資訊的系統。圖 8-15 所示為 MQTT 高級互動模型，圖 8-16 所示為 MQTT 的發布訂閱流程圖。

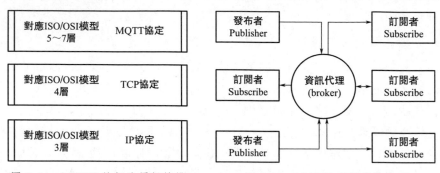

圖 8-14　MQTT 的網路層級結構　　　圖 8-15　MQTT 高級互動模型

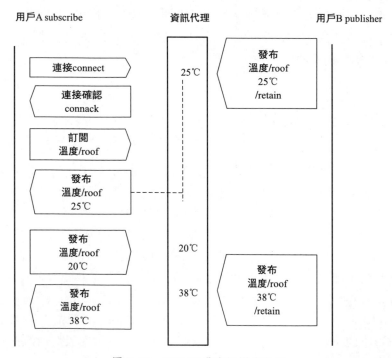

圖 8-16　MQTT 發布訂閱流程圖

　　MQTT 的工作原理用溫度訂閱和發布來說明。用戶端 A 連接到資訊代理（message broker），並訂閱溫度資訊，資訊代理返回確認的資訊，此時的用戶端 A 稱為訂閱者。用戶端 B 發布資訊，溫度為 25℃，此時的用戶端 B 稱為發布者，

而客戶 A 訂閱了溫度資訊，於是資訊代理就把該溫度資訊推送給用戶端 A。用戶端 A 發布了溫度為 20℃，但是由於用戶端 B 並沒有訂閱該資訊，所以就不為 B 推送該溫度。資訊代理的主要職責是接收發布者發布的所有資訊，並將其過濾後分發給不同的資訊訂閱者。資訊代理可以是伺服器或是一段寄生在運算能力較強的設備上的程式。

資訊是 MQTT 傳輸的主要載體，資訊包括主題（Topic）和負載（Payload），主題可以認為是資訊的類型，負載可以理解為資訊內容。MQTT 協定自動構建網路傳輸，建立用戶端到資訊代理伺服器的連結，為兩者之間建立有序的、無損的、基於字節流的雙向傳輸，並且在傳輸資訊時實現服務品質和主題的關聯。

MQTT 的用戶端可以理解為使用 MQTT 協定的應用程式或實際設備。MQTT 總是認為用戶端的運算能力很弱，所以其功能總是限定在最小功能上，從不附加可有可無的功能。在此基礎上，用戶端能夠訂閱或者發布資訊，能夠訂閱其他用戶端發布的資訊，能夠退訂和刪除資訊，能夠斷開與伺服器的連接。

資訊代理實際上就是 MQTT 伺服器，它被用於資訊過濾、發布和訂閱。一般物聯網應用，用戶端的數量是極其龐大的，因而必須具有強大的數據處理能力。首先它能夠接收用戶端的網路連接，接收客戶發布應用資訊，處理訂閱和退訂請求，向訂閱的客戶分發定製的資訊。

MQTT 協定是為運算能力有限且工作在低頻寬、不可靠的網路的節點而設計的協定，小型傳輸，開銷很小（固定長度的頭部是 2 字節），協定交換最小化，以降低網路流量。它使用遺言（Last Will）和遺囑（Testament）特性通知有關各方用戶端異常中斷的機制。遺言機制，用於通知同一主題下的其他設備發送遺言的設備已經斷開了連接。遺囑機制，功能類似於遺言機制。實際編程時，遺言和遺囑通常跟保留資訊一起使用。

MQTT 支持以下三種 QoS 等級[16]：

① QoS 0 等級　資訊最多發送一次，資訊發布完全依賴底層的 TCP/IP 協定下的網路，分發的資訊存在丟失或重複發送的現象。這種情況適合對數據要求不是很嚴格的或者變換緩慢的場景，如環境溫度感測器、光照度、濕度等資料擷取領域。一次數據錯誤或者丟失數據並不會帶來大麻煩，因為間隔很短的時間會有第二次發送。

② QoS 1 等級　至少一次發送，該等級確保資訊可以到達接收端，但不保證資訊是否存在重複發送的問題。

③ QoS 2 等級　確保資訊正確到達一次，這一級別可用於工業物聯網或者計費系統等對資訊要求比較高的場景。

8.3　NB-IoT 和 LoRa 長距離通訊

8.3.1　NB-IoT 通訊

NB-IoT（Narrow Band Internet of Things）2014 年由華為、Vodafone、Qualcomm（高通）等公司倡議發起，2015 年開始標準化工作，在 2016 年底到 2017 年實現商用化。NB-IoT 主要解決面向大規模部署的物聯網設備之間的互聯問題。其設計的特點是：能夠實現超大規模連接數量、低功耗、長距離（幾十公里的設計目標）、低延遲、低成本和高強度的信號覆蓋。可以實現小區內使用 200kHz 頻寬連接 50000 個終端，每 2h 發送一次資訊，電池具有 10 年工作壽命，模組成本小於 5 美元（預計到 2020 年成本進一步降低為 2～3 美元），上行報告延遲小於 10s，設計信號路徑損耗為 160dB，比 GPRS 通訊信號強 20dB，能夠達到幾十公里的增強信號覆蓋。NB-IoT 是介於 4G 和 5G 通訊之間的一個長距離物聯網解決方案。在 5G 通訊一片火熱的今天，其設計的方法和思路仍然有助於理解此類通訊的方式。

（1）長距離、增強覆蓋的技術實現

首先，它採用窄頻通訊，信號在相同的發射功率下獲得的功率譜增益更大，從圖 8-17 可看出譜密度變窄，相同功率可以得到更高的功率譜密度，從而降低了接收機靈敏度的要求。讓接收機變得更加簡單，造價低廉。

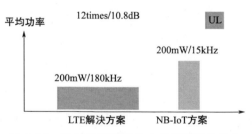

圖 8-17　採用窄頻通訊後功率譜密度的增益

其次，重傳機制也是保證傳輸過程中獲得高增益的一種手段。從圖 8-18 可看出同一信號被重傳了多次。NB-IoT 最大支持下行的重傳次數為 2048 次，上行重傳次數限定為 128 次。重傳可以獲取增益的公式可以表示為：

$$RG = 10\lg(RT) \tag{8-2}$$

式中，RG 為重傳增益（Repetition Gain）；RT 為重傳次數（Repetition Times）。當重傳次數為 2 時，可以計算出其增益為 3dB。

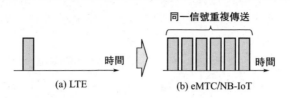

圖 8-18　採用信號的重複傳輸獲得增益

（2）低成本的實現方法

海量敷設的設備對成本有著極高的要求。NB-IoT 也不例外，無線通訊設備降低成本的關鍵在於採用大規模整合技術，並盡量使運算或儲存電路簡單化，盡量使射頻前端的電路簡單化，並採用簡化的通訊協定。

首先，NB-IoT 採用簡單的協定疊來降低協定疊開銷，它捨棄了長期演進（Long Term Evolution，LTE）實體層上傳鏈結控制通道（Physical Uplink Control Channel，PUCCH），物理混合自動重傳請求、指示信道（Physical Hybrid ARQ Indicator Channel，PHICH）等設備，而且其他層也有了不同程度的簡化，如圖 8-19 所示。

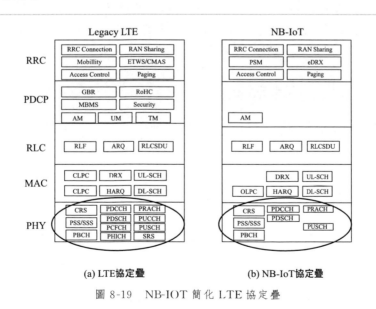

圖 8-19　NB-IOT 簡化 LTE 協定疊

其次，減少不必要的硬體也是降低成本的一個辦法，採用 HD-FDD 半雙工

模式（圖 8-20），FDD 是上行和下行在頻率上分開，半雙工設計則是需要一個切換器去改變發送和接收模式，相比於全雙工模式，成本更低廉，並且可以降低電池能耗。另外，窄頻通訊相對於展頻通訊來說，設備的複雜程度大大降低，而且窄頻通訊電路技術成熟，因此，窄頻通訊意味著硬體成本的降低。

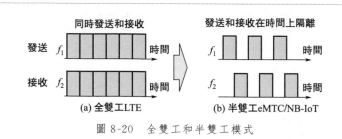

圖 8-20　全雙工和半雙工模式

（3）低能耗的技術實現

　　NB-IoT 工作於室外環境，供電是一個關鍵問題。既要實現長距離通訊，又要降低功耗，這個看似矛盾的問題是怎樣解決的？NB-IoT 採用了由空閒狀態進入到省電模式（Power Saving Mode，PSM）的方式。處於省電模式的設備耗電量極低，它們不需要監聽網路，也不需要完成任何的任務。其他設備與該設備進行通訊首先要喚醒該設備。物聯網設備，如感測設備或 RFID 設備，有一個很明顯的特徵就是在絕大多數時間內，設備長期處於空閒狀態，沒有實際的數據。例如，濕度感測器可能在一天或一週的時間內都保持不變，這些不變的數據往往是不需要發送出去的，這時物聯網終端進入所謂的省電模式以節省電量。

8.3.2　LoRa 長距離通訊

　　LoRa 是一種源自啁啾展頻的展頻調變技術，是第一項商用低成本實現啁啾展頻的技術，是一種長距離、低功耗的無線通訊技術，廣泛應用於全球物聯網（IoT）中。LoRa 技術支持各種智慧物聯網應用，旨在解決能源等挑戰，能夠有效地進行資源管理，減少電磁與噪音汙染，提高基礎設施的運行效率，並應用於防災等重大公共事務。LoRa 是一種遠端無線通訊協定，與其他低功耗廣域網無線通訊、NB-IoT、LTE CAT M1 競爭。物聯網組網常用技術標準的參數見表 8-1。

　　LoRa 使用無許可證的亞千兆赫茲無線電頻段，如 169MHz、433MHz、868MHz（歐洲）和 915MHz（北美）。LoRa 實現了低功耗的遠端傳輸（空曠地區超過 10km）。該技術分為 LoRa 物理層和 LoRa（遠端廣域網）上層。2018 年 1 月，新的 LoRa 晶片組發布，與老一代相比，其功耗降低，傳輸功率增加，尺

寸減小。LoRa 設備具有地理定位功能，用於通過閘道的時間戳對設備位置進行三角定位。LoRa 和 LoRa Wan 允許不同行業的物聯網設備進行遠端連接。

越來越多的無線電技術使低功率無線通訊在過去的幾年中出現了遠距離、超窄頻技術，如 Sigfox、LoRa 等允許最多幾公里的通訊，並建立了不需要建造和維護的低功率廣域網複雜的多跳拓撲。這些新接收器的目標應用程式中有數千個設備用於大地理區域收集感測器讀數。典型的應用是儀表的收集。這些系統用於以下設置：

簡單的設備將數據一次性發送到功能強大的接收器，然後通過固定的有線基礎設施轉發到數據收集點。這些接收器可以構建更通用的物聯網網路多跳雙向通訊實現感測和驅動。接收器可以在一個小的能源預算上實現遠距離通訊，可建立比目前更高效的物聯網基礎設施。例如，通常使用的 ZigBee 接收器的通訊範圍大約有幾十米，而在相同環境下，LoRa 收發能夠覆蓋幾百米的範圍。LoRa 通訊在設計之初就充分考慮了物聯網數據的非連續性，通過對 LoRa PHY 的設置，能夠實現幾十公里遠距離通訊。當使用這些來構建網路時，接收器應考慮其特定功能，在通訊方面盡可能提高績效，最大限度地減少能源消耗。實驗表明，6 個 LoRa 節點可以形成覆蓋 1.5 公頃的網路，使用 2 節普通 AA 電池，實現 2 年的使用壽命[17]。

① 頻寬（BW）。改變 LoRa 啁啾傳播的頻率（頻寬）範圍，允許根據無線電敏感度來交換無線電空時，從而提高能量效率來對抗通訊範圍和魯棒性。頻寬越高，空時越短，空時越敏感。較低的頻寬還需要更精確的晶振，以最小化時間視窗。與時鐘漂移有關，給定頻寬 BW 通常為 $125\sim500\mathrm{kHz}$，LoRa 的編碼率 R_{c} 運算如下：

$$R_{\mathrm{c}} = BW\,\mathrm{chips/s} \tag{8-3}$$

② 展頻因子（SF）。為了傳輸資訊，LoRa 將每個符號分布在多個頻率上，以進一步提高接收器的靈敏度。LoRa 的展頻因子可以在 6 到 12 之間選擇，展頻率在 $2^6\sim2^{12}$ 之間，符號傳輸速率可以由式(8-4) 運算：

$$R_{\mathrm{s}} = \frac{R_{\mathrm{c}}}{2^{SF}} = \frac{BW}{2^{SF}}(\mathrm{symbols/s}) \tag{8-4}$$

調變位元率能夠表示為

$$R_{\mathrm{M}} = SF R_{\mathrm{s}} = SF\frac{BW}{2^{SF}}(\mathrm{bit/s}) \tag{8-5}$$

③ 編碼率（CR）。為了提高對誤碼的恢復能力，LoRa 支持前向錯誤冗餘位可變的循環校驗技術，範圍從 1 到 4。LoRa 最終的位元率 BR 為：

$$BR = R_M \times \frac{4}{4+CR} = SF \times \frac{BW}{2^{SF}} \times \frac{4}{4+CR} \text{ (bit/s)} \tag{8-6}$$

干擾脈衝越多，期望的最大化成功接收數據包使用的編碼率就越高。注意，不同編碼的 LoRa 接收機之間仍然可以通訊，因為包頭 [使用最大編碼速率傳輸 (4/8)] 可以包括用於有效載荷的碼率。

④ 傳輸功率。與大多數無線接收機一樣，LoRa 接收器也允許調整傳輸功率，大幅度地改變傳輸數據包所需的能量，例如，通過切換傳輸功率可從－4 到＋20dBm。

⑤ 載波頻率（CF）。LoRa 接收器使用亞 GHz 頻率和 2.4GHz 進行通訊，不同的地區被允許使用的頻率範圍有很大的不同，這也是 LoRa 受局限的地方。

表 8-1　物聯網組網常用技術標準的參數對比

	NB-IoT	LoRa	ZigBee
組網方式	基於現有蜂窩組網	基於 LoRa 閘道	基於 ZigBee 閘道
網路部署方式	節點	節點＋閘道	節點＋閘道
		（閘道部署位置要求較高，需要考慮因素多）	
傳輸距離	遠距離	遠距離	短距離
	（可達十幾公里，一般情況下 10km 以上）	（可達十幾公里，城市 1～2km，郊區可達 20km）	（10 公尺～100 公尺級別）
單網接入節點容量	約 20 萬	約 6 萬，實際與閘道信道數量、節點發包頻率、數據包大小等有關。一般有 500～5000 個不等	理論 6 萬多個，一般情況 200～500 個
電池續航	理論約 10 年/AA 電池	理論約 10 年/AA 電池	理論約 2 年/AA 電池
成本	模組 5～10 美元，未來目標降到 1 美元	模組約 5 美元	模組一般 1～2 美元
頻段	License 頻段，營運商頻段	unlicense 頻段，Sub-GHz（433、868、915MHz 等）	unlicense 頻段 2.4G
傳輸速度	理論 160～250Kbps，實際一般小於 100Kbps，受限低速通訊介面 UART	0.3～50Kbps	理論 250Kbps，實際一般小於 100Kbps，受限低速通訊介面 UART
網路延遲	6～10s	TBD	不到 1s
適合領域	戶外場景，LPWAN 大面積感測器應用	戶外場景，LPWAN，大面積感測器應用可搭私有網網路，蜂窩網路覆蓋不到地方	常見於戶內場景，戶外也有，LPLAN 小範圍感測器應用可搭建私有網網路

參考文獻

[1]　WANG Y P E, et al. A primer on 3GPP narrowband Internet of things［C］. IEEE Communications Magazine, 2016, 55 (3)：117-123.

[2]　BEYENE Y D, et al. On the performance of narrow-band Internet of things［C］. 2017 IEEE Wireless Communications and Networking Conference（WCNC）.2017: 637-642.

[3]　ZAYAS A D, MERINO P. The 3GPP NB-IoT system architecture for the Internet of Things［C］.2017 IEEE International Conference on Communications Workshops (ICC Workshops).2017: 277-282.

[4]　LAVRIC A. LoRa（long-range）high-density sensors for internet of things［J］. Journal of Sensors. 2019: 1-9.

[5]　SUN C, et al. Beam division multiple access transmission for massive MIMO communications［C］. IEEE Transactions on Communications. 2015, 63 (6)： 2170-2184.

[6]　KO K T, DAVIS B. A Space-Division Multiple-Access Protocol for Spot-Beam Antenna and Satellite-Switched Communication Network［J］. IEEE Journal on Selected Areas in Communications. 1983, 1 (1)：126-132.

[7]　THOMPSON J, et al. 5G wireless communication systems: prospects and challenges ［J］.IEEE Communications Magazine. 2014, 52 (2)：62-64.

[8]　HASAN S F. 5G Communication Technology［M］. springer International Publishing, 2014.

[9]　GUO Y, et al. Parallel polar encoding in 5g communication［C］. 2018 IEEE Symposium on Computers and Communications (ISCC).2018: 64-69.

[10]　KIASALEH K. Turbo-Coded Optical PPM Communication Systems［J］. Journal of lightwave technology, 1998, 16 (1)： 18-26.

[11]　SHAH S T, et al. Radio resource management for 5G mobile communication systems with massive antenna structure［C］. Transactions on Emerging Telecommunications Technologies, 2015: 237-242.

[12]　MAHMOOD N H, et al. Radio resource management techniques for embb and mmtc services in 5g dense small cell scenarios［C］. 2016 IEEE 84th Vehicular Technology Conference (VTC-Fall).2016.

[13]　SHE C, Yang C, QUEK T Q S. Radio resource management for ultra-reliable and low-latency communications ［J］. IEEE Communications Magazine. 2019, 55 (6)： 72-78.

[14]　CHANG H L, et al. , Gateway-Assisted Retransmission for Lightweight and Reliable IoT Communications［J］. Sensors. 2011, 16 (10)：1560.

[15]　ADHIKAREE A, et al. Internet of Things-enabled multiagent system for residential DC microgrids［C］. 2017 IEEE International Conference on Electro Information Technology (EIT).2017.

[16]　CHOORUANG K, MANGKALA-

KEEREE P. Wireless Heart Rate Monitoring System Using MQTT［J］. Procedia Computer Science. 2016, 86: 160-163.

［17］ TOMASIN S, ZULIAN S, VANGELISTA L. Security analysis of lorawan join procedure for Internet of things networks［C］. 2017 IEEE Wireless Communications and Networking Conference Workshops (WCNCW). 2017.

第9章

射頻辨識與智慧製造應用

9.1 智慧製造

　　智慧製造技術是在現代感測技術、網路技術、自動化技術、擬人化智慧技術等基礎上，通過智慧化的感知、人機互動、決策和執行技術，實現設計過程、製造過程和製造裝備智慧化，是資訊技術和智慧技術、裝備製造過程技術的深度融合與整合。智慧製造應充分理解客戶深度定製帶來的柔性化生產的特殊要求，這種要求需要一個充分發達的人工智慧來自行決策生產的要素、流程和工藝。

9.1.1 智慧製造背景和意義

　　隨著資訊技術的發展和社會協作的進一步深化，產品出現了個性化、定製化和綠色化等特徵。個性化產品要求生產線變成柔性化生產線，生產線可以根據產品動態地配置生產資源。產品在全部生命週期內都可以滿足客戶個性化需要，即產品在設計、製造和運作過程中都能夠滿足個性化需要。代表製造業核心競爭力的因素發生了深刻的變化，一般認為提高效率、縮短生產週期、提高柔性是提高核心競爭力的關鍵。中國製造目前面臨產業升級壓力、勞動力成本上升壓力和能耗排放壓力等，提高製造業的附加值、發展先進製造技術實現產業升級是刻不容緩的，同時也是中國製造業的機遇。

　　現有工業管理模式落後、缺乏資訊化的管理手段，所以現有的工業管理體系無法從根本上滿足產品柔性化的需要。當前製造業面臨各種困難，解決這些困難也是製造業向智慧化發展的關鍵。

　　① 現在的製造業存在過程不透明的現象，在生產過程中生產指令基本靠人工發布，關鍵裝配資訊僅憑工人經驗，這種現象就對應資訊發布手段落後的情況。靠現有的 ERP 和人機系統採集數據十分不方便，資訊的實時性和視覺化程度很差，數據也很容易丟失。這種資訊非實時性會導致資訊不能實時地反映到系統中，導致各個工廠按照不同的標識管理物品。而且因為資訊溝通不及時導致各個工廠的生產環節不能及時進行通訊，也不能根據實時資訊進行生產過程的全局

最佳化。

　　② 生產過程難於最佳化，經常因物料供應或下游生產能力等問題影響設備利用率，降低產能。生產工廠的設備利用率常低於 70%，總裝工廠的關鍵裝配切換十分頻繁。完全手工生成配料清單，因工作量大，容易出錯，且資訊嚴重遲滯，導致物料配送經常短缺。流水線過程無歷史記錄，因此無法追蹤問題。

　　③ 多種資訊系統無法有效整合構成了資訊孤島，各種系統種類繁多，但仍然無法進行有效的數據交換，資訊之間相互孤立，所用的資訊體制差別巨大。如物料管理存在編碼不統一的情況。

　　④ 無自動化的倉儲管理系統，人為進行庫存管理存在的問題很多。人工搬運、人工進行庫存盤點存在安全隱患，易出錯誤，勞動力成本高，而且資訊難於追溯。

9.1.2　智慧製造到工業 4.0 發展歷程

　　智慧製造本質上是基於數據驅動的製造模式，涉及製造過程的整個環節，其中的數據包括資訊、知識和模型。這種製造模式涉及用戶需要、產品研發、工藝設計、智慧生成和產品服務等全面的生產流程，因此智慧製造本身也是一種 C2B 的製造模式。面對客戶對產品的個性化、複雜化、不穩定、變化的定製化需要，製造商合理地評估和組織資源，給出快速的適配解決方案，自動完成高品質的產品。智慧製造技術融合了資訊技術、自動化技術、先進製造技術、管理技術和人工智慧技術等多學科領域。是工業 4.0 的重要組成部分，它是在工廠人力資源、設備資源、物料資源資訊化後逐漸發展起來的綜合性技術。智慧製造被放到第四次工業革命的重要地位上，因為這是從根本上的一個變革。前兩次革命可以說是能源驅動下的革命，後兩者則是資訊技術進入工業設備後產生的革命。第一次工業革命是蒸汽動力機械設備應用於生產，第二次工業革命是電機和電能促進大規模流水線的建立，第三次工業革命是資訊技術實現了自動化生產，第四次工業革命是進一步應用資訊-物理系統實現智慧化生產。工業化發展歷程如圖 9-1 所示。

　　智慧製造是對整個製造業價值鏈的智慧化和全面創新，遠遠超越了原本的資訊化和工業化結合的初級構想。它包括研發智慧產品、應用智慧設備、建立自底向上的智慧生產線、構建智慧工廠、打造智慧工廠、實現智慧研發、形成智慧供應鏈體系、開展智慧管理、推進智慧服務、實現智慧決策，最終實現智慧生產。

　　傳統製造業都是圍繞著圖 9-2 中五要素展開的，生產過程的材料管理包含原料品質（特性、功能等）控制、供應商管理、生命週期追溯和應用合規性。機器因素主要考慮機器的生產精度、自動化程度以及生產能力。方法因素主要考慮工藝、效率和產能等。策略因素主要考慮採用品質管理方法、感測器監測等。其中

的人是控制五要素的核心[1,2]。

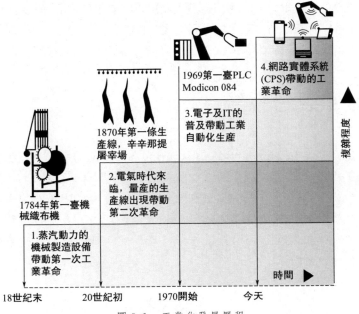

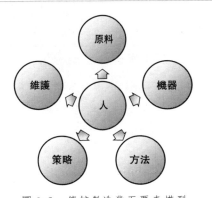

圖 9-1 工業化發展歷程

智慧製造起源於人工智慧的相關研究領域，並將人工智慧應用到工業生產中，取代或部分取代人作為設計和決策的核心地位。智慧製造系統在實踐中不僅具有不斷學習並充實知識庫的功能，還有自動理解環境和自身資訊，對生產進行分析判斷和規劃決策的能力。

智慧設備、智慧系統和智慧決策構成了智慧應用的三大應用範圍，這意味著工業世界中的機器、設備、設施等能夠跟大數據和新型通訊更深度的融合，這種融合是非常基本的，甚至可將資訊與物理兩個原本平行的空間連結到一起，形成新的元素。資訊、能量、物質三者之間的連繫將徹底打開[3~6]。

圖 9-2 傳統製造業五要素模型

智慧製造設計的出發點之一就是滿足柔性化生產，極大程度地滿足客戶深度定製產品的需要。智慧製造在人工智慧設備的輔助下可以實現靈活的且動態的業務流

程。智慧製造通過廣泛的感測設備和資料擷取設備為決策系統提供透明的、實時的數據，這些數據能夠用於人工智慧系統或者人的生產決策，為生產過程的最佳決策提供數據支持。基於最佳決策方案，採用智慧生產可以有效地提高設備的利用率和生產效率。智慧生產可以通過創新服務為客戶帶來更大的價值。智慧生產可以為員工提供更好的工作環境，為企業節省大量的人工費用，極大地提升企業的競爭力[7,8]。

9.2　智慧製造系統

智慧製造系統（Intelligent Manufacturing System，IMS）是智慧機器和人類專家協同工作的人機系統，在製造過程的各個環節中，藉助人工智慧技術和專家系統進行分析、判斷、推理、構思和決策，從而實現高度柔性的生產模式。該製造模式突出了知識在製造活動中的價值和地位，且隨著人工智慧等相關技術的發展必然會成為影響未來經濟發展的重要生產模式。智慧製造能夠解決生產中的關鍵問題，如圖 9-3 所示。

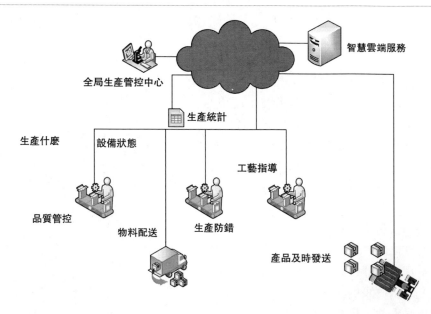

圖 9-3　智慧製造能夠解決生產中的關鍵問題

智慧製造系統本質上是一個複雜的相互管理的子系統的集合，從功能上可以分為設計、計劃、生產和系統活動四個相對獨立的子系統。在設計功能子系統中，智慧製造突出市場需要對產品的概念設計過程的影響。其功能設計強調了產

品的可製造、可裝配以及可維護和生產保障性。在模擬測試過程中也可以充分利用人工智慧技術，對產品生產統籌進行安排，相當於在實際生產之前對生產原料、生產設備配置、生產工藝、生產流程安排以及產品品質進行前期彩排。這種虛擬的過程允許人或人工智慧對每個環節進行最佳化。

智慧製造自下而上分為三層，製造系統本身是一個複雜的相互關聯的子系統的整體整合，由此可見，IMS 理念建立在自組織、分布自治和社會生態學機理上，目的是通過設備柔性和電腦人工智慧控制自動地完成設計、加工、控制、管理過程，旨在解決適應高度環境變化的製造的有效性。與傳統的製造相比，智慧製造系統具有以下特徵。

① 自律能力　即蒐集與理解環境資訊和自身的資訊，並進行分析判斷和規劃自身行為的能力。具有自律能力的設備稱為智慧機器，智慧機器在一定程度上表現出獨立性、自主性和個性，甚至相互間還能協調運作與競爭。強有力的知識庫和基於知識的模型是自律能力的基礎。

② 人機一體化　IMS 不單純是人工智慧系統，而是人機一體化智慧系統，是一種混合智慧。基於人工智慧的智慧機器只能進行機械式的推理、預測、判斷，它只能具有邏輯思維（專家系統），最多做到形象思維（神經網路），完全做不到靈感（頓悟）思維，只有人類專家才真正同時具備以上三種思維能力。因此，以人工智慧全面取代製造過程中人類專家的智慧，獨立承擔分析、判斷、決策等任務是不現實的。人機一體化一方面突出人在製造系統中的核心地位，同時在智慧機器的配合下，更好地發揮出人的潛能，使人機之間表現出一種平等共事、相互理解、相互協作的關係，使二者在不同的層次上各顯其能，相輔相成。

因此，在智慧製造系統中，高素質、高智慧的人將發揮更好的作用，機器智慧和人的智慧將真正地整合在一起，互相配合，相得益彰。

③ 虛擬實境技術　這是實現虛擬製造的支持技術，也是實現高水準人機一體化的關鍵技術之一。虛擬實境技術以電腦為基礎，融合信號處理、動畫技術、智慧推理、預測、仿真和多媒體技術為一體；藉助各種音像和感測裝置，虛擬展示現實生活中的各種過程、物件等，因而也能擬實製造過程和未來的產品，從感官和視覺上使人獲得如同真實的感受。但其特點是可以按照人的意願任意變化，這種人機結合的新一代智慧介面是智慧製造的一個顯著特徵。

④ 自組織超柔性　智慧製造系統中的各組成單位能夠依據工作任務的需要，自行組成一種最佳結構，其柔性不僅突出在運行方式上，而且突出在結構形式上，所以稱這種柔性為超柔性，如同一群人類專家組成的群體，具有生物特徵。

⑤ 學習與維護　智慧製造系統能夠在實踐中不斷充實知識庫，具有自學習功能。同時，在運行過程中自行故障診斷，並具備對故障自行排除、自行維護的能力。這種特徵使智慧製造系統能夠自我最佳化並適應各種複雜的環境。

　　智慧製造的發展路線第一階段通過軟體和網路進行商品的定製、開發服務。這個階段並沒有完全脫離網際網路線上線下生產模式。第二階段則是機器和商品要進行資訊和指令的自主互動。這一階段的重要技術對應 M2M。第三階段才是機器的自主控制和最佳化，是一種完全依賴於人工智慧和大數據技術的全新的生產模式。智慧製造特徵表現為在產品設計、製造過程和生產環境中具有感知、分析、決策和執行的自主功能。

9.3　智慧工廠

　　新一代的智慧工廠致力於將人工智慧技術、先進製造技術和工藝以及全新的管理方法進行深度融合，使工廠的生產工廠發生重大變革，用自適應的方式實現產品的柔性化生產、個性化定製，從根本上提高製造品質和生產效率，提高企業的核心競爭力。

9.3.1　智慧工廠的架構

　　智慧工廠通過構建智慧化生產系統和分散式網路以及全面的物聯網實現生產過程的智慧化，如圖 9-4 所示。智慧工廠具備自主分析、判斷、規劃、設計能力，通過人工智慧進行推理預測，利用仿真技術來綜合最佳化產品的設計，可自行組成最佳系統結構，具備協調、重組及擴充特性。

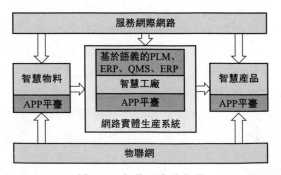

圖 9-4　智慧工廠的架構

　　人機料法環是全面品質管理理論中的五個影響產品品質的主要因素的簡稱。人，指製造產品的人員；機，指製造產品所用的設備；料，指製造產品所用的原材料；法，指製造產品所用的方法；環，指產品製造過程中所處的環境。

　　而智慧生產就是以智慧工廠為核心，將人、機、法、料、環連接起來，多維

度融合的過程。

在智慧工廠的體系架構中，品質管理的五要素也相應地發生變化，因為在未來智慧工廠中，人類、機器和資源能夠互相通訊。智慧產品「知道」它們被製造出來的細節，也知道它們的用途。它們將主動地掌握製造流程，回答諸如「我什麼時候被製造的」「對我進行處理應該使用哪種參數」「我應該被傳送到何處」等問題。

企業基於 CPS 和工業物聯網構建的智慧工廠原型，主要包括物理層、資訊層、大數據層、工業雲層、決策層。其中，物理層包含工廠內不同層級的硬體設備，從最小的嵌入設備和基礎電子組件開始，到感知設備、製造設備、製造單位和生產線，相互間均實現互聯互通。以此為基礎，構建了一個可測可控、可產可管的縱向整合環境。資訊層涵蓋企業經營業務各個環節，包含研發設計、生產製造、營銷服務、物流配送等各類經營管理活動，以及由此產生的眾創、個性化定製、電子商務、可視追蹤等相關業務。在此基礎上，形成企業內部價值鏈的橫向整合環境，實現數據和資訊的流通和交換[9,10]。服務導向的智慧工廠的布局如圖 9-5 所示。

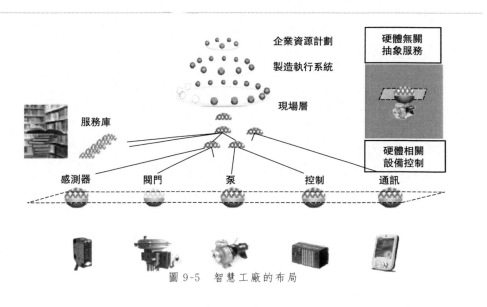

圖 9-5　智慧工廠的布局

縱向整合和橫向整合均以 CPS 和工業物聯網為基礎，產品、設備、製造單位、生產線、工廠、工廠等製造系統的互聯互通，及其與企業不同環節業務的整合統一，則是通過數據應用和工業雲服務實現，並在決策層基於產品、服務、設備管理支援企業最高決策。這些共同構建了一個智慧工廠完整的價值網路體系，為用戶提供端到端的解決方案。

　　由於產品製造工藝過程差異明顯，因此離散製造業和流程製造業在智慧工廠建設的重點內容有所不同。對離散製造業而言，產品往往由多個零部件經過一系列不連續的工序裝配而成，其過程包含很多變化和不確定因素，在一定程度上增加了離散型製造生產組織的難度和配套複雜性。企業常常按照主要的工藝流程安排生產設備的位置，以使物料的傳輸距離最小。面向訂單的離散型製造企業具有多品種、小批量的特點，其工藝路線和設備的使用較靈活，因此，離散製造型企業更加重視生產的柔性，其智慧工廠建設的重點是智慧製造生產線。

9.3.2　智慧工廠發展重點環節

　　智慧生產的側重點在於將人機互動、3D 列印等先進技術應用於整個工業生產過程，並對整個生產流程進行監控、資料擷取，進行數據分析，從而形成高度靈活、個性化、網路化的產業鏈。

圖 9-6　智慧工廠重點開發方向

　　智慧工廠重點開發方向如圖 9-6 所示，具體為：

（1）3D 列印

　　3D 列印是一項顛覆性的創新技術，被稱為 20 世紀最重要的製造技術創新。製造業的全流程都可以引入 3D 列印，實現節約成本、加快進度、減少材料浪費等。在設計環節，藉助 3D 列印技術，設計師能夠擁有更大的自由和創意空間，可以專注於產品形態創意和功能創新，而不必考慮形狀複雜度的影響，因為 3D 列印幾乎可以完成任意形狀物品的構建。在生產環節，3D 列印可以直接從數位化模型生成零部件，不需要專門的模具製作等工序，既節約了成本，又能加快產

品上市。此外，傳統製造工藝在鑄造、拋光和組裝部件的過程中通常會產生廢料，而使用 3D 列印則可以一次性成型，基本不會產生廢料。在分銷環節，3D 列印可能會挑戰現有的物流分銷網路。未來，零部件不再需要從原廠家採購和運輸，而是從製造商的在線資料庫中下載 3D 列印模型檔案，然後在本機快速列印出來，由此可能導致遍布全球的零部件倉儲與配送體系失去存在的意義。

(2) 人機互動

未來各類互動方式都會進行深度融合，使智慧設備更加自然地與人類生物反應及處理過程同步，包括思維過程、動作，甚至一個人的文化偏好等，這個領域充滿著各種各樣新奇的可能性。

人與機器的資訊交換方式隨著技術融合步伐的加快向更高層次邁進，新型人機互動方式被逐漸應用於生產製造領域。具體表現在智慧互動設備柔性化和智慧互動設備工業領域應用這兩個方面。在生產過程中，智慧製造系統可獨立承擔分析、判斷、決策等任務，突出人在製造系統中的核心地位，同時在工業機器人、無軌視覺自動導引車等智慧設備配合下，更好發揮人的潛能。機器智慧和人的智慧真正地整合在一起，互相配合，相得益彰。人機互動的本質是人機一體化。

(3) 感測器

中國已經基本形成較為完整的感測器產業鏈，材料、裝置、系統、網路等各方面水準不斷完善，自主產品已達 6000 餘種，中國建立了三大感測器生產基地，分別為安徽基地、陝西基地和黑龍江基地。政府對感測器產業提出了加大力度、加快發展的指導方針，未來感測器的發展將向著智慧化的方向推進。

(4) 工業軟體

智慧工廠的建設離不開工業軟體的廣泛應用。工業軟體包括基礎和應用軟體兩大類，其中系統、中介軟體、嵌入式屬於基礎技術範圍，並不與特定工業管理流程和工藝流程緊密相關，以下提到的工業軟體主要指應用軟體，包括營運管理類、生產管理類和研發設計類軟體等。廣泛應用 MES（製造執行系統）、APS（先進生產排程）、PLM（產品生命週期管理）、ERP（企業資源計劃）、品質管理等工業軟體，實現生產現場的視覺化和透明化。在新建工廠時，可以通過數位化工廠仿真軟體進行設備和產線布局、工廠物流、人機工程等仿真，確保工廠結構合理。在推進數位化轉型的過程中，必須確保工廠的數據安全和設備及自動化系統安全。當通過專業檢測設備檢出次品時，不僅要能夠自動與合格品分流，而且要能夠通過 SPC（統計過程控制）等軟體分析出現品質問題的原因。

(5) 雲端製造

雲端製造即製造企業將先進的資訊技術、製造技術以及新興物聯網技術等交叉融合，工廠產能、工藝等數據都集中於雲端平臺，製造商可在雲端進行大數據

分析與客戶關係管理，發揮企業最佳效能。

　　雲端製造為製造業資訊化提供了一種嶄新的理念與模式，雲端製造作為一種初生的概念，未來具有巨大的發展空間。但雲端製造的未來發展仍面臨著眾多關鍵技術的挑戰，除了對雲端運算、物聯網、語義 Web、高性能運算、嵌入式系統等技術的綜合整合，基於知識的製造資源雲端化、製造雲端管理引擎、雲端製造應用協同、雲端製造視覺化與用戶介面等技術均是未來需要攻克的難點[11,12]。

9.4　射頻辨識在智慧製造中的應用

　　射頻辨識可以對物料、機器、人員等生產要素進行實時且透明化管理，可以實現智慧工廠生產要素的視覺化管理，為智慧製造提供先決條件。從根本上解決生產過程中數據錄入量大且效率低下的問題，使生產進度的可控性變得更好。射頻辨識能夠實現從訂單產生到生產計劃精確地監控和運算，使產品的成本完全透明，生產時間完全可控。射頻辨識應用到生產流程中可以使產品品質有良好的追溯性，產品品質不僅可追溯，而且可以對生產工藝提高提供回饋，從而不斷地對生產流程中的各個環節的工藝產生影響。射頻辨識的應用也為智慧製造中的決策系統提供實時數據，使智慧決策中心能夠對生產平臺和企業營運管理進行靈活有效的決策。建設智慧工廠無疑是製造企業轉型升級的重要方式，同時應圍繞企業的中長期發展策略，根據自身產品、工藝、設備和訂單的特點，合理規劃智慧工廠的建設藍圖。在推進規範化、標準化的基礎上，從最緊迫需要解決的問題入手，務實推進智慧工廠的建設。圖 9-7 所示為流水線的 RFID 智慧改造示意圖。

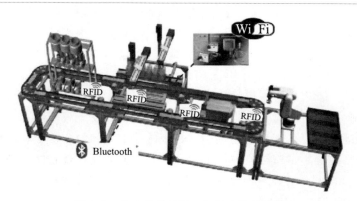

圖 9-7　流水線的 RFID 智慧改造示意圖

　　以智慧製造為主導的第四次工業革命正在席捲全球。智慧製造的生產效率更

高、產品品質更好、規模效應更大、產品價值更高，能夠快速和直接生產出各類中間產品和最終產品，智慧製造往往通過資訊、通訊、工業技術等整合聯通整個產品製造過程和產業鏈條，對上下游企業和關鍵產業具有重要帶動作用。

其中，物聯網是實現智慧製造柔性化生產的重要技術基礎。在智慧製造中，各個設備通過物聯網技術進行互聯，各企業通過網際網路進行互聯，最終實現資訊數據融合；流程設計可快速匹配，生產流程可靈活調整，最終個性化需要能得到快速滿足；工廠整個價值鏈獲得增值，企業效益獲得提升，最終客戶可以得到良好的服務；各項資源能夠得到合理應用，工作生活能夠得到平衡，最終為決策者決策提供科學依據。

對於製造業來說，RFID 模組的價值主要體現在製造流程、倉儲、運輸三個環節中。在製造業的庫存管理和供應鏈管理方面，RFID 模組可以幫助企業減少短貨現象、實現差異化生產、快速準確獲得物流資訊，同時還可以把整個供應鏈在此基礎上進行規劃，從而達到降低成本、提高效率的目的。員工通過刷電子標籤獲取自己所做的工序資訊，員工的產量、生產進度等資訊也由該電子標籤採集。在手工作業和質檢環節中，員工刷電子標籤後，機位上配備的電子顯示器會顯示出作業操作方法、品質要求等。

在成品分挑選區，配合吊掛線和 RFID 模組系統，電子標籤還可以實現客戶西裝上衣和褲子的自動配套分挑選。從接單到出貨，規定最長用時為 7 天，較現行西裝定製週期（3 個月至 6 個月）大大縮短，銷售額翻倍增長。

RFID 模組在製造業中的功能不僅如此，其在製造業中的影響是廣泛的，包括資訊管理、製造執行、品質控制、標準符合性、追蹤和追溯、資產管理、倉儲量視覺化以及生產率等。RFID 模組給製造業帶來的改變見圖 9-8。

（1）製造資訊管理

將 RFID 模組和現有的製造資訊系統（如 MES、ERP、CRM 和 IDM 等）相結合，可建立更強大的資訊鏈，並在準確的時間及時傳送準確的數據，從而增強生產力、提高資產利用率以及更高層次的品質控制並完成各種在線測量。通常從 RFID 模組獲取數據後，還需要中介軟體對這些數據進行處理，饋送到製造資訊系統。

（2）製造執行、品質控制和標準的符合性

為支持精益製造和 6 Sigma 品質控制，RFID 模組可提供不斷更新的實時數據流。與製造執行系統互補，RFID 模組提供的資訊可用來保證正確使用勞動力、機器、工具和部件，從而實現無紙化生產和減少停機時間。更進一步地，當材料、零部件和裝配件通過生產線時，可以實時進行控制、修改甚至重組生產過程，以保證可靠性和高品質。

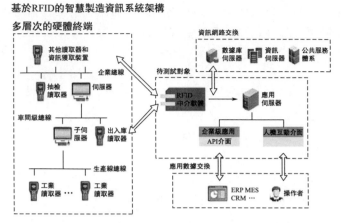

圖 9-8　RFID 模組給製造業帶來的改變

（3）追蹤和追溯

要求符合 FDA 品質規範的呼聲不斷增強，消費用包裝品、食品企業在其整個供應鏈中要求精確地追蹤和追溯產品資訊。在這些方面，RFID 模組能和現有的製造執行系統互補，對大多數部件而言，製造執行系統已能蒐集如產品標識符、時間戳記、物理屬性、訂貨號和每個過程的批量等資訊，這些資訊可以被轉換成 RFID 模組編碼並傳送到供應鏈，幫助製造商追蹤和追溯產品的歷史資訊。

（4）工廠資產管理

資產（設備）上的 RFID 模組提供其位置、可用性狀態、性能特徵、儲存量等資訊。基於這些資訊進行生產過程維護、勞動力調整等有助於提高資產價值，最佳化資產性能和最大化資產利用率。由於可減少停機時間和更有效地進行維護（規劃的和非規劃的），因此能積極地影響非常重要的製造性能參數。

（5）倉儲量的視覺化

由於合約製造變得越來越重要，因而同步供應鏈和製造過程的清晰可見就成為關鍵。RFID 模組適合於各種規模的應用系統（局部的或擴展到整個工廠的）。RFID 模組可以實現進料、WIP、包裝、運輸、倉儲直到最後發送到供應鏈中的下一個目的地的全方位和全程視覺化，所有這些都和資訊管理有關。

9.4.1　射頻辨識在汽車生產領域的應用

傳統的製造業要保持競爭力，以便於公司業務進一步拓展和占領更大的市場份額，但在擴張過程中不可避免地會遇到普遍的難題：一個是品質的穩定性很難把控，

另外一個就是產品的交付進度很難嚴格把控。如果某個公司能夠將這兩個方面的問題解決好，它就能把握住未來的市場，尤其近年是製造業強勁發展的機遇期，可使企業保持良好的競爭優勢。以智慧製造為核心的生產過程改造成了必然選擇，智慧製造能夠以物聯網、人工智慧和大數據為技術手段提高產品品質，提供更敏捷的產品供應，通過對企業整個流程的再造，以期獲取激烈競爭中的優勢，以卓越的品質和精準的交付為目標，滿足客戶定製化要求，達到企業生產效益的最大化。

9.4.1.1　無線射頻辨識技術在汽車生產流程中的應用

汽車生產線主要分為衝壓、銲接、噴漆、裝配四大工藝模組。衝壓生產過程的主要功能是將板材進行衝壓成型，衝壓後的產品進入產品庫。銲接生產過程是將衝壓件從庫存調配到銲接工廠，銲接工廠採用機器人自動或半自動地將衝壓件銲接成車身，銲接流水線往往存在多個分支，最後彙總成車身。銲接後的產品進入噴漆塗裝工廠，噴漆工廠可能存在多條塗裝流水線，可以生產不同類型的汽車，塗裝後的產品進入裝配工廠進行總裝。總裝後的汽車經過檢測線和路試，合格後的整車入庫，不合格的產品返回到檢修工廠進行檢修處理。如圖 9-9 所示。

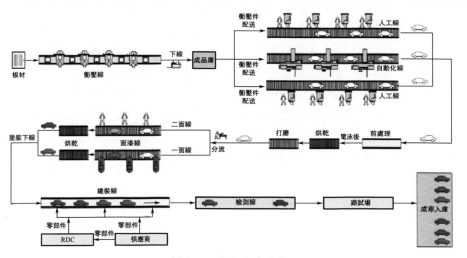

圖 9-9　汽車生產流程

從汽車生產流程可以看出，汽車企業的生產過程涉及供應鏈管理、物流管理、庫存管理、流程管理、生產自動化、品質控制、產品的追蹤和追溯以及工廠資產和人員管理等多個方面。利用 RFID 技術對汽車生產進行智慧化改造，對提高產品品質、保證原材料供應和產品品質具有重大的意義。

重視研究供應鏈是現代企業管理的標誌，提高客戶服務品質的關鍵就是打造

完善的供應鏈。汽車製造企業的供應商是非常多的，汽車企業需要對進料、包裝、運輸、倉儲直到最後交付到客戶手中進行全程全方位地實時視覺化管理。傳統條碼管理方式是無法做到實時透明化管理的，主要原因在於條碼屬於視距傳輸，而且存在因撕裂、油汙甚至丟失導致產品無法辨識的現象。依靠無線射頻辨識技術能夠連續地、實時地讀取產品資訊，再結合定位系統和感測器，即可對產品進行全程的視覺化管理。無線射頻辨識技術能夠實現自動、準確、快速、安全和可靠的供應鏈。

射頻辨識在物流領域的應用也是特別具有代表性的。汽車生產過程需要的材料特別多，生產的型號也多，配置變換豐富，客戶定製已經使汽車產業進入了柔性生產的範圍，可能涉及幾千家供貨商，而且還需要適度的備份供貨商。產品需要資訊隨時都有變化，需要用 RFID 技術和相關的技術提供實時數據，對零部件和半成品進行準確定位、快速處理和協調，提高物流速度，提高物流處理的準確性，確保生產安全。

庫存管理也是汽車行業管理的一個重點領域，汽車配件種類很多，適當的庫存才能保證生產，庫存的多樣性，導致管理的複雜性大大提高。利用 RFID 技術對庫存部件的型號、庫位、數量、產地、生產日期等資訊進行視覺化的實時管理，是非常必要的，能夠對庫存進行提前預警，對產品的品質和日期都能做到實時視覺化。減少因庫存不當導致的產品品質問題。

汽車生產線具有分支結構，流程相對複雜。在企業生產中，流程管理不僅可合理安排生產工藝，而且可調變流程，減少生產設備的空閒時間，增加生產力。從生產效率和生產品質兩方面來觀察生產流程，隨時了解生產線的各個節點產品動態。利用 RFID 實時、準確地讀取流水線的設備狀態和產品生產細節，並通過後臺軟體進行處理，讓汽車企業及時了解產品的生產狀態和流水線的工作狀態，這對於產品的生產預期和品質管控是非常有用的。

汽車製造業的個性化生產特徵要求流水線具有柔性生產的能力。不同型號的產品，有些部件是使用同一條流水線生產的，但有些部件需要個性化生產，這會使生產自動化變得困難。在各個環節加入 RFID 標籤以後對產品進行編組和分類，根據不同的工藝，通過資訊系統組織生產環節，進入不同的生產流水線，最後生產出滿足需要的產品。

在品質控制方面，RFID 技術也有獨到的應用場合，利用 RFID 採集生產線和產品資訊，然後直接彙集到品質管理系統，這樣的品質管理具有準確、實時的特性，可以根據實時數據發現正在發生的品質問題，甚至根據相關的規則和算法及時地預判或更正生產中工藝或流水線設備出現的問題。

汽車產品屬於客戶長期使用的產品，且供貨商數量驚人。產品品質不能全部在生產線中檢測出來，能夠對產品進行追蹤和追溯就變得非常重要。當流入市場

的產品出現品質問題時，製造商能夠根據產品辨識、銷售路徑、生產日期以及配料來源資訊對產品進行溯源，這是提高產品品質重要且有效的方法。

汽車製造商將 RFID 提供的資產資訊和專業人員的位置、可用性狀態、性能特徵等資訊用於企業生產，對提高資產利用率、資產（包括人員）合理分配、資產性能最佳化和資源利用最大化有重要的作用。

9.4.1.2　射頻辨識在汽車製造過程中的潛在應用

RFID 技術在汽車行業內的應用並不僅局限於以上幾個大的方面，還有一些潛在的應用。從銲接每個螺釘、電路中的每個部件到路試、安全測試等，這些場景數據的獲取都可以使用無線射頻辨識技術，也可利用無線射頻辨識技術結合感測器、GIS 部件構建出更加準確、實時和視覺化的數據應用場景。圖 9-10 給出了噴漆流程的細節。

9.4.2　無線射頻辨識技術在生產工廠智慧刀具管理中的應用

智慧製造電腦數值控制已成為機械等行業加工工廠的主流設備，一般小型數控加工工廠的刀具配備量多達上千把，再加上其配套零部件，總量上萬把，品種上百種。隨著刀具數量和種類的急遽增加，生產工廠各種類型及規格的標準和非標準刀具並存，大量刀具頻繁地在刀具庫房與機床、機床設備之間流動和交換。當前中國加工工廠多靠手工方式和紙質條碼管理刀具，紙質條碼在油汙環境下容易汙損。刀具壽命也只能靠經驗判斷。刀具缺乏會造成很多加工流程停止，機床操作工需耗費大量時間查找刀具。隨著智慧製造電腦數值控制種類及新產品種類的增加，現有刀具管理方案已不能滿足需要，故引入無線無線射頻辨識技術。將 RFID 晶片安裝在刀具的刀柄上（圖 9-11），實現刀具資訊的採集與管理，降低綜合生產成本。

9.4.2.1　刀具管理行業現狀及需要

從事刀具管理研究的專家開發出很多刀具管理軟體，但無法滿足刀具管理的全部要求，現有刀具管理存在以下問題：

① 無法分析刀具的整個生命週期的記錄和數據，只是在時間點上實現刀具資訊的採集與監控，無法獲得未加工時的數據；

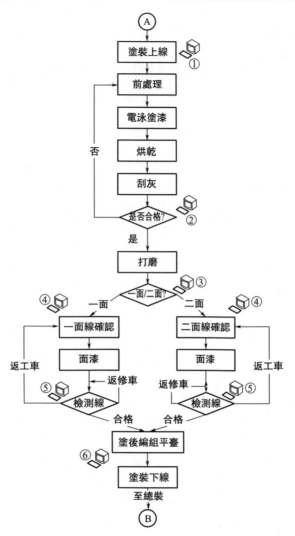

圖 9-10　噴漆過程解析

圖 9-11　嵌入了 RFID 標籤的刀具刀柄

② 傳統刀具管理缺乏 M2M 資訊互動，無法實現整合化管理；

③ 現有刀具管理方案以滿足生產需要為目的，未考慮刀具整個生命週期內的成本問題。

為解決上述問題，實現製造業更加智慧化自動化的目標，引入無線射頻辨識技術，用來管理刀具資訊。在加工過程中，針對刀具在機床中的使用進行智慧化管理，將刀具參數傳遞給機床，使刀具進入機床刀庫，供加工程式調用。刀具加工完成時，將刀具生產時間寫入刀具的 RFID 標籤中，實現刀具實時資訊採集、刀具狀態追蹤等功能。圖 9-12 所示為智慧刀具管理平臺示意圖。

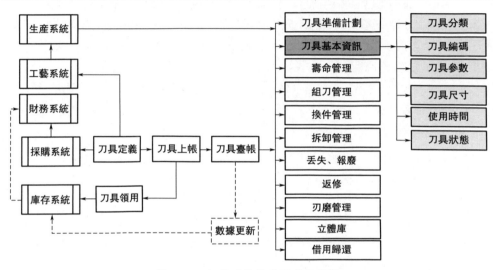

圖 9-12　智慧刀具管理平臺示意圖

9.4.2.2　刀具資訊管理系統作業流程

刀具資訊管理系統是指在製造單位內的機器設備（如智慧製造電腦數值控制、對刀儀等）及 RFID 讀取器進行通訊的基礎上，利用無線射頻辨識技術與 RFID 電子標籤讀取器序列埠通訊技術，實現刀具在其生命週期內的資訊監控與儲存管理。刀具整個生命週期一般包括計劃、採購、標識、入庫、借出、裝配、使用、歸還、重磨、報廢等。採用專門為刀具設計的 RFID 電子標籤，RFID 讀取標籤的時間為 500ms。

機床刀具管理的前提條件是刀具已經進行組刀，並通過對刀儀對刀。為了實現刀具相應的功能，機床需要進行刀庫初始化，將刀具加工時間寫入刀柄 RFID 中。由於高頻 RFID 的讀取距離比較短，所以在讀取刀柄的 RFID 時，要使天線

通過氣動裝置靠近 RFID 電子標籤。

（1）機床刀庫初始化

實現數控刀具資訊的智慧化傳輸要依靠智慧製造電腦數值控制。為確保刀具裝入機床時自動入刀庫，並將刀具參數從 RFID 電子標籤讀入到機床刀庫中，需對機床刀庫進行初始化操作，具體流程如下。

① 當機床有刀具變動時，需要機床控制刀盤轉動一週，將所有刀具重新初始化到機床刀庫。

② 對每把刀進行如下操作：電腦數值控制（Computerized Numerical Control，CNC）通過指令驅動氣缸頂升 RFID 電子標籤讀頭，氣缸到位後，CNC 獲取感應開關狀態，啓動 RFID 電子標籤讀取器工作；氣缸狀態維持 500ms，CNC 通過序列埠通訊驅動 RFID 讀取器對刀柄 RFID 晶片進行讀取操作；收回氣缸，CNC 檢測氣缸磁感應開關到位後，刀具繼續運轉。

③ 需要在 CNC 操作介面加一個按鈕，每按一次該按鈕刀盤自動旋轉一週，確保每次換刀都能轉動一週，初始化機床刀庫；不允許直接將刀安裝到機床的刀庫。

（2）刀具生產時間記錄

在卸（組）刀時，會將刀具的生產量（加工時間）寫入到刀具管理系統中。將機床加工時間寫入刀柄的 RFID 標籤的流程如下。

① 在機床卸刀前或組刀後，機床記錄使用的刀具，旋轉刀盤，逐個寫入刀具加工時間。

② 氣缸狀態維持 500ms，CNC 通過序列埠通訊驅動 RFID 讀取器並對刀柄 RFID 晶片進行寫入操作。

③ 收回氣缸，CNC 檢測氣缸磁感應開關到位後，刀盤繼續轉動。

要保證上述方案操作順利進行，需在 CNC 操作介面增加一個按鈕，在卸刀前或組刀後，按一次按鈕，使機臺旋轉一週，並寫入刀具使用時間，最終完成刀具壽命的控制。在進行方案流程操作時，應注意操作規範。

（3）RFID 晶片中刀具數據儲存

刀具編碼是確定刀具身分唯一性的重要資訊，將其寫入 RFID 標籤，通過刀具編碼來管理每一把刀具。在編寫相應程式時，可根據刀具的規格型號確定刀具的名義直徑、名義長度及相應程式，然後根據實際情況給予相應的直徑補償和長度補償。由於同一把刀具可以安裝在不同的機床上，同一臺機床也可以加工不同產品，加工產品時，也可能出現異常情況，故在加工時，需要展示加工資訊。可通過程式控制，在加工過程動態展示報表顯示刀具編碼、加工產品、產品數量、異常資訊等以及 RFID 記錄中的刀具編碼、刀具壽命、刀具已使用時間等資訊。

參考文獻

[1] 楊子楊．"十二五"智能製造裝備產業發展思路 [J]．中國科技投資, 2012 (13)：27-32.

[2] 科技部．《智能製造科技發展"十二五"重點專項規劃》解讀．2012.

[3] BURNS R. Intelligent manufacturing. Aircraft Engineering & Aerospace Technology, 1997. 69 (5)：440-446.

[4] CAMARINHA-MATOS L M, AFSARMANESH H, MARIK V. Intelligent Systems for Manufacturing[M]. Springer, Boston, MA, 1998.

[5] DESMIT Z, et al. An approach to cyberphysical vulnerability assessment for intelligent manufacturing systems [J]. Journal of Manufacturing Systems: S0278612 51730033X, 2017, 43 (2)：339-351.

[6] GUI Y T, YIN G, TAYLOR D. Internetbased manufacturing: A review and a new infrastructure for distributed intelligent manufacturing[J]. Journal of Intelligent Manufacturing. 2002, 13 (5)：323-338.

[7] VVILLIAM F, etal. Intelligent manufacturing and environmental sustainability[J]. Robotics and computer-Integrated manufacturing, 2007, 23 (6)：704-711.

[8] 賈俊穎．基於交叉效率 DEA 模型的智能製造企業績效評價研究 [D]．哈爾濱：哈爾濱工業大學, 2017.

[9] SETOYA H. History and review of the IMS (Intelligent Manufacturing System) [C]. 2011 IEEE International Conference on Mechatronics and Automation. 2011.

[10] QIAN J, et al. The Design and Development of an Omni-Directional Mobile Robot Oriented to an Intelligent Manufacturing System [J]. Sensors. 17 (9)：2073.

[11] 朱文博．基於多人機交互模式的機器人示教系統開發 [D]．武漢：華中科技大學, 2018.

[12] MIN L, et al. Research on Intelligent Manufacturing of Low Risk Assembled Building Based on RFID and BIM Technology[J]. Journal of Guangdong Polytechnic Normal University, 2019.

第10章

射頻辨識在智慧物流和智慧倉儲中的應用

　　供應鏈是圍繞核心企業，對商流、資訊流、物流、資金流進行控制，形成的涵蓋採購原材料、製成中間產品和最終產品、由銷售網路把產品送到消費者手中的網鏈結構。隨著物流行業在中國的興起，許多物流公司已經崛起並成長為實力強大的公司，如京東物流、順豐快遞、盒馬生鮮、圓通快遞等，許多物流公司的業務不僅局限在中國，在海外也迅速地展開。物流公司依靠 QR 碼技術並依託發達的交通網路，為全球用戶提供越來越好的服務。但從目前的體驗來說，QR 碼技術越來越難以滿足現代物流的需要，無線射頻辨識技術的全面應用已經迫在眉睫。射頻辨識應用的焦點仍然供應鏈管理上，射頻辨識對於供應鏈最大的作用在於賦予了供應鏈實時的、視覺化的、透明化的管理功能（圖 10-1）。現代物流需要對大量的貨物從生產到運輸、倉儲以及銷售甚至還有品質追溯和廢舊物品回收的各個環節採集數據，射頻辨識能夠實時收集貨品的動態數據，這些數據包括了環境數據和地理資訊數據等輔助數據，因此貨物的資訊是透明的。實時和精確的資訊有助於對供應鏈中物流和倉儲做出及時的安排，因此射頻辨識提供給供應鏈的前述功能是具有劃時代意義的。

圖 10-1　RFID 使供應鏈實現數據實時、透明和視覺化

　　RFID 技術能夠保證表單數據實時地進入到資訊系統、物流過程被詳細準確地記錄、包裝拆解、零售資訊以及售後資訊被有效地查詢和追蹤。這些技術要求是以往的資訊化手段無法滿足的，傳統的企業供應鏈管理流程將徹底被打破。我們可以通過一個生產企業的供應鏈看到這種變化，企業生產出的商品被貼上電子標籤後，無線射頻辨識技術將介入到整個供應鏈流程，並實時地發送數據，這些數據被供應鏈上游和下游企業分享，企業將根據數據來了解市場各方面動態，調整企業的銷售策略和生產策略部署[1~3]。

10.1　射頻辨識與智慧物流

　　無線射頻辨識技術和物聯網技術已經影響到科學研究領域和公司營運。在過去的十幾年裡，EPCglobal 架構框架是廣受關注的物聯網技術方法，其本質就是基於商業資訊網路構建的基礎對「事物」進行獨特辨識。然而，RFID 項目與其他資訊化項目存在激烈競爭，因此為了證明相應投資的合理性需要展示一個更好的商業模式。在實施部署 RFID 之前對項目進行分析，包括成本和收益分析，是非常必要的[4,5]。

　　最早的現代物流理論出現在美國陸軍系統，Baker 最早提出物流的概念——Logistics。美國學者 Shaw 在其著作中明確了物流活動的範圍，明確了企業的物流活動，定義了物理性運動為 Physical distribution，標誌著物流概念的起源。1990 年代，物流已經被正式納入到供應鏈管理的範疇，提出供應鏈管理是對生產、流程過程中商品或服務在上下游企業之間的運動進行計劃、組織、協調與控制[6~14]。

　　智慧物流的概念由中國學者於 2009 年提出，是一種依託物聯網、大數據、雲端運算等新一代資訊技術、人工智慧和現代管理理念，通過協同共享重塑產業分工再造產業結構，實現高效、便捷、綠色的綜合性物流服務體系[15,16]。這種全新的物流理論徹底改變了傳統物流行業的屬性。傳統物流是一個典型的勞動力密集型產業，包括了倉儲、運輸、配送等必要環節，但無一例外的是需要大量的勞動力投入，而智慧物流將現代流水線、現代運輸工具與新型的資訊化技術結合，具有科技密集型產業的特點[17~21]。

　　伴隨著物流行業的發展，社會資源共享的概念也深深地影響物流行業的發展。基於資源共享的方式，企業或個人能夠將閒置的資源通過物流或者資訊網路的方式進一步共享，打破傳統企業的觀念，實現社會分工。這必然會導致社會的深度融合，實現資源重組，閒置資源得到最大化利用。智慧物流能夠集中分散的市場和生產力，遠端整合社會資源，大幅度降低企業生產的成本，滿足消費者的

個性化物流需要，促進傳統行業的轉型升級和高品質發展[22~25]。

　　智慧物流運作基於現代物聯網與人工智慧技術，為社會提供更高效、更準確、更及時的物流服務，所以物流活動構成了智慧物流的底層，即物理層。物聯網技術構成了數據的感知層，並依賴於人工智慧大數據技術構建了數據儲存、分析的基礎，最終提供給應用層有效的數據分析和決策服務[26~28]。智慧物流的分層結構如圖 10-2 所示。

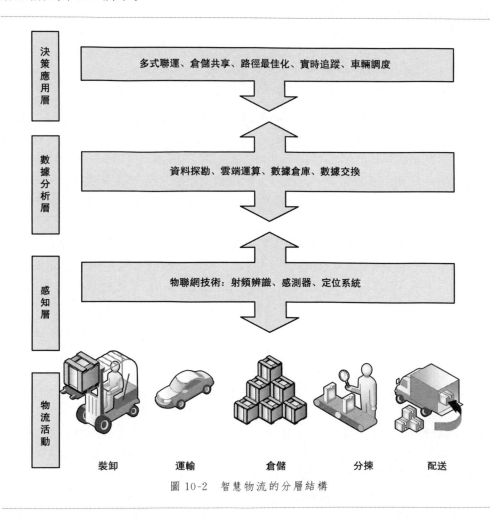

圖 10-2　智慧物流的分層結構

（1）智慧物流的物理底層

　　該層描述了物流活動必要的環節，由裝卸過程、運輸過程、倉儲過程、分挑選和配送過程構成。這些過程可以看作是某項物流任務裡的某個子功能，數個子功能構成物流過程。

（2）感知層

感知層是智慧物流的數據彙集入口，對物流活動進行全程的、實時的、可視的、透明的資料擷取。感知層依靠射頻辨識、感測器、條碼、GPS 等技術，在物流過程的各個環節採集數據，採集的數據分為實時數據和間隔性數據。對於大多數系統來說，採用間隔性數據是減輕網路負載的必要手段。當數據發生改變並觸發數據發送事件，數據才通過網路上傳，這種資料擷取機制被稱為訂閱機制。感知層需要依靠通訊網路對數據進行實時追蹤和回饋。

（3）數據分析層

數據分析依靠雲端上的伺服器，對數據進行儲存和運算，針對物流海量數據，依託大數據和人工智慧算法，對數據進行規則檢測、建模、運算，對海量物流大數據進行過濾、儲存、解析和管理，從而為應用層的決策管理提供數據依據。

（4）決策應用層

應用層是為物流相關業務提供公共服務的數據介面，為其他應用或人提供相關業務的服務層。提供業務的物件可能是公司或人，或一個應用，如多式聯運、倉儲共享、貨品實時追蹤、運輸車輛調度以及路徑最佳化等。

智慧物流與社會基礎服務設施是息息相關的，首先，配套發達的交通網路、物流園區的建設、行業行會的成立、科技服務機構的介入是智慧物流成功實施的關鍵。其次，網際網路，特別是行動聯網的普及也是至關重要的。影響智慧物流的其他重要因素是經濟和人才。

10.2　射頻辨識與智慧倉儲

現代商業的現實是所有的競爭優勢都是為了保持生存能力，公司必須持續關注當前的能力和為未來建立的新能力。這個過程更新是一項多維度的活動，需要不斷追求明顯的成本節約機會，例如提高生產效率或降低原材料成本。降低成本不僅在於公司外部，而且在於公司內部的流程和管理，其中重要的是倉儲和客戶服務。公司與其客戶、倉庫和客戶服務既是重要的成本組成，又是重要的營銷組合要素。這些活動需要精確執行達到客戶期望的水準。在供應鏈中，倉庫在倉儲中扮演著重要的角色，所有實物至少存放在一個倉庫中至出售前。物品的合理儲存、搬運和運輸有助於降低成本和提高服務品質。儘管倉儲是供應鏈管理中的一個獨立學科，但研究的目標是簡單的：確保客戶服務效率，使公司與顧客之間有效交接。這經常展現在許多細節上，客戶服務的交付取決於對產品和業務流程的

掌握，系統提供的相關資訊，及周密的供應鏈設計。倉儲和客戶服務直接影響供應商與客戶的關係，如對於消費品製造公司，客戶是零售業者，許多大型零售商非常重視供應商提供的貨物在其內部的成本效益儲存。EPCglobal 網路和 RFID 技術利用新型的資訊技術和方法提供了許多機會。在過去的 30 年裡，條碼等技術對降低倉庫成本和提高吞吐量產生了重大影響。然而，作為一名研究人員應注意到，使用條碼已廣泛地提高了效率，現在業界正在尋找下一代自動辨識和數據擷取的技術，如 RFID 技術（圖 10-3）。倉儲生產力未來的進展可能來自於收集到的數據，這些數據具有很大的價值。

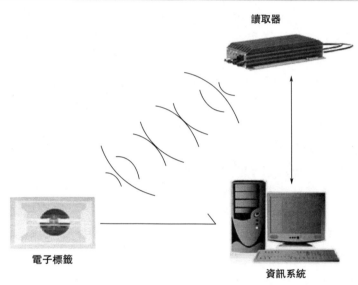

圖 10-3　用於支援智慧倉儲的 RFID 系統

（1）顧客服務價值

客戶服務是供應鏈的直接輸出，包括準時交貨和訂單準確等活動。營銷工作的重要部分是在賺取利潤的同時滿足客戶的需要。消費品和其他商品行業的基本商業模式是：滿意的客戶會重複購買，因此通過建立一個公認的品牌來獲得長期的經濟價值。在樹立品牌意識方面，產品、價格、促銷和地點四個營銷要素創造了顧客滿意度。前三個對客戶滿意度的影響是顯而易見的，然而，第四個與客戶服務和供應鏈管理有密切關係。四個營銷要素對市場的貢獻並不相等，在研究中，人們發現產品和地點對顧客滿意度的貢獻更大。

發現客戶服務與市場份額直接相關。考慮到客戶服務的重要性，僅將營銷力量集中在產品、定價和促銷上是一個災難性的策略。在消費品行業，因為認識到客戶服務的價值，許多公司都建立了重要的確定客戶服務內容。客戶服務是營銷

組合的重要組成部分，有必要審視應用 RFID 創造更好的資訊流來改善前景。

通過自動執行用戶常見的手動易出錯的任務，公司可以更好地管理他們的供應鏈，提供更好的客戶服務。目前，提高倉儲和客戶服務的重點是建立、監控和保存過程數據，持續改進計劃等。

（2）自動化倉庫操作

如果將無源 RFID 技術應用到自動化倉庫中，許多倉儲任務就可以實現自動化並有利於加快庫存流動，例如，工人核對發貨與帳單多通過實物計數和手寫提貨單進行，不僅效率低下而且容易產生錯誤。RFID 技術可使公司為客戶提供更準確的訂單服務。如前所述，優質的交付服務將有利於建立客戶忠誠度，並可以促成增加利潤和提升市場份額。RFID 技術具有在各個層面減少供應鏈阻力的巨大潛力，可以滿足對供應鏈中產品數據準確性、實時性的需要。自動化倉儲射頻辨識系統的工作流程如圖 10-4 所示。

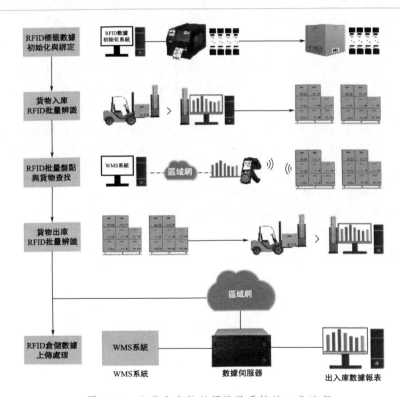

圖 10-4　自動化倉儲射頻辨識系統的工作流程

（3）訂單履行中的有效交接

通過查看某公司典型的訂單交付流程，可以探索 RFID 對倉儲的影響。在運

輸客戶訂單的過程中，貨物不斷地從一個站轉移到下一個站，從而建立了行動庫存：從配送中心到卡車，從卡車進入貨運站，從貨運站到另一輛車上，再運輸到零售商或零售商的配送中心。在每個轉移點，人員都要進行一系列計數和記錄工作站任務。其中有兩個影響倉庫的組件，首先是勞動力成本，因為執行這些任務需要人，這將引入錯誤風險和因盜竊而遭受損失的風險；其次手動過程會使效率降低從而影響貨物的流動，每次工人必須手動檢查並記錄處理訂單的數據會阻礙貨物的行動。

利用 RFID 技術，某公司通過一種掃描器實現了貨物通過附近的通道（讀卡器位於裝貨碼頭上）後即可驗證裝載到卡車或火車中的貨物類型和數量，並將結果與生成的裝箱單進行比較。如果沒有完全匹配，系統可以自動提醒公司配送中心的工作人員注意差異。支持 RFID 的過程消除了手動計數錯誤和發貨錯誤，這必然會改進客戶服務。此外，由於自動辨識技術不是必須在直接的視距範圍內獲取資訊，取消了掃描貨物的重新排列和定向。通過減少庫存或發貨手動操作的次數，公司可以提高供應鏈速度。

基於射頻辨識的自動化倉儲操作流程如圖 10-5 所示。通過安裝 RFID 系統，公司可以通過自動配貨系統準備好裝運，無須人工清點。有了 RFID 系統，公司就可以快速準確地對供應鏈的各個環節進行檢測。例如，讀取器可以安裝在卡車附近的裝貨碼頭上，當叉車把貨物搬進卡車時，讀取器可以掃描並記錄裝載量，訂單可以立即被檢測到並確保貨物有正確的產品和數量。RFID 系統還可以檢查出錯誤單位或錯誤數量等運輸問題，指出貨物錯誤的上游根源。RFID 系統簡化了運輸過程並減少了支持文件完成訂單所需的時間，避免了文件中的東西被錯放或遺忘，即時驗證。沿著每一個主要的轉變點都可以找到訂單的位置，製造商因此獲得了正確計費的優勢，可以協調供應鏈中的爭議。通過這些任務的自動化，企業減少了供應鏈中的阻礙因素，貨物流動更快，從而縮短訂單週期時間並實現了更有效的庫存和更好的客戶服務。

（4）維護備件庫存管理

這可能是 EPCglobal 最有前途的應用領域之一，網路和 RFID 技術涉及服務部件庫存管理。對於飛機或電腦等高價值項目而言，重要組件的維護備件庫存管理對機器一次維護支持起著重要作用。儘管製造商們非常重視可靠性，但在某些情況下，仍然需要備有維修零件。為了限制機器停機時間，許多供應商都有一個緩衝池，保證極高的服務水準，幾乎可以隨時提供部件。例如，像飛機、輪船、汽車這樣的公司由於維修零件通常很貴，因此庫存費用與服務水準之間的適當平衡能夠在保證客戶服務的情況下降低成本。運算維修零件數量的主要依據之一是實時地對部件故障率準確預測。收集部件使用資訊以改進預測，對以下應用場景非常有用：產品壽命短，銷售水準高，產品在較長時間內銷售，季節性產品銷

售，對高客戶服務水準有很高期望、短缺成本高，持有成本低以及收集資訊的成本很低。

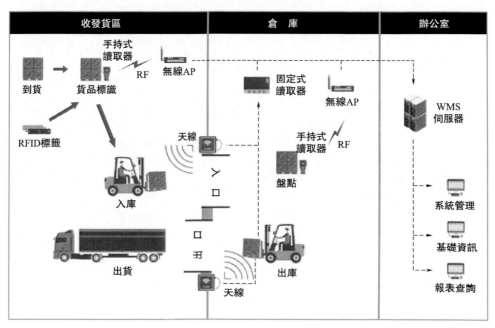

圖 10-5　基於射頻辨識的自動化倉儲操作流程

　　從實際的角度來看，以現有的技術進行準確預測通常是不可能實現的。EPCglobal 網路與 RFID 技術承諾提供新的方法用於改進資訊服務部件預測。尤其是在機械安裝基地和正式維護協定應用的場合，當機器發生故障時，能夠及時地提供維修零件。

　　零庫存或適量庫存是庫存管理的關鍵，儘管目前 RFID 技術在服務中的應用還不多，但是有兩個基本應用是很有意義的。第一個就是監控，這也許是與服務相關的 RFID 應用最重要的方面，部件庫存管理是一種監控過程，通過巡視庫存獲取庫存的實時狀況，對庫存的部件進行及時維護；第二個就是數據分析，通過分析對庫存短缺提出預警，消除庫存中的長期積壓狀況。

　　假設關鍵組件包含 RFID 標籤，則相應數據可以整合到電子設備中。技術人員可以使用 RFID 讀取器手動掃描機器獲得部件安裝底座的資訊，這些基本資訊可用於預測一段時間內可能發生的故障數量，因此可改善預測。有了更好的預測，考慮適當的投資額即可保留滿足特定服務級別的歷史記錄。使用永久固定在客戶設施中的讀卡器，不僅可以確認安裝基座資訊，而且可以增加感測器來確定組件的使用時間，並確認其可操作，獲取關鍵組件的實時資訊。EPCglobal 網路

及其組織序列號可實現唯一標識，將在實現該功能上發揮重要作用。

參考文獻

[1] JONES E C, CHUNG C A. RFID in logistics: a practical introduction［M］. CRC Press, 2008.

[2] 臧玉潔. Application of rfid in logistics distribution center［J］. 物流技術, 2005, 3: 43-44.

[3] Baars, Henning, Gille, et al. Evaluation of rfid applications for logistics: a framework for identifying, forecasting and assessing benefits［J］. European Journal of Information Systems, 2009, 18 (6): 578-591.

[4] 李忠紅, 王鐵寧, 紀紅任, 等. A study on applications about the rfid technique in the logistics［J］. 物流科技, 2004, 027 (9): 11-14.

[5] RYUMDUCK O h, JEYH P. A Development of Active Monitoring System for Intelligent RFID Logistics Processing Environment［C］. International Conference on Advanced Language Processing & Web Information Technology. IEEE, 2008.

[6] SUN C L. Application of rfid technology for logistics on internet of things［J］. Aasri Procedia, 2012, 1, 106-111.

[7] DENG H F, DENG W, LI H, et al. Authentication and access control in RFID based logistics-customs clearance service platform［J］. International Journal of Automation & Computing, 2010, (2): 46-55.

[8] ZHONG R Y, LAN S L, XU C, et al. Visualization of rfid-enabled shopfloor logistics big data in cloud manufacturing［J］. International Journal of Advanced Manufacturing Technology, 2016, 84 (1-4): 5-16.

[9] YE L, CHAN H C B. RFID-based logistics control system for business-to-business e-commerce［C］. International Conference on Mobile Business. IEEE, 2005.

[10] ZHANG L, ATKINS A, YU H. Knowledge management application of internet of things in construction waste logistics with RFID technology［J］. proceedings of the combustion institute, 2012, 34 (1): 1739-1748.

[11] BRIAND D, LOPEZ F M, QUINTERO V, et al. Printed Sensors on Smart RFID Labels for Logistics［C］. New Circuits & Systems Conference. IEEE, 2012.

[12] Lele Qin, Huixiao Zhang, Jinfeng Zhang, et al. The application of RFID in logistics information system［C］. IEEE/SOLI IEEE International Conference on Service Operations & Logistics, & Informatics. IEEE, 2008.

[13] 蔣國瑞, 李立偉. 基於 RFID 的製造業物流管理信息系統設計［J］. 物流技術與應用, 2007, 12 (10): 96-99.

[14] FLEISCH E, Jürgen Ringbeck, STROH S, et al. RFID-the opportunity for logistics service provider［J］. M Lab Arbeitsbericht Nr, 2015.

[15] Malte Schmidt, Lars Thoroe, Matthias Schumann. RFID and barcode in manufac-

turing logistics: interface concept for concurrent operation ［J］. Information Systems Management, 2013, 30 (1-2): 100-115.

[16]　　Hsin-Pin Fu, Tien-Hsiang Chang, Arthur Lin, et al. Key factors for the adoption of rfid in the logistics industry in taiwan ［J］. International Journal of Logistics Management, 2015, 26 (1), 61-81.

[17]　　YAN Borui. Application and empirical analysis for rfid in logistics systems［J］. value engineering, 2010.

[18]　　HENNING Baars, SUN Xuanpu. Multidimensional Analysis of RFID Data in Logistics［C］. 42st Hawaii International International Conference on Systems Science (HICSS-42 2009), Proccedings (CD-ROM and online), Waikoloa, Big Island, HI, USA. IEEE Computer Socie ty, 2009.

[19]　　陳錦斌，林宇洪，邱榮祖．RFID 技術在農產品物流系統中應用現狀與展望［J］. 物流科技, 2013, 036 (2): 11-13.

[20]　　Ginters, Egils, Martin-Gutierrez, et al. Low cost augmented reality and rfid application for logistics items visualization［J］. Procedia Computer Science, 26 (Complete), 2013: 3-13.

[21]　　姜步周，徐克林，陳衛明．射頻識別技術在物流工程中的應用［J］. 柴油機, 2004, (4): 46-48.

[22]　　孟宇，鄭春萍．RFID 技術與物流系統的集成［J］. 物流科技, 2008, 31 (11): 38-40.

[23]　　RUTA M, NOIA T D, SCIASCIO E D, et al. A semantic-based mobile registry for dynamic RFID-based logistics support［C］. International Conference on Electronic Commerce. ACM, 2008.

[24]　　Lidwien van de Wijngaert, Johan Versendaal, René Matla. Business it alignment and technology adoption: the case of RFID in the logistics domain［J］. Journal of Theoretical & Applied Electronic Commerce Research, 2008, 3 (1): 71-80.

[25]　　董淑華．RFID 技術及其在物流中的應用［J］. 物流工程與管理, 2012, 34 (7): 50-53.

[26]　　王愛玲，盛小寶，路勝．基於 RFID 技術的軍械倉庫物流管理系統構建研究［J］. 物流科技, 2007, 30 (4): 107-110.

[27]　　DENG H F, CHEN J B. Design and implementation of business logic components of RFID midware for logistics customs clearance. E-Learning, E-Business, Enterprise Information Systems, and E-Government ［C］. International Conference. IEEE Computer Society, 2010.

[28]　　賀彩玲，殷鋒社．Rfid 技術在倉儲物流行業中的應用研究［J］. 電子設計工程, 2013, 21 (14): 12-14.

射頻辨識系統設計及智慧製造應用

作　　者：任春年，王景景，曾憲武

發 行 人：黃振庭

出 版 者：崧燁文化事業有限公司

發 行 者：崧燁文化事業有限公司

E-mail：sonbookservice@gmail.com

粉 絲 頁：https://www.facebook.com/sonbookss/

網　　址：https://sonbook.net/

地　　址：台北市中正區重慶南路一段六十一號八樓 815 室

Rm. 815, 8F., No.61, Sec. 1, Chongqing S. Rd., Zhongzheng Dist., Taipei City 100, Taiwan

電　　話：(02)2370-3310

傳　　真：(02)2388-1990

印　　刷：京峯數位服務有限公司

律師顧問：廣華律師事務所 張珮琦律師

國家圖書館出版品預行編目資料

射頻辨識系統設計及智慧製造應用 / 任春年，王景景，曾憲武 著 . -- 第一版 . -- 臺北市：崧燁文化事業有限公司 , 2024.03
面；　公分
POD 版
ISBN 978-626-394-115-1(平裝)
1.CST: 無線射頻辨識系統
448.82　　113002968

定　　價：480 元

發行日期：2024 年 03 月第一版

◎本書以 POD 印製

電子書購買

臉書

爽讀 APP